为祝贺吴凤鸣编审八十五寿辰而出版

吴凤鸣文集

地质学史·地学哲学·科技术语学

（第二集）

主编
中国地质学会地质学史专业委员会
中国自然辩证法研究会地学哲学委员会
全国科学技术名词审定委员会

石油工业出版社

图书在版编目（CIP）数据

吴凤鸣文集·第2集 /吴凤鸣编著.
北京：石油工业出版社，2011.6
ISBN 978-7-5021-8495-7

Ⅰ.吴…
Ⅱ.吴…
Ⅲ.①吴凤鸣-文集
②地质学-文集
Ⅳ.P5-53

中国版本图书馆CIP数据核字（2011）第112103号

出版发行：石油工业出版社
（北京安定门外安华里2区1号　100011）
网　址：www.petropub.com.cn
编辑部：（010）64523739　发行部：（010）64523620
经　销：全国新华书店
印　刷：石油工业出版社印刷厂

2011年6月第1版　2011年6月第1次印刷
787×960毫米　开本：1/16　印张：18.75
字数：250千字

定价：40.00元
(如出现印装质量问题，我社发行部负责调换)

2006年笔者80岁华诞之时，著名画家罗良碧先生特赠巨作“清风送雅，四季流香”
罗良碧先生为中国书画艺术协会会员、西安市青年美术协会副主席、陕西省华联画院高级研究员

华迦亲赠之《华迦画册》中“梅花香自苦寒来”巨作

华迦系《中华文化画报》原副总编辑、中国艺术研究院研究员，是笔者20世纪40年代中期在长白师院的老同学

老凤启口鸣向天
夕阳无限霞灿烂
探地追史数十载
耄耋八五挂云帆

祝贺凤鸣兄八五大寿

孙鸿烈敬贺

二〇〇四年四月十二日

孙鸿烈院士曾任中国科学院自然资源综合考察委员会主任、中国科学院副院长、国际科学联合会（ICSU）副主席，第三世界科学院院士

推本溯源　探究学理

追求创新　贡献卓著

敬贺吴凤鸣先生

八十五寿辰

孙枢

2010.3.

孙枢院士历任中国科学院地质研究所所长，中国石油学会、中国海洋学会常务理事，国家自然科学基金委员会副主任，第三世界科学院院士

博古通今
学德俱尊

贺吴凤鸣编审八十五诞辰

欧阳自远
二零一零年四月

欧阳自远院士为中国著名天体化学与地球化学家，中国月球探测工程首席科学家，第三世界科学院院士，历任中国科学院地球化学研究所所长、资源环境科学局局长、贵州省人大常委会副主任等

祝賀吳鳳鳴同志八十五華誕及“文集”出版

曾率隊赴大慶為總結編撰出版“大慶油田地質勘探叢書”十餘本又專程去大港油田勝利油田潛江油田以及川中油氣區調研組稿為推動石油地質工作者總結成果做出努力

庚寅年春 田在藝撰 潘書祥書

田在艺资深院士，中国石油学史研究会原理事长、中国石油勘探开发研究院原副院长

潘书祥，中国书法艺术研究协会副主席，北京华夏国医书画院院士

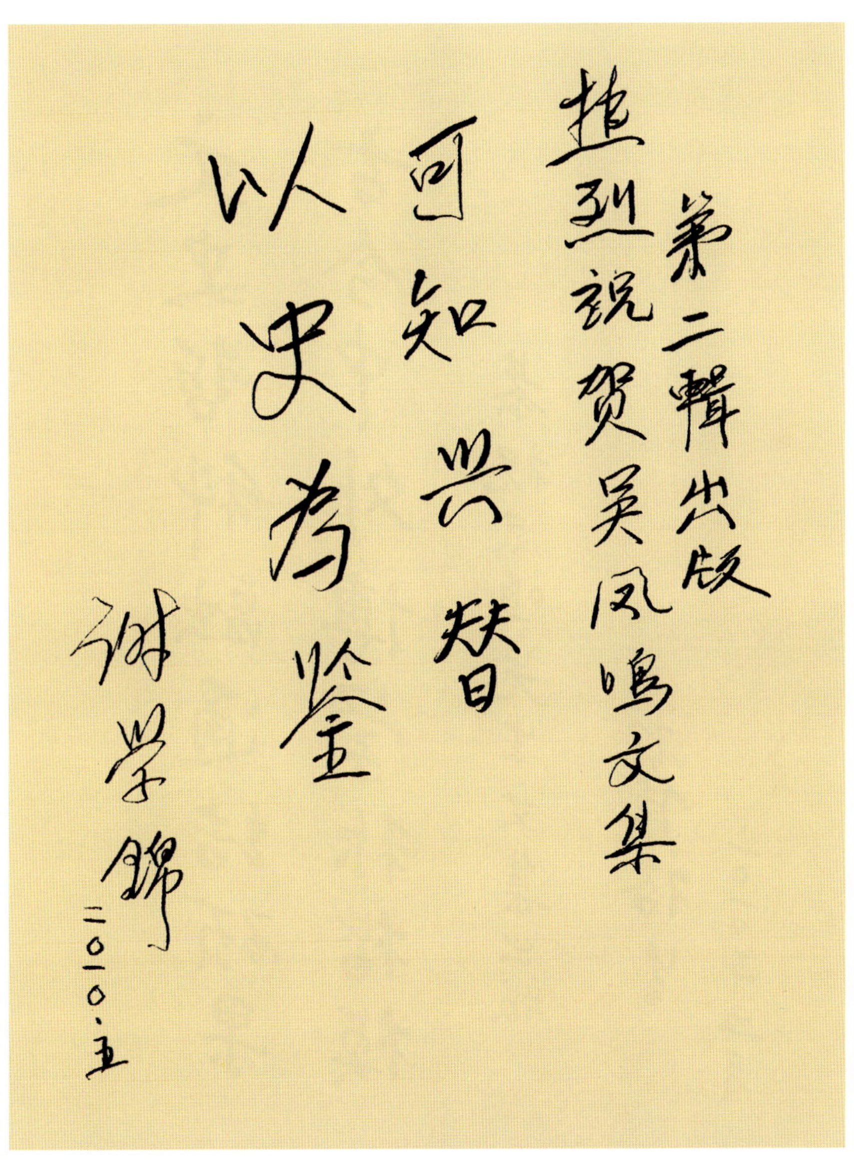

谢学锦院士为中国勘查地球化学的开拓者和奠基人，曾任地质矿产部地球物理地球化学勘查研究所副所长、中国地质学会理事

文史哲科融通结硕果
古今中外博学称楷模

恭祝凤鸣先生文集出版

翟裕生

二〇一〇年五月

翟裕生院士曾任武汉地质学院副院长、地质矿产部北京地质教育中心主任、中国地质大学（北京）校长，中国地质学史委员会主任

贺吴凤鸣学长85岁华诞

专攻学史 成果卓著

以史为鉴 以励后人

王德滋

二〇一一年元月

王德滋院士曾任南京大学副校长，国务院学位委员会地质学与地球物理学学科评议组召集人，中国地质学会副理事长等职务。长期从事火山岩与花岗岩研究，曾获国家教委科技进步一等奖

《吴凤鸣文集》

（第二集）

编审顾问组： 孙鸿烈（院士，中国科学院原副院长）
孙　枢（院士，中国科学院原地学部主任）
欧阳自远（院士，中国月球探测工程首席科学家）
马宗晋（院士，国家地震局中心室原主任）
翟裕生（院士，中国地质大学（北京）原校长）
王德滋（院士，南京大学原校长）
任纪舜（院士，中国地质科学院）
张　经（院士，河口海岸学国家重点实验室）
毕孔彰（教授，全国地学哲学委员会副理事长兼秘书长，中国地质大学（北京）原党委书记）
杨光荣（教授，中国地质学史研究会秘书长）
张　镇（编审，石油工业出版社总编辑）
刘　青（编审，全国科学技术名词审定委员会副主任）

执行编辑组： 石宝珩（教授级高级工程师，原石油工业部科技局局长）
王恒礼（教授，中国地质大学（北京），全国地学哲学委员会副理事长）
王　维（研究员，中国社会科学研究院）
汪前进（研究员，中国科学院科学史研究所党委副书记、副所长）
宋正海（研究员，中国科学院自然科学史研究所）
潘云唐（教授，中国科学院研究生院）
邬　江（编审，全国科学技术名词审定委员会术语研究室主任）
陈宝国（副教授，中国地质大学，中国地质学史委员会副秘书长）
刘金婷（博士，全国科学技术名词审定委员会编辑）

序

2006年，在庆祝吴凤鸣同志80华诞出版《文集》（第一集）时，我在《文集》“序”中对他的基本情况作过比较系统的介绍，这里就不再赘述了。值得着重说的是，在这五年间，他在地质学史、地学哲学等领域又做过一些新的探讨与研究，发表了一些深受欢迎的论文。这第二集就是从他五年间发表的三十余篇文章中精选22篇为主要内容，其特点是这些文章基本上都在地矿系统的报刊上发表过。有几篇文章曾以整版篇幅刊登，说明深受编辑部的重视。诸如《恩格斯关于地质学的论断》，发表在《地质勘查导报》（2006.9.6）；《李希霍芬其人及宏著〈中国〉》，发表在《地质勘查导报》（2005.10.11）；《中国早期区域地质矿产调查之人物成果及其历史》，发表在《中国矿业报》（2009.4.28）；《中国地学会：中国地质学发展史上的一盏明灯》，发表在《中国矿业报》（2009.12.26）；《一部西方译著〈地学浅释〉的魅力——在晚清“维新”、“变法”中的影响和作用》，发表在辽宁《国土资源》（2007.9.15）；一篇《从几首古诗浅论地学文化的博大精深》在三个报刊几乎同时刊登。同时，还有另一个特点：这些文章也多在他参与、发起、筹备、创立的中国地质学史专业委员会、地学哲学委员会以及全国科技名词审定委员会所主编的《地质学史论丛》、《地学哲学文库》、《科技术语研究》中发表。他一直情系这三个单位，执着地关怀着他们的发展与繁荣。在我们地学哲学委员会，每届年会上都会读到他撰写的给人们留下印象很深的论文，诸如：发表在《自然辩证法研究》上的《我国地球科学哲学研究的成就与进展》、

《全国地学哲学委员会20年来对矿产资源研究成就的回顾》，以及《全国地学哲学委员会发展简史》等。

从《文集》选文来看，近二十篇文章，都是喜闻乐读的作品。有的是中国地质发展史重要阶段、重要人物、重要事件的论述，有的是地学哲学重要论题的探讨与成就的论述，其中包括地学哲学委员会的发展简史等，有的论题还填补了地球科学发展史及其哲学研究的空白。可以预言该《文集》出版后，一定会受到同行们的欢迎。

在这五年间，他还为超星图书馆"超星名师论坛"制作了三张光碟（DVD），包括地质学史与地质哲学讲座共10讲，流传甚广，随时可以运用画面展示任何一个讲座的内容。2008年，在中央电台"探索与发现"栏目制作的《大秦岭》第8集中，特邀吴凤鸣同志讲述了德国地质学家李希霍芬在1882年出版的名著《中国》第二卷中有关在秦岭山麓附近进行地质及其构造考察与研究的一些成果。

吴凤鸣同志兴奋地告诉我，今年是"庚寅年"，是他85岁华诞的"本命年"，是他到中国科学院工作60年，是他参加"抗美援朝"60年，也是他结婚60年。总之，在这个"龙腾虎跃，虎福生风"的喜庆之年，我们三个单位联合主编《吴凤鸣文集》（第二集），以此来作为庆贺之礼，就更有其独特意义。

我还知道他最近收到"中国科学院建院60周年纪念奖章"（1949—2009），"从事自然辩证法工作30年荣誉证书"以及由中央宣传部、新闻出版总署颁发的"《中国大百科全书》（第二版）荣誉证书"，表扬他为第二版撰写的地质学等条目。

吴凤鸣同志自离休后，从未休息过，一直积极参与研究会的各项学术活动。用他常说的一句话："召之即来，来之能战，战之能胜！"显示出他"老骥伏枥，志在千里"的精神。2008年，他在学术年会上读完学术报告后，即席念了一首诗："老汉今年八十三，满怀豪情心向丹，地史地哲路漫漫，愿与同行共登攀！”赢得与会者的热烈掌声。

在他 85 岁华诞之际，祝愿他健康长寿、“夕阳更鲜艳”！

朱训

（朱训，教授，原地质矿产部部长，现中国自然辩证法研究会理事长，地学哲学委员会理事长，国际欧亚科学院院士，俄罗斯自然科学院荣誉院士）

目　录

一　地质学史

二、地学哲学

三、科技术语学

附录

一　地质学史

中国早期地质学史研究的特点

中国是一个文明古国，地质思想萌发甚早，在浩如烟海的古籍中，有大量而精辟的记述，而中国近代地质学起步远远晚于西方，近代地质学理论，却从西方引进而来，这就是中国近代地质学、地质事业开创、发展的独特社会历史背景。因而，早期中国地质学史研究，具有以下三大特点：（1）近代地质学理论的引进；（2）外国地质学家来华的地质考察及其报告的借鉴；（3）派留学生“取经”开创中国近代的地质矿产事业。

一、近代地质学理论的引进

从战国到秦汉后数百年间，中国科学文化的许多部门已形成了自己的独特体系，许多学科超过了西方，又经过唐代繁盛时期到宋朝（公元11—14世纪）达到了高峰。

正像著名科学史家李约瑟（Needham Josepy，1900—1995）指出的：“公元3—15世纪，中国保持了一个西方所望尘莫及的科学知识水平……许多发明、发现远远超过同时代的欧洲，特别是15世纪，中国四大发明：火药、指南针、印刷术和造纸技术，代表了中国古代文化的光辉篇章。”

随着封建世袭制度的发展与巩固，拜神和礼教的统治和影响，尊儒、科举、“以文取士”等等封建制度，禁锢了人们的思想，对自然现象的解释，往往抹上封建迷信色彩，使科学文化陷入了唯心主义的泥潭，严重地阻碍了科学思想的发展，也包括地质思想的发展。近代地质学的系统理论，严格来说，多从西方传入，其中明清两代引进西方地质著述尤为突出。初步统计，1871—1911年引进翻译西方著述60～70种之多，像阿格里柯拉的《论金属》、莱伊尔的《地质学纲要》、德纳的《矿物学手册》等，都是世界性的经典名著，其他矿物学及有关地学普及读物居多。择其影响大的做简要的评述：

（1）《坤舆格致》（《矿业全书》），一般科学史著作中译为《论金属》，是一本文艺复兴时代的名著，作者为德国人阿格里柯拉（G.Agricola，1493—1556），原著《Metalica》，是用拉丁文，1556年由巴塞尔出版，全书共12卷，主要是总结16世纪以前欧洲东部各国关于矿业开发已取得的成果和经验，内容包括矿石识别、鉴定、开采方法以及冶炼方法；书中还包括早期的成矿理论，矿物、矿床分类，在矿物分类的原则，是以物理性质为基础，尤其是对矿物的颜色、密度、透明度、光泽、纹理、脆性、品形、劈理等都有早期开创性的论述。根据中国自然科学史研究所潘吉星教授的考证，我国明代崇祯年间，约1643年由传教士邓玉涵（Doannes Terrnz or J. Schreck，1576—1630）和陕西泾阳人王征（157l—1644）以及德国耶稣会汤若望（Schall Von Rell，Jeam Ayam，159l—1666）、李天经（1579—1659）相继翻译，全书木刻四卷，以《坤舆格致》为题刊行。译成后，1640年送给崇祯皇帝，以朱笔批发各省总督、巡抚参考。但据称，是书早已失传。

原书是世界名著，现已有德文版（1557—1621），意大利文版（1563），英文版（1912），1968年日本也翻译出版。

（2）《空际格致》（两卷）为意大利传教士高一志（P. Alphous Vagnoni，1566—1640）主编，其中《地震解》一篇为意大利传教士龙华民（Longobardi Nicolas，1559—1654）撰写，明代天启六年（1624年）出版，韩云编订。主要内容是对地球地震现象的阐述，包含许多近代地球科学概念。全书包括九部分：震有何故，震有几等，震因何在，震之声响，震几许大，震发有时，震几许久，震之预报，震之诸征，是一部最早传播地震知识的著述。

（3）《地理全志》为英国传教士慕维廉撰写。清代咸丰三年（1853），江苏松江上海墨海书馆印行，全书分为上下两编：上编论地政，下编论地质和地文。下编共十卷，其中卷一为《地质论》，其分六节，内容有：地质志、地质略论、盘石、海陆变迁论、地宝脉络论等。

值得提及的是，据地质学史家李鄂荣的考证：汉字“地质”一词及其近代概念，最早就出现在该书，影响深远。

（4）《金石识别》是从美国著名地质学家德纳（J.D. Dana，1813—1895）撰写的《矿物学手册》（*Manual of Mineralogy*，1857）译出，美国玛高温（Gowan，Dam L.Jerome，1814—1793）口译，华蘅芳（1818—1884）笔述，清代同治十一年（1872），由江南机器制造局出版，木刻线装，全书六册共十二卷，分总论和分论两部分。其内容是：论金石结成之形，论金石形色性情，论绣金类，论气类、水类、炭类、硫磺类，论土金类，论贵金属类，石类，论金石化学，论金石分类之法。

（5）《地学浅释》是根据英国著名地质学家莱伊尔（Ch. Leyl，1707—1875）的《地质学纲要》（*Elements of Geology*，1865）翻译而成，由玛高温口译，华蘅芳笔述，于清代同治十二年（1873），由江南机器制造局木刻出版。该书原是莱伊尔名著《地质学原理》（*Principles of Geology*）第四篇，1838 年独立成册，命名为《地质学纲要》，全书共 38 卷，分别论述岩石及其分类，历史地层及其层序，地质构造，火山，矿脉成因等。书中创译许多近代地质学术语及其概念，特别是地质年代表等采用音译方法，读起来有些生涩难记、难懂。

《地质学原理》是一部世界性经典名著，系统地总结了 19 世纪以前的地质理论，曾被恩格斯在《自然辩证法》一书中誉为“第一个把理性带入地质学之中”的论著，代表了当时西方地质学发展的水平。这部论著的翻译和出版对我国近代地质学的发展，起到了启蒙作用。

更值得提及的是，该书在进化论及其变化的哲学思想方面，曾对我国晚清维新变法起过重要影响和作用，康有为、梁启超等变法“七君子”几乎都读过此书，受过鼓舞和启迪；鲁迅和顾琅当年在南京路矿学堂，作为教材也都认真学习过，鲁迅还以工整小楷抄录了全书，保存在绍兴鲁迅博物馆内珍藏。

（6）《求矿指南》（*Propsectors Handbook*，1897），为英国人安德逊（John W. Anderson）撰写，傅兰雅（英）口译，乌程、潘松合译。清代光绪二十五年（1899）出版，木刻线装。全书共两册 10 卷，分论查地面形势求矿、各种土石层之吹火管分别矿物之法、矿石之性情、含金类之矿、别种有用之矿石、各种土石原质等事、用湿法试验矿石、试验含金类数日之法和测地求矿之法。附卷论矿中之杂务。书中把岩石分为三大类，即火成岩、水成岩和变形岩。当年鲁迅、顾琅等在南京路矿学堂，作为教材曾学习过。这本译著是中国第一本有关矿物学和矿床学的论著，在早期中国地质事业发展中起到了启蒙作用。

（7）《相地探金石法》为英国人葛尔勃特•喀格斯（Albert Ceges）撰写，乌程、王汝聃合译，清代光绪二十九年（1903）由江南制造局刊行，是书主要内容是介绍如何探矿。全书分4卷17章，主要内容侧重于找矿探矿的理论和方法，各卷包括金属、贵金属以及非金属等，是一本内容丰富的矿床学教科书。

（8）《炼石篇》为英国人亨利黎特撰写，舒高第、郑吕惔合译，全书共三章，在第二章《论地学金石》中，在开采石灰岩一节中，论及了地层和古生物、断层以及火山、地震等，其中对鱼化石、脊椎动物化石的描述较为丰富，像在莱约斯断层中发现的动物化石，至今仍保存在大英博物馆内。

（9）《宝藏兴焉》（*A Practical Treatise on Metallurgy*1868—1870）为英国人费尔奔（Wiiiiam Crookes）所著，付兰雅口译，徐寿（1818—1884）笔述，全书共十二卷，分总论和分论，主要是记述金属矿开采和冶炼，特别是金、银、铜、铁、锡、锌、锑等金属矿物的晶形、产状以及其产地的分布，其中对铁矿的成因、勘探的方法以及冶炼论述尤详，是矿物学译本中，更具有参考价值的论著。

（10）《矿石图说》为英国付兰雅撰写，本书是以日本富山房所编之《矿物新书》和柴田承译所编之《普通金石学》为蓝本，参考当时矿物方面的诸多译本，于1903年编译而成。第一卷：通论：包括矿物形学（结晶学）、矿物质学（物理学）、矿物化学三章；第二卷：矿物各论：包括非金属、轻金属、重金属三章；另附录一卷，汇集有矿物、岩石和地质译著中章节，分验矿法，岩石纪要，地质构造和地质历史五章，是一本内容丰富的著述。

（11）《矿物学新书》为日本富山房编，范迪吉等著，1903年出版，全书包括总论、矿物通论，以及各论，其中包括元素类、硫化物类、酸化类、卤化类、以及有机类等。

（12）《银矿指南》（*A Practical Treatise on and Working Silvel Ores,* 1876）美国雅伦（Chas. H. Aaron）所著，付兰雅口译，应祖锡笔述。全书

共八章，专论找银矿及冶炼方法，上海江南制造局1891年初版。

（13）《矿学考质》由美国奥斯彭士著，慈溪舒高梯口译，海盐沈陶章笔述，全书分二编十卷：上编五卷，分述金、银、铜、镍、铁、锡和锌；下编五卷，分述铅、锰、铂、铱、汞、锑、铋、铬、钴等。

（14）《矿物学与地质学》为日本人佐藤传藏著，金太仁（朝）译，1907年出版。全书共9章，分述矿物之性质、矿物之种类、矿物之形状、矿物生成法及其出现之状态、矿物之识别、岩石之性质、岩石之种类、地壳之构造和地壳之发展。

晚清至民初，翻译和引进的矿物学著述最多，大约有几十种，这里就不一一列述。

（15）《地学指略》（*George Sydney Owen*）为英国传教士文教治 (1843—1914) 口译，李庆轩笔述，1881年出版，全书分3卷19章，分论地学大旨、地面改变形势之原因、地壳各类之岩石、地壳土石分层分段和火成岩；卷中有8章，卷下6章，并附有各类图16幅。

（16）《地质学》为美国公理教女教士麦美德（S Luella Miner. 1861—1935）著，共2卷，1911年，上海文明书局出版。是书主要依据美国德纳、英国盖奇（SirA Geikie，1935—1924）等人的相关的著述，又吸收了李希霍芬和彭拜莱等人在中国考察成果和资料编汇而成。全书共2卷册，卷1：包括地力学，分地面侵蚀冲磨、土石积聚之功、层累之来源、石层因挤变迁、山成形之理、火山沸泉地震、火成石之来源和化形石之原委8章；卷2：地历学，分生物分类、地历学总论、荒古系、古世、中世、近世、地质时代与生物进化7章。全书附有地质图7幅，书中插图333幅。

（17）《地学须知》为英国人付兰雅译辑，华蘅芳笔述，上海格致书屋1883年版，主要介绍地质学的基本知识。

（18）《地学启蒙》为葛罗夫（George Grore）著的《地理学纲要》（Elemerntary Geography），英国传教士和汉学家艾约瑟（Joseph Edkin，1823—1906）译，全书8册，分论地学义旨、石分各类、石中明告之诸理、水中淤积之层累石、动植物所遗体壳质积成之层累石、火成石、地壳等，于1886年出版。

（19）《地学稽古论》为英国人付兰雅译，一书以混沌未开为极古，即开之后为荒古，动植物生为太古，人类生为近古，陈述历史地层学知识，由上海《格致汇编》1891年刊出。

（20）《地学举要》为英国伦敦会教士慕维廉（William Murihead，1822—1900）撰写，全书分为12部分，分论地球形势大率、地质、海陆分布、洲岛、山原、地震、火山、平原、海洋、潮汐、湖河和地气。值得提及的是，慕维廉的另一著述《地理全志》（1853），其下编主要论述地质内容，其中《地质论》中，以近代地质学概念，首次出现汉字“地质”一词。

其他还有可作为参考的文献，诸如：《小方壶斋学兴地丛钞》中选入了一些外国人的论文，其中如葡萄牙的玛吉士（J. Martis Marguez）撰写的《地球总论》、《地球志略》等，严复（1853—1921）翻译的《天演论》（1899，即《进化论与伦理学》），马君武（1882—1936）翻译的《物竞篇》、《生存竞争》、《天择篇》、《自然选择》（即达尔文的《物种起源》）等等。

综合以上，我国早期翻译和引进的一批西方地学方面的论著，对我国培训开创地质事业的人才，起到了积极作用，也早已成为我国地质学史研究的重要文献和宝贵资料。

二、外国地质学家来华的考察及其报告的借鉴

运用近代地学方法在中国进行地质考察，发端于外国人，1840年鸦片战争后，各列强纷纷派地学人员以各种不同方式来华进行地质考察，其中影响最大的有：

（1）英国金斯米尔（1837—1910），1861年来华，曾到过香港、广州、上海、汉口等地，懂矿物学和汉学，1868年在南京镇江考察；1887年应山东巡抚的聘请，做过大运河北段的测量工作，因而对我国黄土做过调查与研究，力主水成说，反对风成说。返国后，于1888年12月23日在伦敦地质学会作过《中国之地质》专题报告，有一定影响。

（2）法国达维德（David，J. P. Armand，1826—1900），1862年来华，主要活动地区是西藏东部和内蒙古地区，采集大量动植物化石标本，其中有一

些是新种新属，有一定研究价值，全部赠予法国博物馆收藏，著有《中国之行》（1866—1897）和《蒙古之行》。

（3）美国的地质学家彭拜莱（1837—1923），1863年来华，1865年返美，1866年发表在华的地质考察报告《1863—1865年在中国蒙古与日本之地质研究》；在考察中，他发现我国东部沿海山脉走向呈北北东—南西西，从山体结构上看，这是一种极独特的现象，他从“黄陵背斜”概念得到启发，把这个构造线命名为震旦向，也称为“震旦上升系”，创用了中国地质构造学上一个专用术语，影响深远。

（4）德国的李希霍芬（1833—1905），他1868年再次来华，精心设计了7条考察路线遍及我国18个省区，从1872年回国，到1882年，共出版5卷集《中国》，这是一部我国早期区域地质调查宏著，另有两卷图册。他把“震旦”一词引入中国地层系统，建立了“震旦系”、“五台系”，对中国古老地层研究，影响深远。

（5）美国地质学家维理士（1857—1949），1903—1904年在华进行地质考察，于1907—1913年发表《在中国的研究》两卷三册，对中国构造地质学以及地层划分，影响深远。

（6）奥匈帝国时代的地质学家洛川，1877—1880年在华进行地质考察，1893—1899年发表《施欣尼亚洲东部科学考察报告》，共三卷。

（7）俄国地理学家、苏联地质学家奥勃鲁契夫（1863—1956），从1892年开始曾4次来华，对我国东北西北地区地质研究颇有影响，发表有《从恰克图到伊宁》、《祁连山山脉概要》、《中亚中国北部及中国祁连山》等。

（8）瑞典地理、地质学家斯文赫定（1865—1952），1885—1930年曾5次来华进行地理地质考察，其中主持“中瑞西北科学考察团”，遍及我国西北西藏、新疆地区，发表有《穿过亚洲》（1893—1897），《西藏》（1898），《横越喜马拉雅山，在西藏的发现和探险》（1909）两卷集，《探险家的自传》（1925），《越过戈壁沙漠》（1931），《丝绸之路》（1938）；1901年偶然机会，发现了沉睡已久的楼兰古城遗址，挖掘出汉魏晋木简残片、钱币、东方丝绸残片、西方毛织物残片、中亚希腊化的艺术风格的木雕残片等。

（9）德国地理学家斯坦茵（1862—1943）于1900和1906年来西北进行

考察，1912 年发表《中亚及中国西部探险记》，《沙埋和田废墟记》。

（10）日本人有小川琢治、横山又次郎、小藤文次郎等多人来华考察，其中：

① 石井八万次郎，三次来华沿长江、汉水进行地质考察：

第一次于 1912 年，在大冶、宜昌、三峡地区；

第二次于 1913—1914 年在汉口、岳州、长沙以及资江流域；

第三次于 1915 年在应城、鄂皖边界地区；

1910 年发表考察报告《楚蜀之山形地质说》。

② 野田势次郎于 1912 年来华，是以东京地学协会名义，主要在华南地区进行地质考察，考察报告于 1917 年发表，题目是《支那地学调查报告》共两卷，主要内容包括：三峡地区和湖北东南部（大冶、阳新地区）两大地层系统；对调查区域火成岩划分为花岗岩、花岗斑岩两大类；把湖北划分为五个构造区，即：鄂北区、宜昌区、鄂西区、鄂中区和鄂东区，分别阐述各区的地质构造的特征。1920 年编制成《南支那地质图》。

（11）法国人在我西南边陲早已觊觎可畏，1901 年借滇越铁路，进入云南勘测，1903 年安南矿务局长朗特诺（H.Lantenoy）、地质调查所长古尼龙（M.Counillion）、法国古生物学家曼苏（M.Mansan）等分两组再进入云南，一组经建水、通海到昆阳，一组经开远、婆兮、路南到昆明。考察中发现路南大断层，由朗特诺执笔撰成《滇南矿产考察团报告》。

1904—1910 年法国人贝克两次进入西康考察，写有《向唐古拉藏人住地进发》（1909），1910—1911 年勒金德（F.Legender）到四川云南考察，1916 年与拉莫尼合作，绘制成西南岩层分布图。

1910—1911 年越南地质调查所派德普埃（J.Deprat）到云南调查编绘成东川、建水和会理之间地质图（1 ∶ 20 万），1912 年发表《云南东部地质研究》（Etude Geolique du yunnan Oriental），书中将滇东划分成若干区，在第二卷中有附图 60 幅，剖面图 178 幅，地形图（1 ∶ 5 万），构造图等，资料详实，是一本滇东地质学专著；德普埃与曼苏撰成《云南地质考察团地层学综合报告》（Resultas Stratigraphiques Geologique de Yunnan）；越南地质调查所古拉尼（M. Colani）于 1917—1918 年两次到云南采集化石，发表《云南第三纪植物化石》（Bullten de Survey Geologique ln-dochine.）；曾任越南地质调查所所长的弗洛马盖（Fromaget），到过开远等地考察，1930 年与索兰（Saurin）在《法国地质学会百年纪念刊》上，发表《南溪地质》。

（12）另外，相继还有10个“科学考察团”组团集体来华进行地质矿产考察：

① 1866—1868 年法国儒伯尔特越南考察团，进入中国；

② 1877—1880 年匈牙利施欣尼科学考察团；

③ 1892 年俄国波塔林率领的“蒙古和中国考察团”；

④ 1893 年罗勃罗夫斯基“中亚考察队”；

⑤ 1895 年法国组织“中国经济考察团”；

⑥ 1899 年俄国普热瓦尔斯基中亚科学考察团；

⑦ 1899—1901 年蒙古—西藏考察团；

⑧ 1900 年中亚和中国西部考察队（斯坦茵）；

⑨ 1921—1935 年美国自然历史博物馆中亚考察团（Conteral Asjatie Epedetion of Amerrican Musem Nature History），由于条约不平等，遭到中国学界的反对，仅在蒙古地区进行考察；

⑩ 1923—1935 年中瑞西北科学科学考察团（The Sino-Swedish Expedition），中瑞合组考察团，瑞方团长为斯文赫定（A. Sven Hedin，1865—1952），中方团长是袁复礼院士，考察成果，在瑞典出版《Report Sino-Rwedish Expegition》，据说在 20 世纪 80 年代就出版 50 余卷，关于考察团成就已有专题研究。

（13）几所重点大学聘请来华的地质学家：

① 北京大学于 1917—1918 年聘请美国地质学家亚当斯（G. Adams）讲授地质学、矿物学、矿床学等，1917 年捐赠精装书 160 卷、纸装书 200 卷，1920 年又增历史文学方面书 1045 卷；

② 1920 年聘请美国地质学家葛利普（A. W. Grabao，1870—1946）担任系主任，讲授古生物学和地层学，为中国培养了一大批杰出的古生物学人才；

③ 北洋大学聘请美国人德瑞克（N. E. Druke），除教学外，还在《地学杂志》上发表《论地质学之构成与地表之变动》；

④ 1935 年中央大学聘请匈牙利地质学家贝克（H. Backes），担任大地构造学和沉积学教授，并去四川进行地质考察；

⑤ 山西大学聘请瑞典纽鲁姆（E．T．Nvstrom），东南大学聘请瑞士学者巴勒加（A．Parejas），广州大学聘请耶克尔（O. Tacke）等等。

有关外国人来华进行的地质考察，笔者已在 1990 年《中国科技史料》有专文发表，这里就不再重述。

三、派留学生“取经”，来开创中国近代的地质矿产事业

早在晚清的洋务运动时，清政府深知落后挨打的惨痛教训，有些志士力图兴国图强，提倡学习西方先进科学技术，迫使清政府从 1872 年起分四批选派幼童 120 名赴美留学。到 1881 年突然全部召回，大部分幼童都是在校生，少数即将学成毕业，回归的幼童仅剩 90 人，其中学习地质矿业专业的幼童有 15 人，从事过地质矿业工作的有邝荣光、吴仰曾（1862—1939）、邝炳光（1863—?）等。

【笔者注】在探讨中国近代地质调查史几乎未曾提到过，笔者想借此补上这个空白。

（1）1872 年邝荣光（1863—1965）作为第一批幼童赴美，就读于美国拉法耶学院（Lafayette Collge）学习地质矿产；1881 年被迫回国，先派往开平煤矿，后去山东招远、平度、海宁、林城煤矿等地，历任总工程师、总办等要职。1905 年任直隶矿政调查局探矿师、顾问官，商务部直隶矿务议员；1907 年（光绪 33 年）获得“工科进士”；到民国初年，担任山西同宝煤矿总经理；他不仅在国内担任要职，在国外也有名望，他是美国矿师会会员，国际矿务会议员等。1908 年参与中国地学会的筹建。由于他在华北大地上进行过大量地质矿产调查，在大量资料基础上作过煤田地质、岩石学、构造地质学研究，并在 1910 年发表第一张我国彩色地质图和矿产图，即：（1）《直隶地质图》（1:250 万），从图上清晰地显示出全区的地层层序（分共 6 层）：第一层为太古宇火成岩层，第二层为干布连纪（寒武纪），第三层为炭精层（石炭纪），第四层为朱利士纪（侏罗纪），第五层为近今代（新生代），第六层为黄土；（2）《直隶矿产图》，图面上，明确地标出煤 、铁、铜、铅、银、金等矿产的分布。（3）《直隶石层古迹》，这是我国地质学家自己发现、自己鉴定、自己制作的第一份古生物图板，图中标出 8 种古生物化石，其中有：三叶虫、蛤螺、珊瑚、石芦叶、

鱼鳞草、凤尾草、沙谷棕树。上述三项成果，反映出邝荣光已掌握了现代地质学原理，并能结合中国的地质实践。这三项成果，交相辉映，开创了中国地质学家从事地质调查与研究的先河！

特别值得提及的是，1900 年应邀对枣庄煤矿的储量和分布进行勘察，他发现旧矿窑底部，西起山家林，东至奇村，东西长约 3 里，按每天产煤两千吨计算，至少还可开采资源 30~40 年，后来得到了证实，发展了枣庄煤矿；他还提出：在大山、甘露一带煤质优良，灰轻磺少，质体块多，亦可开采十余年，促使中兴煤矿公司得以蓬勃发展；有一份资料记述他还发现湘潭煤矿，尚待进一步论证。

（2）吴仰曾（1863—1939）作为第一批幼童赴美留学，原籍广东四会，原名仲泰，字述人。幼年曾在香港一英文学校学习，成绩尤佳，被选为 120 名留美幼童之一，就读于哥伦比亚大学（Columbia University），专攻地质矿业，师从巴特尔（E. K. Butteles）。1881 年被召回国，先派往开平煤矿，负责技术工作，后派赴热河勘察银矿，以他高超的摄影技术和地矿知识，获得一批野外地质资料，为后来热河银矿的开发奠定了基础。在 1886 年被李鸿章重新派往英国，进入伦敦皇家工程学院，专攻矿冶、矿化和探矿技术，1890 年毕业，任墨国一公司金银矿化学师。由于他是这批留学生中唯一完成学业的幸运者，也是中国最早的完成学业的留学生，再次回国后，颇受重视，他的地质实践记录有：重回开平煤矿负责技术领导，曾担任总工程师、副局长等要职；在开平煤矿期间，开创机械采煤，大力提高产量，被誉为中国采用机械开矿的鼻祖。

1895 年派往南京勘察附近的煤矿、铜矿获得成功，被任命为局长要职；1897 年受浙江巡抚之邀，前往浙江进行矿产勘查，又奉盛宣怀之命勘查湖北大冶县龙角山银矿时，曾致函盛宣怀，提出对龙角山银矿开采“要力求采用西法先进技术”的意见，他提出：依线道形势开深 30 丈以下，必有银矿可采……产矿之处，矿质本以愈深愈佳；在冶炼方法上，他提倡用西法冶炼，即用始化炼银法，更为便捷，都显示出他具有现代地质矿冶理论知识，有解决实际问题的能力和水平。

1899 年返回开平煤矿，担任副局长，兼任主任验矿师。1900 年为保护煤矿他组织自卫队，维护生产保护天津燃煤的供应，粉碎了帝俄妄图侵占该矿的

《中国矿产志》封面

阴谋，表现出一个爱国者的情操；1906年应邀去鸡鸣山煤矿调查，解决技术问题；他以更多的时光，主要是在直隶省境内，在华北大地上进行大量地质矿产勘察与研究工作，取得瞩目的成果和贡献，1907年（光绪33年）被朝廷任命为“工科进士”，担任晚清归国留学生副主考，学部顾问等要职，并受到嘉奖。

（3）1902年鲁迅、顾琅赴日本学习地质矿业，1903年鲁迅发表有名的《中国地质略论》，1905年两人合作发表《中国矿产志》，可称为中国地质矿产的先驱者。

（4）1901年王宠佑（1879—1958）赴美，获硕士学位，又赴英、法、德，专攻地质矿业获博士学位回国，从事锑矿实业，素有“锑矿大王”之称。

（5）1902年丁文江（1887—1936）先赴日，1904年赴英，就读于剑桥大学，后转入格拉斯哥大学，1911年获得博士学位回国后，继任地质科长，创办培训中国第一批地质人才的地质研究所，开创中国地质调查事业，创建中国地学会，是中国近代地质学创建者之一。著述有《中国之矿产》（1919）、《滇东的地质构造》（1922）、《中国造山运动》（1929）等。

（6）1904年章鸿钊（1877—1951）赴日，1911年获东京帝国大学理科学位，回国任京师大学堂教师，1912年出任中国第一个地质机构——地质科科长，创办中国第一个培训地质人才的学校——地质研究所，是中国地质学会创建者之一，是公认的中国近代地质学的创建者之一。著述有《石雅》、《古矿录》（1927）、《中国地质研究小史》等。

（7）1908年翁文灏（1887—1971）赴比利时专攻地质学，1912年获得博士学位；回国后任教地质研究所，主事地质调查所，1932 年创办清华大学地质系，是中国地质学会的创建者之一，也是中国近代地质学的创建者之一。著述有《中国山脉考》、《中国矿产区论》，《中国东部中生代造山运动》等。

（8）1904 年李四光（1889—1971）留学日本，1913 年赴英国，就读于伯明翰大学，1919 年获得硕士学位；1920 年回国，任北京大学教授；中国地质学会的创建者之一；1928 年创建中研院地质研究所，首任所长；1948 年选为中研院院士；倡导和创立地质力学学派，也是中国近代地质学的创建者之一，特别是新中国成立后，出任中国科学院副院长，第一任地质部部长，对中国科学、中国地质学发挥了重要作用。著述有《中国地质学》、《地质力学概论》、《地质力学方法》等。

（9）1911 年王烈（1887—1957）赴德弗莱堡矿业学院学习，1913 回国任北京大学教授、系主任，毕生从事教育事业。

（10）1913 年何杰（1888—1979）取得美国克罗拉多矿业学院工程师学位，1914 年取得学位后回国，任北京大学、北洋大学、中山大学教授、系主任，毕生从事教育事业。

（11）1898 年在日本东京帝大学采矿的何橘时（1878—1961）、张轶欧等，对中国近代地质学的创建和发展，都有一定贡献。

正是由于早期在派留学生“取经”上取得成效，奠定了中国近代地质学的基础，为创立和发展中国地质事业提供了人才前提。在发展中期，发扬了这一优良的传统，有计划地派出更优秀、更多的留学生去先进各国“取经”，取得了“名师出高徒”的良好效果，这可以说是发展中国地质学的特点之一。他们之中有：

（12）1916 年谢家荣（1898—1966）赴美，先后在斯坦福大学、威斯康星大学学习地质，1920 年获得硕士学位；1929 年赴德，曾在柏林大学和弗莱堡大学研究金属矿床学，深受著名矿床学大师施乃德洪（Hans，Schneiderhon，1887—1962）的指导和影响。回国后，成为中国经济地质学的奠基者之一。1948 年当选为中研院院士，新中国成立后，在金属矿床学方面发挥了重要作用，当选为中国科学院学部委员（院士）。著述有《中国矿产时代及矿产区域》、《中国铁矿之分类》、《中国矿床学》等。

（13）1918年冯景兰（1898—1976）赴美，曾在科罗拉多矿业学院、哥伦比亚大学就读，专攻矿床学，获学位后回国，从事研究与教学，是我国成矿控制和成矿封闭理论的倡导者之一，是中国科学院的学部委员（院士）。著述有《关于成矿控制及成矿规律的几个重要问题》、《矿床学原理》等。

（14）1919年刘基磐（1898—1985）赴美，进入哥伦比亚大学，深受著名矿床学家雷蒙德的教益。

（15）1920年朱庭祜（1895—1984）赴美，在威斯康星大学获得硕士学位，在明尼苏达大学师从著名金属矿床学家艾孟斯（S. Emmons，1841—1911），作为研究生，对其理论颇有心得。著述有《浙江之矿产资源》、《中国地质工作的回顾》等。

（16）1920年张莘夫（1898—1946）赴美，就读于芝加哥大学学习经济，后进入密西根工科大学改学矿冶，毕业后获得博士学位，1929年回国。由于出生在吉林省九台县，抱有恢复重建家乡的愿望，毅然拒绝多处高薪聘请，愿出任吉林省穆棱煤矿（今属黑龙江）矿长兼总工程师，该矿是帝俄遗留下的旧矿，生产处于停滞状态，张莘夫接手后，先对矿区进行科学考察，制定出一套系统计划，充分发挥了科学管理和技术才能，不到两年时光，不但恢复生产，还达到矿业振兴，产量倍增。

张莘夫热爱家乡，曾徒步跋涉于九台一带的山岭河流探查找矿。对家乡有着美好的称赞："山高林茂，江河源远流长，矿脉富足，实在是一块宝地。"

自幼深受家庭影响，其父张春恩法学专业，民初追随孙中山先生革命，曾任徐世昌总统府顾问。

张莘夫于1919年在北平读书时，曾结识毛泽东同志，常在一起畅谈救国道理；"五四运动"中，同北平青年一起游行示威，他执旗领队，带头呼喊口号。后怀知识救国思想赴美留学获得博士学位回国。

1931年"九•一八"事变后，流亡关内，任唐山工程学院教授、山西大学校长、河南焦作煤矿总工程师、天水煤矿矿长兼总工程师；抗战时期，曾主持国家战略性稀有金属矿产的生产，担任政府汞锡钨金属管理处处长、中央事业部部长、经济总署副主任等职，是一位颇有作为的地质学家。

1945年的"八一五"日本投降后，国民党政府任命他负责接收东北工矿业事宜，于1946年1月7日从长春出发，经沈阳到抚顺，接收抚顺煤矿，遭拒绝，苏军人员令其速离开，1月16日晚，被迫搭乘原苏联专车返回沈阳途中，“被一队不明身份的武装分子”拖下专车杀害，年仅48岁。

“张莘夫被害事件”后，内地掀起“反苏示威抗议大游行”，促使苏军提早撤军东北。

【说明】当时，笔者是长白师范学院在校生，借读于东北大学，学校正准备响应发起的反饥饿反迫害“六·二”学潮，而“三青团”一伙，又发起“反苏大游行”，两派针峰相对，学校十分混乱，特别是对张莘夫遇害原因始末一点也不了解；近期一些资料表明：张遇害后，毛主席在延安曾表示惋惜：像张这样的中国地质学家，世界上才有两个半，张是其中之一。

（17）1922年杨钟健（1897—1979）赴德国留学，就读于慕尼黑大学，专攻古生物学，1927年获得博士学位，1928年归国，任中央地质调查所新生代研究室主任，为1929年“北京猿人”发现做出贡献；历任北京大学、北京师范大学、重庆大学、西北大学教授，西北大学校长，1948年当选为中央研究院院士等。

新中国成立后，历任中国科学院编译局局长、编译出版委员会副主任，古脊椎动物与人类研究室主任、研究所所长等，1955年当选为中国科学院学部委员，中国古生物学会创建人之一，历任理事长；中国地质学会13、14届理事长，1956年被选为苏联莫斯科自然博物学会国外会员，美国古脊椎动物学会名誉会员，英国林耐学会会员等。主要著述有：《禄丰恐龙之初步观察》（1939），《脊椎动物的演化》，《演化的证实与过程》（1957），《山东莱阳恐龙化石》（1958），《中国的假鳄类》（1964），《马门溪龙》等。

（18）1923年尹赞勋（1902—1984）赴法国留学，进入里昂大学理学院地质系，1931年获得理学博士学位，归国后担任地质调查所调查员、技师，担任江西地质调查所所长（1937—1939），同时兼任北京大学（1933—1935）、北京中法大学（1937—1939）讲师；1940年担任中央地质调查所研究员、副所长、代所长等。

新中国成立后，应邀担任中国地质工作指导委员会副主任，1952—1956年担任北京地质学院副院长，1955年当选为中国科学院生物地学部委员、副主任，1957年当选为地学部主任；在中国地质学会中历任秘书长、副理事长、理事长。主要从事地层古生物研究，尤以志留纪研究而闻名，主要著述有：《中国南部志留纪地层之分类与对比》（1949）、《志留纪的中国》（1966）、《中国区域地层表》（主编，1956）、《论褶皱幕》（1978）等；晚年十分关注板块学说的研究，发表《板块构造述评》（1973）、《板块构造学说的认识论意义》（1978）等。

（19）1925年孟宪民（1900—1969）赴美，先后在科罗拉多矿业学院、麻省理工学院就读，师从著名矿床大师林格伦（W. Lindgren，1860—1939），专攻矿床学，1927年获得学位后回国，是我国同生成矿学派的先驱者，层控矿床研究的奠基者，中国科学院学部委员（院士）。著述有《锡矿矿床地质研究》、《矿床分类与成矿作用》、《若干金属矿床的勘探总结》等。

（20）1929年王竹泉（1891—1957）赴美，先后在威斯康星大学、麻省理工学院作为著名经济地质学家格里的研究生，并受温适尔教授的指导，1931年获得学位后回国，1957年当选为中国科学院学部委员（院士）。著述有《山西煤矿志》、《中国北部煤田地质构造规律之几点意见》等。

（21）1932年黄汲清（1904—1995）赴瑞士，先后入伯尼尔大学、浓霞台大学受教于著名构造地质学家阿尔冈（E. Argand，1879—1940）教授，专攻地质构造；1935年获得博士学位回国，出任地质调查所所长；1948年当选为中研院院士，1955年当选为中国科学院院士，是中国大地构造多旋回学派的奠基者。著述有《中国主要地质构造单位》、《试论地槽褶皱带之多旋回发展》、《大地构造及其演化》等。

（22）1934年丁道衡（1899—1955）赴德入柏林大学，受教于著名地质构造学家施蒂勒（W. H. Stille，1876—1966），在玛堡大学受教于古生物学家魏德肯教授，1939年回国。1927—1930年参加中瑞西北科学考察团，发现白云鄂博铁矿。

（23）1933年王恒升（1901—2003）赴瑞士，在苏黎世大学师从著名岩石学家尼格里（P. Niggli 1888—1960），在巴塞尔大学师从于莱茵霍教授，1936年获得博士学位，1937年回国。是中国科学院院士，著述有《含铬铁矿基性岩体类型及铬铁矿成矿规律》、《对铬铁矿床形成方面几个实验和一些意见》等。

（24）1935 年胡伯素（?—1944）赴德，在莱堡大学师从著名矿床学家施乃德洪，获得博士学位，1937 年回国，从事科研与教学工作。

（25）1946—1947 年喻德渊（1903—1971）赴英国伦敦大学及剑桥大学研究地质学，又去美国各矿山实习，归国后任中央研究院地质研究所研究员。新中国成立后任中国地质工作计划指导委员会地质勘探局副局长，1952 年任长春地质学院教授兼副院长。一直从事构造地质学研究与教学工作，著有《宁镇火成岩地质史》（1929），《苏州花岗岩》（1929），《扬子江流域之震旦纪地层》（1931），《淮阳山脉之主要造山运动——淮阳运动》（1931），《宁镇山脉火成岩》（1934，合著），《中国几个弧形构造与矿床关系》（1951），《中国大地构造与矿产分布》（1954）等。

（26）1934 年张更（1896—1982）赴美，在哈佛大学深造，特选林格伦的矿床学课程，受益匪浅；1936 年回国，在中央研究院地质研究所从事矿床学研究，1941 年任重庆大学教授、系主任；1952 年任北京石油学院教授、系主任、石油勘探开发研究院总地质师。著述有《锡矿与钨矿之成矿先后问题》，主编《石油地质学》等。

（27）1934 年朱森（1902—1942）赴美，在哥伦比亚大学师从 G. M. 凯伊（Kay）研习地文学，1936 年获得硕士学位；同年，赴德在波恩大学师从 H. 克鲁斯（Kloos），专攻矿田构造和小构造，1937 年在柏林师从 H. 施蒂勒（Stile）专攻大地构造学。同年，赴苏联参加第 17 届国际地质大会，发表《中国造山运动》，会后赴瑞士考察阿尔匹斯地质构造后回国。任中央研究院地质研究所研究员，1942 年任重庆大学、中央大学教授、系主任。由于误领平价大米被诬陷，气愤成疾不治身亡，年仅 40 岁，是一位颇有造诣的构造地质学家、勤俭育人的教育家，因此，在追悼会上地学界同仁以其激烈愤怒之声，声讨当局处理不公。主要著述有《秦岭中段地质调查记略》（1929）、《江苏南部山脉之研究》（1929）、《栖霞山与龙潭地质考察记略》（1930）、《四川龙门山地质》（1942），其中由他执笔的《宁镇山脉地质》（1935 年），更具有其代表性。

（28）1923 年孙云铸（1895—1979）留德，师从著名古生物学家瓦尔特（J Walther，1860—1938），1927 年获得博士学位；同年回国，任北京大学地质系教授、系主任；1929年参与中国古生物学会的创建，并任首任会长。新中国成立后，历任地质部的矿产研究所副所长、中国地质科学院副院长，资深院士，著述颇多，诸如《中国含笔石之地层》、《关于中国寒武纪地层界线问题》等。

（29）1934年，李春昱（1904—1988）留德，在柏林大学师从施蒂勒（W. Stille，1876—1966），专攻构造地质学，1937年获得博士学位，回国筹建四川地质调查所，任所长，1942年任中央地质调查所所长，1949年华北地质局总地质师，资深院士。主要著述有《中国中生代造山运动》、《中国内生矿床与板块构造》、《中国板块构造的轮廓》以及《亚洲大地构造图》等。

（30）1925年李善邦（1902—1980）留学四个国家，曾在日本东京大学、美国加州理工学院、德国波茨坦物理研究所、英国剑桥大学深造，专攻地震学。回国后任北平地质调查所技正。1936年在北京西山建立地震台，开创地震研究工作。著述有《中国地震》（1981），主编《中国地震资料年表》和《中国大地震目录》等。

（31）1935年程裕淇（1912—）赴英，就读于利物浦大学攻读地质系研究生，1938年获哲学博士学位，同年去瑞士巴塞尔大学专攻矿物学和岩石学，1938—1949年历任中央地质调查所技正、研究室副主任、主任，兼任中央研究院地质研究所研究员（1947—1949）。

新中国成立后，历任中国科学院地质研究所研究员、研究室主任、副所长。

1952—1957年调任地质部，历任地质矿产司副司长、技术总工程师，1957年任地质矿产所副所长、地质科学院副院长，地质部副部长等；在中国地质学会历任副理事长、理事长；1955年当选为中国科学院学部委员，1982年选任为学部副主任。主要著述有：《扬子江下游铁矿志》、《变质岩的一些基本问题和工作方法》、《初论矿床的成矿系列》、《中国主要铁矿类型及其区域成矿分析》等。

（32）1940年傅承义(1902—2000)赴加拿大麦吉尔大学学地球物理勘探，1941年获硕士学位，1942年在美加州理工学院师从古登堡（B. Gutenberg，1889—1960），专攻地震学，1944年获博士学位；1947年回国，任中央研究院气象研究所研究员，1948年参与中国地球物理学会的创建，1949年任中国科学院地球物理研究员，中国科学院院士。著述有《关于地震发生的几点认识》

（1971）、《地球十讲》等。

（33）1945年叶连俊（1913—1980）赴美，在联邦地质调查所进修，1947年同国，在中央地质调查所工作，1950年任中国科学院地质研究所研究员、研究室主任。从事沉积学及其矿产研究，创立陆源吸收理论，受到称赞。1980年当选为中国科学院学部委员。主要著述有《论中国沉积矿床的若干形成特点》、《近代沉积学的一些理论》、《外生矿床陆源汲取成矿论》等。

（34）1938年何作霖（1900—1967）赴奥地利，就读茵地大学，师从森德尔教授，专攻岩组学，获得博士学位；1940年在莱比锡大学师从施伯特教授，专攻结晶构造学；回国后，历任北京大学、北京师范大学、山东大学教授、系主任、教务长，1952年任中国科学院特级研究员、研究室主任，1955年当选为学部委员。著述有《白云鄂博的某些稀土元素》、《赤平极射投影在地质学中的应用》等。

（35）1936年，翁文波（1912—1994）赴英，就读于伦敦帝国大学理工学院地球物理专业，1939年获得博士学位，携带自己设计的“重力探矿仪”回国，后任教中央大学物理系，不久，任玉门油矿工程师，1949年调石油部工作，1979年任石油勘探开发科学院总工程师，副院长，参与《中国含油气远景区划图》的编制，1980年当选为中国科学院学部委员。

他在石油地球物理勘探理论和方法方面作出了贡献，在地震预报理论和方法方面也有独到的成就，特别是在晚年开创信息预测新领域，提出浮动频率概念，运用中国的传统创立“天干地支”的可公度性，进行地震预测预报，取得可喜的成就，发表了《预测论基础》，建立起预测学理论。著述有《中国石油资源》（1946）、《反射地震勘探中用直线的计算法》（1954）、《地震的远景预报》（1966）等。

（36）1941年阮维周（1911—1998）赴美，就读于芝加哥大学，师从于著名地质学家博文，1946年获得博士学位回国。1946—1947年任北洋大学教授，1947—1949年任北京大学教授，1949年去台湾，1950年在台湾大学地质系从事岩石学研究和教学工作，1952—1962年任教授、系主任、理学院院长，1962—1964年任台湾中研院总干事。现为中央研究院院士，多次回来参加中国地质学会庆典活动，并进行学术交流，著述有：《等炭线所示之四川可能产油区》（1939），《中国矿产资源》，《20世纪地质学》（1980，台湾），以及有关地质学史等。

【笔者注】在1949年同时去台湾的一位“赫赫有名”地质学家朱家骅，由于他曾对中国学术界和地质学界有过一定影响，笔者也加以介绍。

（37）1914年朱家骅（1893—1963）赴德，就读于柏林矿科大学，专攻地质学；1917年回国，于北京大学任教；1918年赴瑞士研究地质，1920年转入德国柏林大学；1924年回国，历任北京大学、广东大学教授，中山大学副校长；1927年创办两广地质研究所，任所长；1936年任中山大学校长，1936年任中央研究院总干事，1948年当选为研究院院士，1949年去台湾，1958年任台湾中国地质学会理事长。

他在国民党政界也是有名的要员之一，任过教育部长、交通部长等，以及国民党组织部长、三青团头目等反动要职，到台湾后，曾任“总统府”资政。在1948年他派人把故宫、中央博物馆、北京图书馆的大量文物、图书运往台湾，并把中央研究院迁往台湾，被列为战犯之一。1963年在台湾病逝。新中国成立后，早已被人民所弃，这里作为曾在国外专攻地质学的中国地质学家，冒昧做一补白。

后来（20世纪40年代后）派往西方的留学者增多，他们在不同时期、不同国家带回了不同学科、不同学派的理论、学说，有力地提升和丰富中国地质学研究内涵和水平，不断地推动中国地质学的快速发展。

可以说，派留学生国外“取经”，确实起到了“他山之石，可以攻玉”，“名师出高徒”的良好效果，这一点，足以构成中国地质学发展史上的一个突出的特点。

（原文摘要在《第十届国际中国科学史会议论文集》上发表，2004.8）

中国早期区域地质矿产调查之人物成果及其历史

一、邝荣光、丁文江等是中国区域地质矿产调查的开拓者

邝荣光

从1912年南京临时政府实业部地质科成立，到1949年新中国诞生37年里，是中国地质事业起步、建立、打基础、迈向发展的时期，这段时间里集中反映出建立科研机构、发展培训机构、培训人才、逐步开展区域性地质矿产调查的初步成果。

由于中国地质事业初期发展深受三大特点的影响，诸如“近代地质学理论的引进”，“外国地质学家来华地质考察经验的借鉴”，以及“派留学生去先进国

直隸石層古蹟

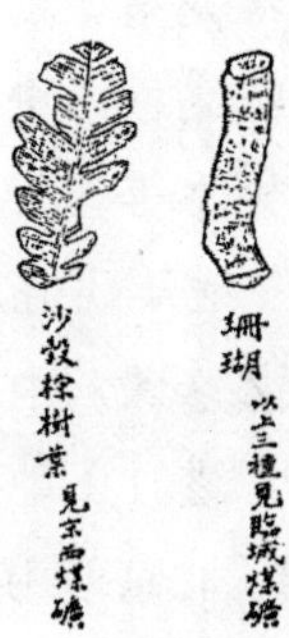

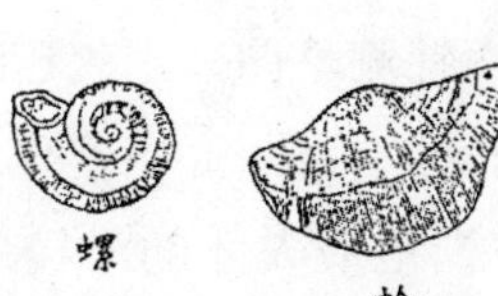

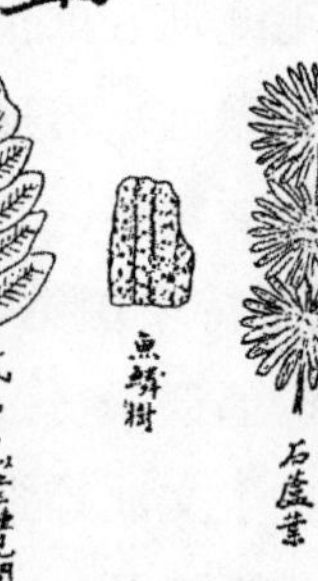

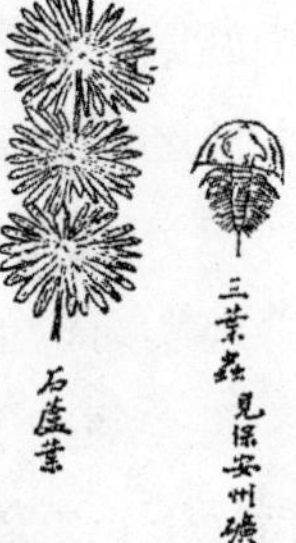

礦師鄺榮光考查并繪

中国第一张古生物图版

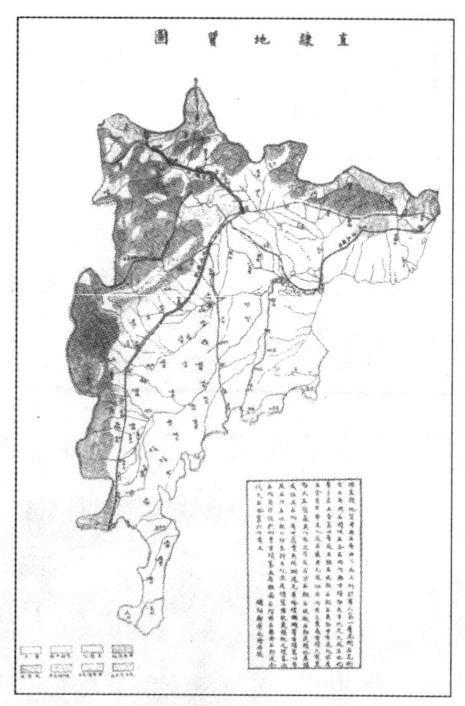

中国第一幅地质图——《直隶地质图》

家取经”，得到了“名师出高徒”和“他山之石，可以攻玉”的效应，发展迅速，起步水平较高，下面列举一些综合性、集体性的地质矿产调查成就，以反映这37年来的地质矿产调查与研究的程度和水平。

属于邝荣光、吴仰曾、邝炳光、鲁迅、顾琅、王宠佑、章鸿钊等的事迹，在本书《中国早期地质学史研究的特点》之中已有论述，为避免重复，这些就不再赘述。但有关丁文江先生的西南边区三次地质调查，对中国区域地质调查影响深远，实属中国地质调查史上的重要篇章，故再做必要的补述。

丁文江（1887—1936）于1911年在英国格拉斯哥大学获得博士学位，返国后开拓中国区域地质调查的事迹如下：

（1）第一次西南边陲的地质考察。

1911年毕业返国途中，在海防登陆，乘滇越路火车经劳开入云南到昆明，取道滇黔湘驿道，经大板桥、杨林、高隆，过马龙、霑益、平彝、入贵州境，经过亦资孔、毛儿河、郎岱、安顺，到达贵阳。从贵阳经龙里、贵定、清平、黄平、施秉、抵镇远。沿途用指南针测草图，用气压表测高程，进行了他第一次边远地区的地质考察，获得岩石标本、图片以及化石标本等。

1913年他主持中国第一个培训地质人才的学校——地质研究所时，特别重视野外实习，倡议学员每周必去野外实习一次，作为必修课，由当时教员章鸿钊、翁文灏、丁文江等带领对北京西山及其周围地区，进行了地质考察，在教员指导下，集体测得1∶10万地质图，并撰成著名的《北京西山地质志》，成为早期北京第一部区域地质志。

同年，他与德国人梭尔格（F.Solger）、王锡宾赴太行山地区及沿正太路进行地质考察，沿途填绘地质图，进行了系统的地质工作，后来编写成《正太铁路沿线地质矿产报告》。

（2）第二次西南边陲及其附近地区的地质调查。

1914 年，经农商部批准再去云南东部作地质考察，以一年的时间，遍及滇东滇北各地，重点调查了个旧的锡矿和东川的铜矿。测得《个旧县地质图》、《个旧附近地质总图》、《个旧锡矿区地质概要图》；发表《云南东川铜矿》专文，撰成《改良东川矿政意见书》；两渡金沙江，调查研究了四川会宁、会理一带的地质矿产。

这次考察路线十分艰险，涵盖地区甚广，时间较长，先到昆明停留，在个旧及其附近考察50天，经富民、武定、元谋入四川会理，再转回滇蜀巧家区、东川、宣威到贵州威宁，沿曲静、罗平、干彝、马龙到昆明返京，历时九个多月。

众所周知，滇川黔三省交界地区，地形复杂，自然条件恶劣，十分艰苦，每天“以管窥天，以锥指地”，采集了大量化石和标本，绘制各类地图。同时，对西南地区地层也作了深入研究，认为云南曲靖的苗高山层，是我国当时能称得上志留纪的唯一地层，此行成果纠止了法国戴普拉德错误论断，为建立滇东地层系统奠定了基础。1922 年向第 13 届国际地质大会提交的《滇东的构造地质学》论文，文中例举出龙爪山脉、扬子弧之红色高原、鲁南山脉、扬子江之变质杂岩、东川侵蚀平原、牛栏江之褶皱山脉、宣威高原、东经 104 度以东之交界山脉、罗平高原等九个构造单位，均论其构造特点。

1928 年，受铁道部之委托和广西政府的邀请踏勘川广铁路，探查广西矿产，其范围甚广，包括中部和北部，重点考察南丹河池锡矿及迁江一带煤田，特别注重地质构造和地层系统的调查与研究。他主编《徐霞客游记》出版及其实际考察，被誉为 20 世纪的徐霞客。

（3）第三次西南边陲的地质考察。

1929 年，由地质调查所组织力量，再度进行西南地区的地质考察，由丁文江任总指挥，力量强劲，其中有黄汲清、赵亚曾、李春昱、曾世英、谭锡畴、王曰伦等。

考察人员从北京出发到重庆，经桐梓至遵义西行，再往东至贵阳，经都匀、独山，入广西南丹，经平丹返贵阳。这次的地质考察是他规模最大的一次，也是他三次边陲考察的最后一次，更是他一生中最后一次的地质考察。

就在这次考察途中，年轻地质学家赵亚曾（1898—1929）于1929年11月15日在昭通县佛德盛客栈，不幸遇匪殉难，他深感悲痛，作《挽赵予仁》七律四首："三十书成已等身，赵生才调更无伦。如何燕市千斤骨，化作天南万里尘。"

考察的目的、内容和成果，在1929年8月3日给胡适信中有所阐述，信中说："我这次到西南去，抱了几个志愿。第一是把广西和云南的工作连接上——我去年在广西，颇有重要发现……这种发现，把从前在云南的观察也证明了一大部分。把各种问题完全解决，非到两省交界的贵州去不可，钦渝铁道是打通川粤交通的唯一方法，也就是解决西南经济问题的唯一方法……我认为唯一的路是在贵州……铁路只上一半的高山，大定、黔西有有价值的煤田……乘此把钦渝路线根本解决了，把西南的交通和经济做一个具体方案……"

值得庆幸的是，一批地质研究所毕业的"后起之秀"撑起了中国区域地质矿产调查重任，他们是：叶良辅、谢家荣、谭锡畴、赵亚曾、刘季辰、李毓尧、赵汝钧、李捷、王竹泉、朱庭祜、李春昱、朱森、喻德渊。

"名师出高徒"，正是在中国地质学创建者们的培育下，每位学员均具备了独立地质调查的能力，各个发挥了才能，像《北京西山地质志》及其1：10万的北京地质图就是十余位——第一批中国地质学家自己绘制的第一幅区域地质图等。《北京西山地质志》则由优秀学员叶良辅执笔，于1920年正式出版，比较确切而系统地反映学员在北京西山地区进行地质调查总结，留下了最早反映首都附近地质概貌的重要著述。

特别值得提及的是：丁文江率领学员野外调查，总是以自己艰苦探险的精神和示范，鼓舞学员克服困难，勇于攀登。一贯要求自己"登山必至峰顶，移步必靠步行"，以"回敬"当年李希霍芬对中国地质学家的恶语中伤。李氏在《中国》一书中，曾写道：中国士人，资性聪明，在科学上可有所成就；但其性不乐涉跋，不好劳动，故于地质学当无能为。"

二、中国早期区域地质矿产调查的著述

（1）《地质研究所师弟修业记》，1916 年，中华书局出版。

1916 年地质研究所 18 位学员以优异的成绩毕业，三年间，他们环北京附近数百里北抵溯漠，南涉鄱阳，往来奔走实习和室内研究，由章鸿钊、翁文灏两位老师综括 69 份调查报告，主编成地质研究所师弟修业记，成为我国第一批地质学家完成的第一部区域地质调查专著。

《地质研究所师弟修业记》全书共分六章：

第一章 范围（调查范围）：附表及总图；

第二章 系统（地质系统）：从太古界、元古界、寒武纪到第三纪、第四纪；

第三章 火成岩（各类火成岩及其时代）；

第四章 构造（包括区域构造）；

第五章 矿产（主要涉及煤田和铁矿）；

第六章 结论：主要论及南北地层概述及其对比，各时代变迁，其中有关中国地质与矿产的关系，尤为精湛。书中所附剖面图、构造图等更是精美细致。

《地质研究所师弟修业记》封面

值得提及的是，两位中国地质事业创建人章鸿钊、翁文灏地质大师，专为《修业记》撰写的序，从中展示了当年建所的艰辛和办学的艰苦历程，乃至取得的丰硕成果，及深远影响。

（2）《北京西山地质志》，叶良辅执笔，地质调查所甲种专刊第一号。

1913—1916 年在地质研究所野外地质实习教学中，在教师章鸿钊、翁文灏、丁文江以及外籍教师瑞典人安德特生、德国人索尔格等的率领指导下，组织学员 13 人，1916 年进入地质调查所，三年间，环北京西山附近斧痕履印，

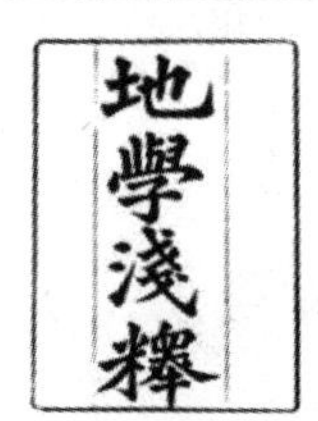

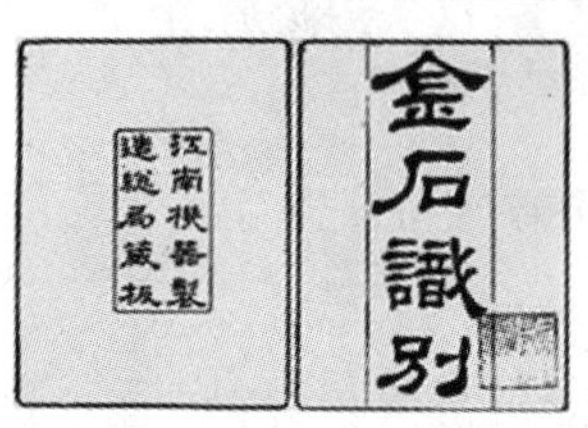

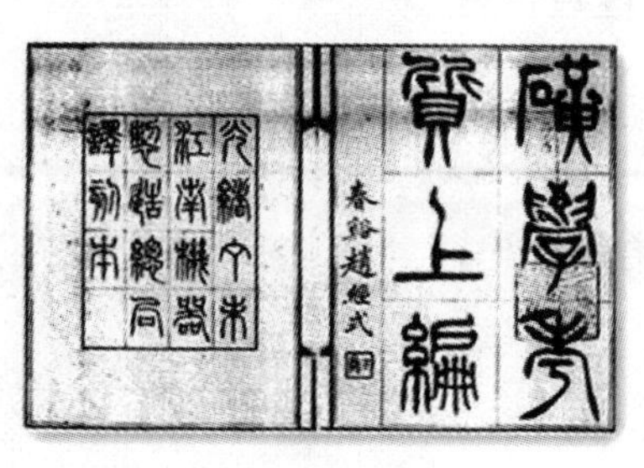

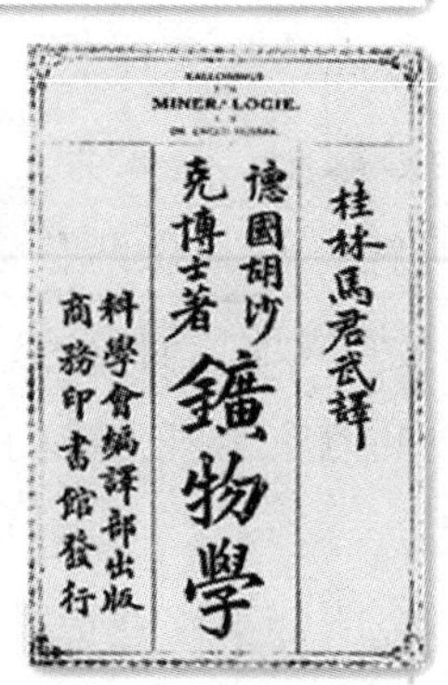

地质研究所用过的部分教材

遍及燕山山系，进行 1 ∶ 5 万的地质测量与调查工作，取得西山地质系统材料，在章鸿钊、翁文灏等的辅导下，1919 年由取得优异成绩的学员叶良辅 (1894—1949) 执笔，于 1920 年作为地质调查所甲种专刊第一号正式出版。

《北京西山地质志》共分为五章：地层系统、火成岩、构造地质、地文、经济地质。另有序和附录等，并附有 1 ∶ 10 万分之一地质图。

《地质志》是当时最为完善的区域地质调查报告，是北京第一份综合性、基础性、系统地质矿产报告，具有区域地质调查研究的里程碑作用，特别是在“经济地质”一章中，论及到北京西山附近 9 种矿产资源，包括铁、铜、铅、银、石料等，其中重点论及到煤矿资源及其储量，为北京经济发展起过重要作用。参加本区地质测量的 13 人中有叶良辅、赵汝钧、刘季辰、陈树屏、王竹泉、朱庭祜、谭锡畴、谢家荣、马秉铎、卢祖荫、李捷、徐渊摩、全步瀛等 13 人，分组负责。最后由叶良辅综合成书，可谓图文并茂。文字方面除火成岩一章系翁文灏供稿外，其余均为叶良辅所撰写。

关于西山地质，最早庞培莱《在中国的研究》有过阐述，李希霍芬在《中国》一书中，建立了西山地层层序，划分为十层，并提出“震旦系”和“南口系”地层新概念；1910—1912年梭尔格曾绘制过1：20万的西山地质图，更可贵的是《地质志》对庞培莱、李希霍芬的地层分类，及梭尔格的地质构造的错误之处，均曾一一予以纠正。

《北京西山地质志》问世后，深受各界的称赞，认为是一本区域地质方面的具有理论和实用价值的论著。叶良辅就自然被公认为同辈中的地质界佼佼者了。

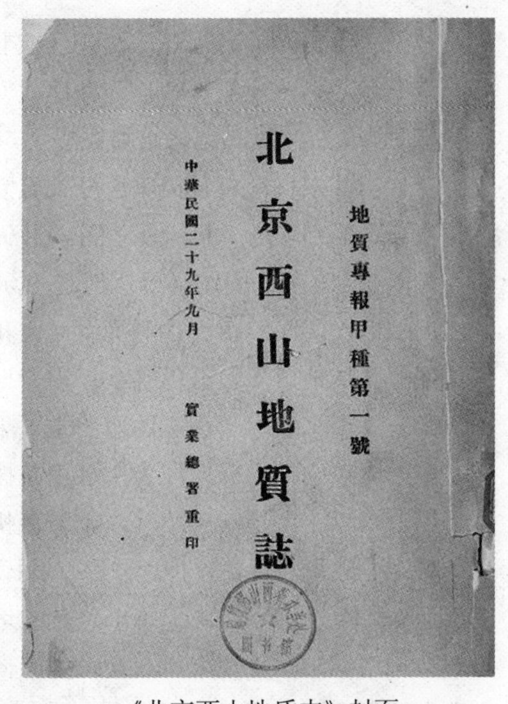

《北京西山地质志》封面

《北京西山地质志》出版后，引起地质界对北京西山附近地质研究的热潮，相继有赵亚曾的《南口地区的构造》，杨钟健的《南口附近山脉的地形特征》，翁文灏的《房山大理岩的地质时代及其含镁率》（1924），黄汲清的《北京西山之寒武及奥陶纪地层》（1927），黄汲清、朱森的《羊房花岗岩与髫髻山层之接触》（1928），王恒升的《北京西山妙峰山髫髻山一带的火成岩》，王竹泉、计荣森的《北平西山门头沟煤田地质》，高振西的《中国北部震旦纪地层》（1934），杨杰的《北京西山几个地质构造》（1936），谢家荣发表过《北京西山地质构造概说》，对造山运动做了分析后，将燕山运动划分为五幕，确实取得了一些新的认识和成果。

根据张立生教授2007年的《中国区域地质调查历史回顾》论文汇编上的论文透露，谢家荣先生1936年曾去妙峰山、清水尖、斋堂、百花山、大安山等处复查地质概况，曾遗留下撰写《北京西山地质志》新志设想，发现手稿四篇十六章的编写目录和第一篇第一章“地质系统”原稿。由于“抗日战争”及其他因素，未能完成全稿，但从谢先生遗留下的“新志”编写目录上看，其内容和结构远比原志更丰富，应是一份珍贵的科学遗产。

（3）《宁镇山脉地质》，本是中央研究院地质研究所研究的大课题，1938—1939年在李四光所长主持下，派得意门生朱森、李捷、李毓尧赴南京钟山、宁镇山脉一带进行地质调查，该书就是他们考察的成果，撰成专著。

全书分“系统地质”和“区域地质”，系统地质部分主要是论及考察地区地层层序，从寒武奥陶纪之黄墟系以上，以至第四纪均有论述，从地层学而言，颇有新意，其中特别对各类灰岩分类更为详细，诸如：金陵灰岩、和州灰岩、黄龙灰岩、船山灰岩、栖霞灰岩等，并针对其岩相进行了有益的分析和讨论；在探讨雨花台层中，引述了巴尔博之《扬子江流域地文发育史》和杨钟健之《扬子江流域地层层序》两文，并加以对比和分析。

在“区域地质”部分，确认了调查地区的构造运动时代，共分三章论述：

第一章以宁镇弧形山脉两段为主（朱森执笔）；

第二章以宁镇山脉东段为主（由李捷执笔）；

第三章以茅山地质为主（由李毓尧执笔）。

各章分述翔实，各显神通，各有发挥，创意了一些造山运动的名称，诸如：茅山运动、金子运动、南象运动、苏皖运动、东吴运动、黄山运动。

在构造褶皱的论述中，其运动力倾向于自南或南偏东的特点，其褶皱分为东段和西段，褶皱形式呈“南北合翼，东西钩连，分之虽各占一区，合之仍为一体，其或稍呈凌乱之观者，悉由后来水平错动实使之然也。”

他们各自推断宁镇山脉之逆掩断层各不相同：

① 赤燕山及狼山之南向逆掩断层（朱森之论断）；

② 三茅宫之南向逆掩断层（朱森之论断）；

③ 茅山地域欝感峰尖山、青山之西北的层状逆断层（李毓尧论断）；

根据所考察区域构造特征及所获得的新认识，以较多篇幅讨论了震旦运动的各期各幕。

专著可以说图文并茂（共387幅附图，6个图版，20照相图版，79插图），尤其是6幅彩色地质图允称精美，不仅设色标记均极鲜明，举凡地形构造穷形尽相，巨细无遗，洵佳构也。这6幅彩色地质图有：南京城地质图、汤山镇地质图、高瓷镇地质图、镇江城地质图、盂汉城地质图，以及茅山地质图。图文阐述透辟，深得地质学界赞许，我国地质事业创始人之——章鸿钊在1936年《地质论评》创刊号上撰专文给予高度评价。

值得提及的是，朱森还参加李四光领导下的对宁镇山脉地质研究的其他项目，也得到极其重要的成果，堪称该地区域地质之权威性著作。1932年，朱森与李四光联名出版了《南京龙潭地区地质指南》一书，该书中英文对照，并附有1幅1∶75000的彩色地质图，是研究该区地质之重要工具书。

叶良辅、喻德渊等在这一大项目中，也曾在南京钟山、宁镇山脉和茅山山脉做过地质调查（1933—1934），完成专著《南京镇江间之火成岩地质史》。

（4）《南京镇江间之火成岩地质史》，叶良辅、喻德渊著，中央研究院地质研究所专刊，乙种。1934年出版并附有：1∶10万总图及1∶25万剖面图。作者从1932年起，历经三年的地质调查与室内研究与化学成分鉴定，利用德国岩石学家尼格里的岩石分类，结合矿物产状特点，论述岩石31种，其中深成岩8种，包括花岗岩、花岗闪长岩、石英闪长岩、微晶石英闪长岩、辉长岩状闪长岩、橄榄辉长岩等；浅成侵入岩14种，以各种斑岩为主；喷发岩9种，流纹岩、安山岩、橄榄玄武岩等；根据产状把分布7个区域的岩石分为5个时期，得出岩浆类别：

① 酸性或中性喷出岩流（7种）；

② 第一期侵入岩（7种）；

③ 第二期中性或基性侵入岩；

④ 第三期酸性侵入岩（4种）；

⑤ 基性喷发岩浆均属辉长岩类，无显著分异现象。

受火成岩侵入与喷出的影响，造成岩石接触变质和矿产沉积，其范围：西以钟山、中以高资下蜀，东以镇江一带最强烈，其矿产种类有凤凰山、牛首山之赤铁矿及磁铁矿，下蜀铜山之铜矿，以及宁镇间的石墨及大理石等。

关于各类岩石的侵入与喷出时代，其论据尚待深一步探讨与研究，宁镇山脉一带火山岩的成因及岩浆来源也值得以更详实资料加以论证。

书中关于火成岩的研究，实为我国岩石学研究的开创性之作，两位研究者的大作，也是我国岩石学研究的典范。

（5）《扬子江流域巫山以下之地质构造及地文史》，叶良辅、谢家荣著，农商部地质调查所《地质导报》1925年发表。

本文是根据作者参与调查研究所得资料，在总结前人在扬子江流域地质史研究成果的基础上撰写而成。全文共分四部分：① 引言；② 地层系统；③ 地质构造；④ 地文史，以择录文中两个表式，对全文地层、地质构造和地文史有综合概括性，其中在“褶皱结论”中，对长江流域地质构造的论述，颇有新意，特别是比较系统地讨论了霍山弧的成因及两大陆与扬子大内向层之关系，做了分析。

（6）《江苏地质志》，刘季辰、赵汝钧著，地质调查所《地质专报》甲种第四号，1924 年出版，附有 1 ∶ 25 万江苏省地质分布图 4 幅，江苏省矿产分布图，1 幅，1 ∶ 50 万江苏省地质总图。长江流域地质，早已引发中国地质学家的重视，1919 年丁文江就曾发表《扬子江下游地质》，引起同行的关注。

中国地质调查所从 1918 年就有长江流域地质调查计划，计划 24 ～ 30 个月完成全流域之地质调查，流域各省区各派两人分省担任调查工作，江苏省为刘季辰和赵汝钧负责，他们 1917—1919 年对江苏全境进行区域地质调查，包括贾汪、镇江、宜兴、江苏西山，特别是对凤凰山铁矿、牛首山铁矿、宜兴煤矿、绵鹿磷矿进行了踏勘，最终完成了《江苏省地质志》的报告编写。

在报告中明确指出：江苏煤田有“南系、北系之分”。新中国成立后，江苏省地矿局和省煤田地质勘探公司对全省进行勘探工作。截至 1992 年底，累计探明大中小型煤田（煤矿井田）128 处，探明各类储量 46.89 亿吨，保有储量 41.52 亿吨。

从已知煤田分布，根据大地构造分区和含煤层位、含煤性、煤质及构造特征等差异验证分为北、南两个成煤区。

北区属华北型煤田，集中分布在徐州市的铜山县、丰县等地，又称铜、丰煤田，一般煤田分布广，层位稳定，层数多，厚度大，煤质好，储量大，占全省探明煤炭储量的 92.7%。煤田位于华北地台古生代巨型聚坳陷的东南边缘。含煤岩系为由海陆交互相过渡到滨海相—陆相的含煤沉积，主要含煤地层有石炭纪上统太原组、二叠系下统山西组、下石盒子组三个组，煤系地层总厚度约 370 米，含煤 24 层，石炭系中统本溪组，二叠纪上统上石盒子组，局部含薄煤层，偶见厚度 2 米的煤包。

南区属华南型煤田，分布在南京、镇江、江阴、常州、无锡、苏州一带，以及沿江的南通、扬州地区，又称苏南煤田，南区煤层分布变化大，煤层薄，煤质差，储量小。主要含煤层为二叠系上统龙潭组，次为三叠系上统范家塘组，侏罗系中下统象山群。此外二叠系下统堰桥组、孤峰组、栖霞组，石炭系下统高骊山组，泥盆系上统五通组等，均见于煤线、薄煤或局部透镜状煤层，寒武系下统幕府山组的石煤等无工业价值。

第四系广泛覆盖的苏北凹陷地区，虽然在地层分布区属于扬子地层区，但仅在建湖县和滨海县褶皱隆起部分地区的钻孔中零星见龙潭组，偶含薄煤层，尚未发现有工业意义的煤田，这充分显示出老一辈地质学家在80年前所预测的准确性。

（7）《四川西康地质志》，谭锡畴、李春昱著，中央地质调查所《地质专刊》甲种第15号，1935年出版。

1929年秋，谭锡畴和李春昱一起去西南，对四川、西康作大规模的区域地质调查。这次调查属于丁文江所领导的西南地质大调查的一个组成部分，他们和丁文江、曾世英一起从北平出发，从武汉改乘轮船溯江而上，过三峡到重庆，再换乘汽车到成都，然后由成都经清溪、小相岭而入西昌，再到康定，向西经雅江、理塘、瞻化、甘孜、炉霍、道孚、乾宁、丹巴，懋功（小金）然后又回康定，南下九龙。回成都后，又经灌县、汶川、茂县、理番、松潘、平武、北川、安县、绵阳而折返成都。以后又向东去威远、自贡、乐山、宜宾、泸州、重庆。此次考察，行程上万里，历时2年多，绘作1∶20万路线地质图30余幅。他们是最早进入这一地区的中国地质学家，是我国最早穿过大巴山并对其地质构造进行研究的地质学家。

在西南地区工作，条件十分艰苦。当时在那个地区，不但没有地形图，连地理底图都没有可靠的经纬度。他们在进行地质调查的同时，还得兼做地理测量、地形测量等一系列工作。为了测量经纬度，他们按照丁文江的设想，带上一部无线电收音机。晴天晚上测量星斗，计算当地时间，再用收音机收听天文台报出的标准时间，然后用两地的时间差来算出当地的经纬度。

在西南，当时治安条件也很差。他们的工作刚刚开始，就获悉赵亚曾（一位在学术上初露头角的年轻地质学家，遇难后地质界无不沉痛哀悼，见前文丁文江一首诗作）在云南昭通被匪徒杀害。地质调查所专门发来电报，叮嘱他们一路上要加倍小心，注意安全。两年中他们在荒郊野外遇到的艰险不知道有多少次，而通过这次考察所得到的收获，也十分可观。回到北平后，经过认真分析整理，和李春昱一起先后发表的论著，有《西康东部矿产志略》、《四川峨嵋山地质》、《四川石油概论》、《四川盐业概论》等多种。这些论著都是研究这个地区的开创性文献，直至1959年，地质出版社出版了《西康地质矿产志》的文字部分，说明他们当年的成果，在中华人民共和国成立后仍有很大的参考价值。

附：《四川西康地质志与丹霞地貌》对四川盆地内丘陵之研究始于20世纪20—30年代，1957年李春昱在其整理出版的当时野外资料《四川西康地质志》中称："在乐山之上，汉阳坝以下，岷江穿行嘉定层红色砂岩，河谷峻峭，有小三峡之称。……乐山对岸之大佛岩，壁立50余公尺（米），其上平面如桌，情形与小三峡酷似，惟以大渡与雅砻江（雅河之误），自西来会，致其西岸岩壁遭受侵蚀，而失其对立形势耳。"此段文章将四川盆地内乐山一带丹霞地貌描写得十分生动，只是当时尚无丹霞地形之名。1939年，陈国达首创"丹霞地形"一名，立即引起不少学者重视，并加以应用。然其运用范围仅限于我国东南部红色岩层区。四川盆地偏处我国西南，故其中所存之丹霞地貌长期概以方山及台状丘陵名之。这一情况直至1980年由曾昭璇、黄少敏执笔的《中国自然地理—地貌》的第5章，将四川盆地地貌纳入红层地貌的红层丘陵地貌，但划分红层盆地4个带中，认为四川盆地内多为第3带的方山式丘陵，对盆地内丹霞地貌没有明确的肯定。1989年西南师大地理系出版的《四川盆地》一书亦是只认定盆地内存在方山与台状丘陵。1986年，李春昱首次肯定了四川盆地内丹霞地貌。1991年，黄进更提出了四川有20处丹霞地貌、贵州有14处丹霞地貌，皆在四川盆地内，从此四川盆地的丹霞地貌研究进入了一个迅速发展时期。截至1999年，据黄进更资料统计，四川盆地的丹霞地貌已达110余处，可谓数量众多，分布面广，而且形态多样，类型丰富。十余年来，四川盆地丹霞地貌的研究主要是面上的工作，包括其旅游价值评价等，还有不少问题尚待理论上的深入研究。

（8）《江西南部钨矿地质志》，徐克勤、丁毅著，中央地质调查所《地质专报》甲种，第17号，1943年出版。

1934—1939年，徐克勤在中央地质调查所工作，从事江西矿山考察。其间，他与黄汲清共同编制了萍乡安源煤田的地质图，发表《江西萍乡煤田之中生代造山运动》。他们首次发现上三叠系至下部砂岩与其下青龙石灰岩之间的角度不整合性，论证了印支运动同期，他与高平合著了《江西西部地质志》（1940）及《江西南部地质志》。

江西是我国钨矿资源最丰富、开采历史最悠久的省份，在赣南资源中占有重要地位。丁毅、徐克勤在这一地区工作期间，调查研究实测绘制各矿区地形地质图40幅及赣南区域地质图1幅，掌握了第一手资料，在此基础上，写成《江西南部钨矿地质志》。该书不仅对赣南地质作了比较详细而系统的研究与评价，而且对该地区的区域地质、构造、花岗岩类的分布及与钨矿的关系等方面都有精辟的论述。徐克勤1939年以该成果获得“中美基金”的资助赴美明尼苏达大学进修，1941年获得硕士学位，同年，被选为Sigma Xi荣誉学会会员，在总结江西钨矿工作的基础上，1944年通过博士论文答辩，并发表《中国赣南钨矿地质》，受到称赞。

中国钨矿从古至今一直在中国矿产资源中属于保障矿种，也是国际上占有优势的矿种，在早期大量地质调查与研究的基础上，其成矿理论及其分类法，早已名列前茅。

20世纪30年代周道隆等30余人组成地质矿产探测队，对江西赣南14个县，39处钨矿点进行地质矿产调查与研究，撰成《赣南钨矿志》，系统地阐述了该区钨矿的地理分布及成矿类型。

1937年张兆瑾就曾发表《中国钨矿之成因与分类》。

1938年胡伯素发表《中国钨矿分类之我见》。

1938年徐克勤、丁毅发表《中国钨矿成因及分类之我见》，内容丰富，有一定权威性。

特别值得提及的是，1947—1948年徐克勤赴湖南钨矿区调研时，发现瑶岗仙矽卡岩型白钨矿，经过新中国成立后的1956年勘探，证明徐克勤发现的新型白钨矿在华南分布广，而储量超过黑钨矿的总量。徐克勤相继得以发表了《湖南矽卡岩型钙钨矿的发现并论两类矿床在成因上的关系》，《中国钨矿的类型及其分布规律》（1959），《华南钨矿床区域成矿条件分析》，新中国成立后完成了《华南金属矿床（钨矿）及其成矿关系》成矿理论体系的研究课题，成为中国钨矿研究的权威学者。

（9）《广东全省地质矿产志》，蔡丽举、朱穗龙、蒋溶、陈国达著，两广地质调查所特刊 16 号，1938 年出版，附全省地质图、矿产调查表。

该志是全省地质矿产调查研究总结。其内容共分四篇：

第一篇　地层记述：蔡丽举、朱穗龙执笔。

从太古代至近代之地层层序、岩石性质及地层划分，以南岭地区地层为划分标准；

第二篇　岩石记述：蒋溶执笔。

记述全省三种岩石（沉积、火成、变质），按其岩性、岩相、产状及分布做了概述；

第三篇　地质构造：陈国达执笔。

文中将全省地壳运动划分为六期，即：呼伦尼运动（huronian movement），哈利道尼（加里东）运动（caledonnian movement），哈尔新尼运动（海西）（hercynian movement），燕山运动，南岭运动，近代地壳运动（recent movement），主要表现为海岸下沉；

第四篇　矿产分布：朱穗龙执笔。

对全省 28 种矿床做了概述，主要论及各矿区地质、矿床产状及其成因。附有全省地质图和矿产分布图。

（10）《中国之锡矿》孟宪民著，中国地质学会会志第 17 卷，第 3—4 期，1937 年发表。

锡矿是我国主要金属矿产之一，其产量占全世界总量的 67%。作者长期研究云南个旧锡矿，颇有造诣，其内容：

我国锡矿的地理分布：

广东：紫金、赤溪等十余县；

广西：贺县、钟山、河池、南丹等县；

湖南：常宁、桂杨、临武、宜章、江华；

江西：大度、崇义、南康等县；

云南：个旧。

按其分布作者将中国锡矿分为两大矿带，呈东西向的南岭带和海岸带。

作者对锡矿成因分为三大类型：① 伟晶花岗岩型；② 汽成变质矿床；③ 深造热液矿床，多数南岭带锡矿以及个旧锡矿，均属原生锡矿类型，从锡矿中均可发现方铅矿、闪锌矿、砷黝铜矿、硫锑铅矿等共生矿床。作者最后提示发现新矿四个条件：造山带、侵入岩、深造式侵入岩等。

（11）《中国矿产志略》，1919年发表，翁文灏著，中国地质调查所《地质专报》乙种第1号。

文中依据他在近代矿床学理论的素养，分析已有的地质矿产资料，对中国矿产资源的地理分布进行了科学的分类与系统总结，在运用实际地质调查资料的基础上，最早开辟了中国矿产分布规律和成因研究领域，进行了理论探索和总结；文中分总论、金属矿产、非金属矿产三编，相当篇幅介绍了近代矿床学基础理论和成矿理论，特别是对中国南方金属矿床成矿理论，做了初步探讨，为他后来中国矿床学研究奠定了理论基础，附有一张中国地质图（共有8色图）。

后来发表了这个领域的很多重要论文，如《中国矿产区域论》（1919年，1921年）、《金属矿床分布之规律》（1926年）、《中国金属矿床生成之时代》（1930年）等等。在这些论文中，他应用地热分带，探讨了中国南部金属矿分带问题，指出锡钨钼带、铜铅锌带、锑带、汞带的存在（依序由高温—中温—低温）。他还将中生代花岗岩划分为和铜铁有关的偏中性花岗岩及和钨锡有关的偏酸性花岗岩。前者以长江中下游为代表，后者以南岭为代表。他指出长江下游的内生金属矿床大部是接触变质矿床，以铁、铜为主，很少有锡钨钼、铅锌、锑和汞，因为长江下游发育偏中性的花岗闪长岩和石英闪长岩侵入之故。他最先提出岩浆岩成矿专属性新见解，还阐明了砷矿物在成矿系列中的位置。他在我国首次提出了“成矿系列”这一术语的概念。他对成矿规律之研究，在我国开拓了新的找矿方向，对后人有深远的影响和启迪。

以上列举出的早期区域地质矿产调查成果中有代表性、有开拓性和里程碑性的成果，“后起之秀”的综合性调查成果远比所列多得多，若以“汗牛充栋”来形容，不是夸张之词，由于篇幅有限，这里拟选其重要的仅列其书名，其内容就不一一叙述。

诸如：《正太铁路地质矿产报告》、《中国汞矿纪要》、《中国铁矿志》、《南岭山脉地质调查纪要》（1932）、《秦岭中段南部地质》、《湖南矿产志》（1933）、《湖北阳新大冶新城之地质矿产》（叶良辅、赵国宾）、《湖南铁矿志》（1934）、《湖南锑矿》（1941）、《湖南杏花岭之锡矿》(孟宪民，张更)、《湖南水口山之铅锌矿床》(孟宪民，张更)、《湘西黔东金矿》（1944）、《贵州西部地质矿产》（1928）、《贵州南部地质矿产》、《再论湘黔边境汞矿》、《云南矿产概论》、《云南個旧附近地质矿务报告》（丁文江）、《個旧地质述略》（1936）、《云南矿产种类》（1937）、《云南矿产概论及其在全国所占地位》、《云南横断山脉地质鸟瞰》（1946）、《江西西部地质志》、《泛论赣南金属矿产》（1948）、《浙江西部之地质》（1928）、《浙江西部之地质矿产》、《南岭山脉地质调查纪要》(1922)、《广西地层发育史》、《广西右江流域之“红锑”矿》（1948）、《福建漳浦铝矿之发现及我国东南部可能发现铝矿之区域》（1945）、《西沙群岛磷矿》、《西沙群岛永兴岛与石岛地质概述》（1948）、《南沙群岛太平岛地质概况》（1948）、《湛江地质志》（1932）、《过去50年内台湾地质研究》（1947）、《秦岭中段南部地区》（李捷、朱森）、《甘肃中南部地质志》（叶连俊、关士聪）（1944）、《黄河地质志略》（侯德封）、《西康昭觉自然铜矿》、《绥远察哈尔地质志》、曾鼎乾的《西藏地质调查简史》（1944）等。

从以上列举出的几位早期地质学家们的成长，及长期地质实践活动及所取得的成就，不难看出：

① 中国地质事业开创者，章鸿钊的《私议》和丁文江的《说明书》的蓝图——培训中国地质学家的地质研究所，达到了他们设计的目标，显示出他们的远见卓识。其中，他们未能想象到的是，许多当年的学员成为新中国地质矿产事业骨干力量，出现了两位学部委员（院士），多位著名研究员、教授等；

② 他们进入地质调查所后，充分发挥了研究所教学特点，发挥个人在中国地质调查事业上的作用，显示出”名师出高徒”的论断；

③ 他们留下来的部分地质调查报告、著述、文献资料及地质实践经验，显示着他们在开创中国地质调查事业中的艰苦历程。当前我国建设小康社会，实现和谐社会的过程中，要地质矿产部门提供能源资源的保障，重任在肩，发扬和继承老一辈地质学家的创业精神，具有现实意义，这也是笔者撰写本文的衷心意愿。

（发表在《中国矿业报》，2009年4月28日，后收入中国地质学史专业委员会主编之《地质学史论丛》（5），2009年，中国大地出版社）

李希霍芬其人及宏著《中国》

——为纪念李希霍芬逝世100周年而作

李希霍芬

费迪南·冯·李希霍芬（Fedinand Paul Wilhalm Sorom Von Richthhofen, 1833—1905年）是德国著名的地理学家、地质学家。1833年5月5日生于普鲁士（上西里西亚）巴登符腾堡的卡尔斯鲁赫（今属波兰）。1856年毕业于柏林大学。早期曾考察阿尔卑斯山、喀尔巴阡山、多洛米蒂山和特兰西瓦尼亚地区的地质；成功地建立南蒂罗尔的三叠系层序；1860年应邀随同德国经济使团到过锡兰(今斯里兰卡)、日本、、中国台湾、爪哇、菲律宾、曼谷，以及缅甸的毛淡棉等地；1863—1868年到美国加利弗尼亚进行地质考查并曾发现金矿；同时还从事过花岗岩、火山岩、白云岩以及珊瑚成因的研究。

1860年和1868年，李希霍芬先后两次来中国进行地理、地质考察，1872年返德后名声大振，受聘于柏林大学、波恩大学、莱比锡大学等担任教授，担任过柏林大学校长，连任过柏林地理学会主席，当选为国际地理学会主席以及

《中国》封面

CHINA

ERGEBNISSE EIGENER REISEN

UND

DARAUF GEGRÜNDETER STUDIEN

VON

FERDINAND FREIHERRN v. RICHTHOFEN

DRITTER BAND

DAS SÜDLICHE CHINA

NACH DEN HINTERLASSENEN MANUSCRIPTEN IM LETZTWILLIGEN AUFTRAG DES VERFASSERS

HERAUSGEGEBEN VON

ERNST TIESSEN

Mit 101 Profilen und Abbildungen nach Original-Vorlagen des Verfassers, 1 geologischen Karte, 2 geologischen Profil-Tafeln und 2 Uebersichts-Tafeln; nebst einem alphabetischen Index für Band II und III des Werkes.

BERLIN 1912

VERLAG VON DIETRICH REIMER (ERNST VOHSEN).

《中国》扉页

德国、法国科学院院士，成为著名的地理学家、地质学家，1905 年 10 月 6 日逝世。

一、两次来华进行地理－地质考察

1860—1862 年，李希霍芬随同普鲁士“远征团”赴亚洲东部进行地质考察，于 1861 年到达中国上海，但当时由于他受到清朝政府的限制，仅困居上海，实际上未能进行任何考察活动。

1868 年，李希霍芬获得加利福尼亚银行的资助，再次来华，进行实地地质考察。后来，他又获得上海外商会的资助，精心设计了七条考察路线，以上海作为基地，从 1868—1872 年四年间，足迹遍及中国 18 个省区，进行地理、地质考察，其考察范围北抵辽宁沈阳，西到四川成都，南到广州（包括香港），东到舟山群岛，时间之长，地点之多，均非他人所能及。

从上海外商会获得资助的条件是，对考察地区获取的地理和地质资料，物产，人口，交通，风土人情以及社会经济概况，及时向商会作专题报告。从而，也充分凸显出李氏来华进行考察的目的和背景。

李氏考察的七条路线大致情况如下：

第一条路线：1868 年 11—12 月间，主要地区是杭州、苏州、无锡、镇江、南京等地，尤以舟山群岛考察最详。

第二条路线：从 1869 年 1 月，再次赴南京，镇江，转入湖北（武汉及汉口）。

第三条路线，从 1869 年 3 月开始，相继有半年时间，主要考察山东郯城、临沂、泰安、济南、章丘、博山、潍坊、芝罘，1877 年，他曾专门提交报告《山东地理环境和矿产资源》，文中强调青岛之优越的地理位置，并渲染胶州湾良港之说。后渡海到达辽东半岛，包括瓦房店、盖平、熊岳；后进入大孤山，到达本溪、沈阳；经山海关，又考察开平、滦县、丰润、玉田及一些煤田；经通州再度进入北京及其西山附近进行地质调查与研究，把北京南口出露的古老地层命名为震旦系。在北京休整后，返回上海。

第四条路线：从 1869 年 9 月开始，主要是在江西（九江、景德镇附近），转到安徽屯溪，后乘船经新安江、钱塘江到杭州返回上海。

第五条路线：从 1869 年末到 1870 年初，从上海直达香港，进入广州经北江到湖南宜樟、郴州，乘船沿湘江、洞庭湖入长江到汉口转入河南洛阳、晋城到山西太原、阳泉到河北正定到达北京，从天津返回上海，重点考察了山西、陕西煤矿资源。在这次考察中，大约在 1870 年，李氏从北京发出的信中大肆渲染了“中国是世界上第一石炭大国！”“山西一省的煤可供全世界几千年的消费！”并绘制成第一张《中国煤炭分布图》。

第六条路线：1871 年 6—8 月间，先从上海到宁波，进天台山到金华、桐庐等县，经兮水县进入天目山，越过千秋关，到安徽的宁国、泾县，到达芜湖，乘船再到镇江，在此往返南京、镇江多次，进行较细致的地质考察和测量。

第七条路线：从 1871 年 9 月至 1872 年 5 月，是他七条路线考察中时间最长的一次。从上海乘海轮至天津到北京，再次对西山斋堂等地进行考察，经鸡鸣山、宣化到张家口，转至大同、五台山考察，发现“五台绿泥片岩”。到太原沿汾河河谷南下至潼关，入陕西经西安到宝鸡，据有关文献记载：河西走廊南缘山脉，曾以李希霍芬命名，如“Richthefen Range”，即今祁连山脉。李希霍芬此后转向褒城，入沔县，越五丁山后入四川广元、梓潼经绵阳抵达成都。

李希霍芬在《四川记》中盛赞成都是中国最大城市之一，也是最秀丽雅致的城市，还感叹都江堰灌溉方法完善，在世界上无与伦比。随后，他转入嘉定（乐山），经岷江，顺长江返抵上海，途中对三峡地区考察甚详，“收获”最大。

李希霍芬在七条路线的考察中，记录大量野外地质资料，搜集和采集大量的化石、岩矿标本；绘制了考察地区的地形图、素描图、地质图和地层剖面图等。考察的间歇时间，及时撰成报告，把所观测到的景象，按承诺向外商会报告。外商会在1903年将李氏的“报告”汇集成两大卷册，取名《李希霍芬中国旅行报告书》（Baron Richthefen’s Letters，1870—1872年）。

1872年，李希霍芬返回德国，深受威廉二世的嘉奖和赏识，学术和社会地位都青云直上，一时名跃全球。

二、五卷集宏著《中国》编成出版

在普鲁士政府支持下，李希霍芬集中精力整理和撰写他在中国地理—地质考察专著。从1877—1912年，历时35年，完成了宏著《中国——亲身旅行和据此所作研究的成果》（简称《中国》）。全书共五卷，另有地理和地质图册两集。

第一卷：于1877年出版，由他自己执笔撰成，主要论及中亚及中国区域地理概貌，其中有关中国历史地理内容，更为丰富而珍贵。

第二卷：于1882年出版，由他自己主编而成，主要包括考察区域的自然、地质、矿产资源，以及社会和经济内容，涉及辽宁、山东、山西、甘肃、陕西、河南等地。

本卷涉及内容最为丰富：

（1）1822年在五台山发现的五台绿泥片岩，为建立我国古老地层系统——寒武纪之五台系（上）和滹沱系（下）奠定了基础；

（2）1871年提出“震旦”一词，把早古生代至元古代一大群碳酸盐岩为主的地层，命名为震旦系，并以北京南口出露的地层为标准；

（3）在河西走廊南缘调查了今祁连山山脉，有的以自己名字命名，同时还指出罗布泊的地理位置及楼兰遗址；

（4）把汉代张骞出使西域的古道称为“丝绸之路”；

（5）在华北、西北调查中，提出黄土成因的“风成说”等；

（6）在考察中发现许多褶曲和断层，在秦岭发现了逆掩构造。

本卷还附有一张中国北方构造图，图上画了一条“兴安线”的推断层构造线，从兴安岭经太行山，一直到宜昌附近；还提出北方有一个古老的“震旦块”，是一个具时间关系的地质构造单元。

第三卷：于1912年出版，是五卷中最后出版的一卷，由他的学生迪森（E. Tiesson）主编，这时李希霍芬已经逝世7年。此卷内容包括李氏在四川、湖北、湖南、广东、江苏、浙江、安徽、江西等地考察笔录、考察资料等，本卷对各地火成岩做了描述，诸如辽东古老高丽花冈岩，秦岭天台山志留纪花岗岩、南京花岗岩、安山岩和玄武岩等。其中也选入了李氏未曾考察过的地区，如贵州和西藏，是借助他人的资料编入。

第四卷：于1883年出版，主要是汇集考察中采集的古生物化石鉴定和研究，邀请各门类著名古生物学家鉴定、描述和分类等，其中有：F. 富林西（French），E. 凯谢尔（Kayser），G. 林斯特洛姆（ Lindstrom），C . 谢瓦洛尔（ Schwager），A. 谢亨克（ Sehenk）等；是考察中最为珍贵的资料和图片。

第五卷：于1911年出版，是由迪森主编。

两本图集：一册于1884年由李氏自己编成，于1885年出版，内容包括中国北部地区地质、地理图12幅；第二册，于1912年由M. 哥罗尔（Groll）博士主编，收入了考察中属于中国南方地区的地理、地质图15幅。在编选中，也参考了他人的文献资料和图谱，属于官方发表的材料就有160种，反映出当时对中国地理、地质所能达到的最高认识高度。

三、宏著《中国》最主要的内容及其意义

李氏的巨著充分反映他历时四年，遍及中国18个省区考察中国自然地理、地质矿产和人文地理，包括风土人情，社会和经济结构等，是当时中国人自己了解自己，外国人了解中国的重要文献和资料。尤其是在中华大地处于地质调查完全空白的情况下，他的考察及其成果更显影响深远。

从地质角度，在学术上还有以下几点值得探讨的特点：

其一，矿产资源方面：李希霍芬在考察中，非常着重中国矿产资源及其地理分布，尤以煤矿资源描述甚详，有专家统计他在书中对中国煤矿的记述多达150余次，认为山西煤炭资源储量占世界首位，才有上述夸大之谬论，但他认为山西煤储量丰富，便于开采，关键是要解决交通问题。

其二，地层古生物方面：四年考察中，李希霍芬采集了大量珍贵的古生物化石，经几位古生物学家分门别类进行鉴定与研究，因此，《中国》也是一本内容丰富的古生物专著。为中国地层古生物学奠定了基础。

李希霍芬在五台山发现强烈变质岩系，认定是中国地层最古老层系，称之为“五台绿泥片岩”，遂后提出“震旦”一词，又在彭拜来提出的“震旦构造线”基础上，把震旦一词引入地层系统，建立震旦系，又提出“南口系”，对中国古老地层研究，有开创性和奠基性作用。值得提出的是，新中国成立后，王曰伦、高振西教授都做过一些更正和补充。

1916年，在章鸿钊、翁文灏主编的《地质研究所师弟修业记》中，讨论了李氏的划分地层方案，认为李氏把太古界分为古老片麻岩和新片麻岩尚值得讨论，举出辽宁、山东的片麻岩和花岗片麻岩为古老岩系，而河北、山西的角闪岩片麻岩、绿泥片麻岩以及昆仑片麻岩均为较新的岩系，补充和更正了李氏的划分方案。

其三，中国黄土的风成假说。李氏对中国西北及华北广泛分布的巨厚黄土，做过调查与研究，较早提出了风成假说及其概念，在当时曾风靡一时，有相当影响。

中国黄土成因，学术界争论了近一个世纪，19世纪末叶以来，黄土风成说占据主导地位，20世纪50年代，一些中国学者提出了不同见解，包括河流冲积作用成因，洪积成因，造壤作用结果等。经过地磁和热释光等方法测定，认为是多种地质营力作用堆积，并在相似气候条件下，经黄土化作用而形成。

中国黄土及其成因的研究，刘东生院士及张宗祜院士的著作中有科学而系统的论述，是代表了中国黄土研究最高水平，并荣获过国家科学大奖。

此外，有的文献资料、传记，援引他的提法，把公元前114年到公元127年间，中国与河东（中亚的阿姆河与锡尔河之间地带），以及中国与印度之间的交通线，称为“Seidenst Rossen”（即“丝绸之路”），实际上，正如后来一些学者指出的那样，李氏缺乏考古资料的论证和中华文化底蕴，考察时间短，涉及面积窄，其所谓的“丝绸之路”，是指汉代张骞出使西域的古道。后经赫尔曼在《中国叙利亚的古代丝绸之路》及其得意门生瑞典探险家斯文赫定的《丝绸之路》作补充，才有如今人们对于丝绸之路的一般认识。（巫新华先生之《玉石之路》则另有一说）。

与此同时，特别值得提及的是，李氏的调查与研究，特别是宏著《中国》的问世，对中国的地质事业的开创和影响，主要表现在，我国老一辈地质学家在学习和进行地质调查、研究及教学活动中，几乎都将《中国》作为必读书目和重要文献使用，对该书有较高的评价。我国地质事业创建者之一翁文灏博士，于1933年在纪念李希霍芬诞辰100周年时发表文章《李希霍芬氏与中国地质工作》指出：

“李希霍芬关于中国地质的宏著，实有待于吾人之详细补充，且其对中国地质历史之基本观念，亦有须加以修正者。孔子曰：‘观过斯知仁矣’。兹试将睹，而当惊佩其发现之早；盖李氏距吾人始业之际，尚在五十年之前也。吾中国地质学者无不叹服李氏于数年之间而造成中国地质学之主要纲领，因李氏之成就，而节省吾人十年之工作时间”。（见《中国地质学会会志》1933年第三期）

随着中国地质事业的迅猛发展，中国地质学家在长期的地质实践中，发现不少李氏宏著中的误差和错误，补充和纠正大量不足的地质事实，如，翁文灏先生在总结中国东部、华北地区区域构造特征和构造运动时代的过程中，纠正过李氏许多错误认识和论述。

四、关于李希霍芬其人及其宏著《中国》一书的评述

李希霍芬其人及其来华考察的背景和目的，在历史长河中，一直有着两种截然不同的评价，新中国成立之后，在中国地质学发展史的讨论中，他是一位颇有争议的人物。

1903年，著名文学家、思想家鲁迅在《浙江潮》第八期上发表了《中国

地质略论》，对外国人来华进行地质考察进行过强烈抨击和警示，他明确指出："必须掌握自己的矿藏命脉，兴业自强！"对外国人来华测地造图，深表不安，对列强以各种借口派地质学家来华调查我国地质矿产更感警觉！对李希霍芬等一针见血地警示："毋曰一文弱之地质学家，而眼光足并间，实涵有无量刚劲善战之军队……盖自利（李）氏游历以来，胶州早已非我有矣"。

1872年，李希霍芬返德后，四处讲演和游说，曾渲染胶州湾为中国三大良港之一，且逼近矿区，尤为良港。"1898年（光绪二十三年）11月14日，德国军队占领青岛，次年强迫清政府签约出租胶州湾给德国（1899年）。这让我们不能不想起1903年鲁迅的警示。

我国地质事业创建者之一——章鸿钊先生早在20世纪30年代撰写的《中国地质发展小史》一书中也曾指责说："李希霍芬氏于调查地质之外，对中国矿产险要以及海洋形势无不悉心考察……。"

1980年，商务印书馆出版了《近代地理学创建人》一书，笔者曾对李希霍芬来华进行地理、地质考察进行过简要述评。1895年，他曾发表文章，公然称《马关条约》是政治地理学的杰作。可谓颠倒黑白，混淆视听，完全暴露了他殖民学者的险恶面目。

尽管他不时鼓吹"中德两国应有密切关系"，但对发展中国地质事业却发出恶意中伤，他说："中国知识分子是迟钝的，对快速发展的社会是持续的障碍"，"步行在他们的眼里是低贱的。地质学家的工作是放弃所有人类的尊严。"（笔者注释：这段文字在国内有多种译法，以上引录刘东生院士1993年中国地质大学出版的《桃李满天下》一书之中。）

我国地质事业的创建者之一丁文江先生对这些诽谤言论十分愤慨，针锋相对地给自己定下一条准则："移动必须步行，登山必至顶峰"。1919年，当中国地质调查所主编的《地质汇报》创刊时，在英文序言里，丁文江特将李氏原文照登，以示对中国地质工作者为戒，激发自强不息艰苦奋斗的精神。

事实上，中国地质科学和地质事业的迅猛发展和宏伟的成就，一切诽谤之词，早已不攻自破，显示出中华民族豪迈之魂。

总之，李希霍芬其人及其宏著《中国》给中国带来了近代地学思想和方法，在中国地学界确有相当的声望和历史影响，毕竟在我国地质事业萌芽时，曾给予了启蒙、开创性和奠基性作用，这是其不容抹杀的历史贡献。但是，对他来华进行地质考察的背景、目的，以及他渲染的不实之词，至少为其政府掠夺中国资源和主权大造舆论，起过的负面作用，也应有辩证的认识。

（本文以《〈中国〉：一个德国人笔下的地质》为题发表于《地质勘查导报》，2005年10月11日）

中国地学会：中国地学发展史上的一盏明灯
——为纪念中国地学会创建百年而作

一、引　言

中国地学会创建于1909年，是中国最早的自然科学学科的学术团体，也是第一个中国地球科学学术团体，是中国地质学会、中国地理学会的前身，它的诞生揭开了中国近代地球学体制化的帷幕，标志着近代中国地球科学理论知识在中华大地上萌发与发展。

中国地学会成立大会（1909年9月28日）

中国地学会创建于“辛亥革命”胜利前夕，可贵的是主要发起者和领导人，都是同盟会的老会员，积极投身于“辛亥革命”，政治上是一个有强烈革命色彩的进步学术群体，这一点，就是地质界也少有人知晓。

学会使用“地学”一词命名，突显出创建者张相文等的远见卓识，深值得追忆和探考。学会虽然侧重于地理科学，但在《地学杂志》上反映的成果也蕴涵着整体地球科学发展的历史渊源，“地学”是地球科学的总称，当时尚未能达到共识，不同时期、不同有代表性的大家，持有不同定义和概念，究其溯源，也可以说是与时共进的。

《地学杂志》

18世纪以前，西方多以“natural history”，作为定义，像法国著名博物学家布丰（G. Buffon，1707—1788）《自然史》就是一证。1792年德国地理学家A.F. 布申（Antou Fiedrich Busching, 1724—1793）发表《新地学》共6卷，较早使用了地学一词，由于他侧重在人文地理学的成就，没有引起足够重视，影响不大。1817年德国地理学家K. 李特尔（Karl Ritler, 1779—1859）发表巨著《地学通论》（Die Erdrkande），又名为《地球科学与自然和人类历史》，全称《地理通论，它同自然和历史科学研究与教学的坚实基础》（Die Erdkunde im Verhaaltniss tur Natur und tur Gschichte der Menschen Allgemeine Erdkrunde），从1817年出版第一卷，1832年再版，到1859年共出版19卷，全书并没有完成。在他的巨著中，最早阐述了人地关系和地理学的综合性、统一性，其论点奠定了人文地理学的基础。他认为，地理学是一门经验科学，应从观察出发，不能从观念和假设出发，主张地理学的研究对象是布满人的地表空间，人是整个地理研究的核心和顶点。他的论点，也充分显示出地理学作为一门学科的特点，他创用“地学”一词，替代了洪堡（K. Humbdat,1769—1859）的“地球描述”，因而闻名于天下。一般说，讨论到“地学”一词的溯源，都以李特尔为准。当然，他当时的“地学”定义与现在地学概念并不能相提并论，而他当时的影响确实深远。“地学”一词在中文文献出现，最早出现在1853年出版的《地理全志》，相继在1872年创刊的、丁韪良主编的《中西见闻录》，该刊分期分批连载过翻译英国地质学家包尔腾著的《地学指略》，1873年玛高温、华衡芳译之莱伊尔的《地学浅释》，1881年益智书会辑的《地学指略》。梁启超1896年在《读西学中法》就“地学”一词做过精辟阐述，他说：“西人立地学者，要分三宗：风、云、雪、雨等谓之地文，地中矿石物迹，谓之地质学，五洲万国沿革谓之地志”。

1921年竺可桢在东南大学创建地学系，1933清华学堂创建地学系，包括地理、地质、气象学科。

1931年上海中华书局出版王益崖辑编之《地学辞书》；1933年竺可桢、张其昀编译《新地学》；京师译学馆出版，韩林存撰写的《地学讲义》；1928年刘玉峰（新编）《地学近论》，由北平文化学社出版等。

从上述可见学会以“地学”命名，涵盖有地球科学概念包括地理学、地质学、地球物理学、气象学等。

关于“地学”一词历史渊源的考证，涉及到学会的性质、宗旨、目的、任务，以及从事研究的范围和内涵，有其内在的、反映当代地球科学的意义。只有这样的论证，才能凸显出中国地学会的历史意义和作用。

今逢中国地学会创建百周年，回顾地学会创建时期的艰苦历程，缅怀创建者及领导者的勇于开拓、勇于奉献的精神，借以宣扬、继承和发扬他们这种振兴中华的创业精神，传承他们留下的业绩，来鼓舞我们为当今祖国的现代化建设，为全面构建和谐的小康社会而作出更大的努力和贡献！

二、中国地学会的发起与成立

晚清末年，西学东进，有识之士奋起“变法”、“维新”，兴建学堂、广开学校，培育科技人才，清政府也明示，在各校开设地理课程，促进现代地学理论的发展和普及，组建地学队伍。

1907年地理学家张相文应直隶提学使傅曾湘的聘请，从上海南洋公学师范院，特来天津担任北洋高等女学堂教务长（1909年任校长），他相继又聘来陶懋立(卓如)、白雅雨（毓昆）等任教，他们都是老同盟会会员，有着蓬勃的革命热情，给天津带来了近代地理学，也为天津增添了革命活力。由于张相文在地理学造诣颇深，声望极高，爱国热情炽诚，在他组织下在天津的地学界人士常有集会，研讨近代地理学理论与地学教育，也强烈抨击清廷腐败、卖国、无能，当时积极参加张相文组织的活动的有：国学大师章炳麟、地理学家白眉初、地质学家邝荣光、水利学家武月华、历史学家陈垣、教育学家张伯苓、蔡元培等，其中一些学者，作为成立中国地学会的27人发起人中的部分人选。

武汉起义后，他们积极响应并成立共和会，高举爱国主义旗帜，引导学生，积极为辛亥革命作思想准备，据《李大钊传》所载，白雅雨就“曾对大钊同志有过重大影响”,“他的思想不但影响了大钊同志，也团结了一批有革命倾向的青年”。1910年以大钊同志攻读的天津法政学堂为首的爱国学生，以“间岛问题”为由，罢课游行，要求实行宪政（李大钊在法政学堂时是白雅雨的得意门生）。

随着形势的发展，大家共识到地学事业发展任务艰巨，必须联络同道，组织起来发挥更大力量，在张相文倡导与邀请下，27人成为“中国地学会”的发起人，他们是：张相文、白雅雨、陶懋立、韩怀礼、张伯苓、吴鼎昌、孙师郑等。在申请“入案”呈文中明确表述了成立学会的重要性和必要性，指出：“查东西各国学向进步之速，不徒特在上者悉力维持，实由下之业，此者分途致功，每遇困难学科辄取自学会，广招同志，共矢研求，故能交广见闻，拓张知识，其新理新器，日出不穷，多半由此。”

在发布的《中国地学会启》中，开卷即述：“人生缘大地以食息，聚国族以谋生存，天演剧烈，不能各守封疆……”又说：“我国地大物博，坐姿强敌，外交失败，边事日丞，虽欲划疆自守，聊固吾围，而犹不可得，呜呼！”还强调提示：“我们同处漏舟之中，其集危巢之下，时势所迫既如此矣，岂得以抱膝空山，行吟泽畔……漫然无概于其心耶？”《启》中还阐述：“顾今日学校渐兴，言教育者，既以地理为重要学种，缀学之士兢兢焉披舆图，考疆索，分经析纬，若网在纲，而以西人之于海陆形要，实地探测……。”最后大声疾呼：“今与海内诸君子约，仿彼之例，组成中国地学会，各怀集思广益之心，借收增壤益流之效。”

1909年9月28日在天津河北第一蒙养院（幼儿园）举行成立大会，出席成立大会的达百人，其中有直隶提学使傅增湘、副使袁锡涛、北洋大学校长蔡儒楷、南开中学堂校长张伯苓、地质学家邝荣光、美国地质学家北洋大学教师德瑞克博士等。

大会选举出中国地学会领导人员：

总理：直隶提学傅增湘；

名誉赞成员：邝荣光、德瑞克、屠寄、张謇、王舟瑶、何震彝、吴阆孙；

评议员：蔡儒楷、袁希涛、傅世炜、李士伟、英华、孙雄、张寿春、梁考震、王用熊，后来著名地质学家丁文江增聘为评议员；

会长：张相文（除1924年历史学家陈垣担任一年外）；

编辑部长：白毓崑，1911年滦州起义牺牲后，由陶懋立担任，后任为地理学家白眉初等；

干事长：吴鼎昌、章鸿钊。

在章鸿钊担任干事长时曾专门发表《地学会应行事务之商榷》，对地学会的学术活动提出：研究、讲演、旅行、编辑四大任务，譬如以研究为例，包括纯地理理论研究，行政区域地理研究，以及有关实业性研究，受到广泛的响应，为地学会的学术建设奠定了基础。

大会通过《中国地学会简章》，共九条。如宗旨："本会以联合同志，研究本国地学为宗旨"；入会条件："凡有志研究地学者，或由本会会员介绍皆可入会"； 会员的义务："会员对本会，除已担任本会职务者，皆有调查报立之责任，如关系重要，或有发明者，由评议员公议，赠以相当之酬报"。

三、中国地学会的学术活动

中国地学会成立后，十分重视开展学术活动，经常组织名流学者讲演或作学术报告，列举其中有关地质学科的名流及其学术报告为例；

中国地学会举行的第一个学术报告会，是在学会成立一个月后，即1909年11月14日。请当时在北洋大学任地质课讲师的德瑞克博士报告，题目是《论地质之构成与地壳之变动》，德瑞克是中国地学会的支持者和赞助者，并被学会选为"名誉赞成员"之一。此外，地学会还请过美国哥伦比亚大学毕业的璀伯（1910）、著名美籍地质学家葛利普博士（1921）等做过专题报告。

我国地质学创建者之一——丁文江被聘为中国地学会的评议员。1913 年 10 月 5 日，地学会专门邀请丁文江博士，举行学术报告会，在前门内（今和平门内）细瓦厂国事维持会之会场，报告题目是《滇黔地质》。据《地学会纪事》称："丁君游学英国，研究地质学有年。归国之时，道经云南、贵州、湖南等地，考察极富。尤热心提倡地学，创办地质研究所于京师，兼任本会评议员，诚吾国地质学专门家也。是夕讲演时，出其所藏滇黔等处图片，用电灯放大，指示岩层、化石，如数家珍。一时观者听者，皆仿佛身履其地，欢忭异常，允称特色。"读此记录，当年丁文江博士做学术报告的盛况情景，不觉重现眼前。

众所周知，丁文江也是中国地学界的老前辈和著名地质学家，在他工作的早期，通过中国地学会活动，对中国地学的发展，也起了重要的作用。

1912 年 2 月间，章鸿钊先生当选为这个学会的干事部长，协助张相文会长出谋划策，做了大量开创性工作。章鸿钊除发表了《地学会应行事务之商榷》一文后，积极倡导学会开展学术研究：关于地理学的开港治河、交通设备、行政区域、城市兴废等，关于实业的商、矿、农、林等，举办学术报告，进行实地考察及出版刊物等工作。

1911 年，章鸿钊以地学会会员的名义发表了《敬告同志九则》一文，呼吁大家动手搜集地图、地学书籍，采集矿物、岩石、化石标本，提供矿产线索，注意保存陨铁、宝石、石器等物。应该说，我国现代地质学的先驱者和奠基者之一，地质学界老前辈章鸿钊曾通过中国地学会及其编辑出版的《地学杂志》发挥了积极的不可磨灭的作用。

1912 年中国地学会会址迁于北京，在后海北沿 18 号（原北沿河 11 号，临时也在北海团城办公）。

中国地学会从创建到坚持与发展，遇有许多艰难险阻，张相文等都勇于奋斗，刚毅如坚，力排难关，这种敬业精神，深值得我们继承与发扬！

1925—1927 年，中国地学会曾因经费支绌，活动陷于停顿状态，《地学杂志》亦告暂时停刊。后来由著名地质学家、中国地质学会副理事长翁文灏（咏霓），著名历史学家、辅仁大学校长陈垣（援庵）和著名历史学家、辅仁大学历史系主任张星烺（亮尘）三位先生竭力设法，奔走呼号，才得以恢复活动。1928年10月28日下午，借西城兵马司9号地质调查所图书馆开“复活纪念会”，到会者18人，大家公推翁文灏为临时主席，翁先生首述奔走地学会复活的经过，说：形势虽然严峻，但在他们的努力之下，终于“柳暗花明又一春”，豁然解决，而翁文灏先生作为中国地质事业创建者之一，确实起到了关键性作用，为地学会的复活，作出了贡献。

从而可以表明：中国地质事业的三位创建者章鸿钊、丁文江、翁文灏都是中国地学会的领导者和支撑者，对学会的建设和发展都起到了重要作用。

1922年2月3日，中国地质学会在北京成立。会上选举中国地学会的干事部长章鸿钊为会长。由此可以看出中国地学会和中国地质学会的密切关系。事实也是如此，中国地学会出版的《地学杂志》上不仅报道了《中国地质学会纪闻》，而且发表了章鸿钊会长的《中国古代之地质思想及近十年来地质调查事业之经过》，还刊登了中国地质学会第一次常会演说辞汇录，其中包括《美国自然历史博物馆亚东远征队主任安特鲁博士演说辞》、《协和医院解剖部主任中国解剖学人类学学会会长勒拉克博士演说辞》、《俄国远东政府地质委员会主任阿纳博士演说辞》。由于这种历史根源，于1982年8月25日至9月4日在北戴河举行的中国地质学会成立六十周年庆祝会上，特别谈到“1909年在津创立中国地学会是中国地质学会的前身。”如果再联系到下面将要谈到的《地学杂志》上发表地质学论文之多，成员规格之高，更突显出中国地学会与地质学界的密切关系，更可大书而特书了。

中国地学会成立后，还开展了国际学术交流活动。向日本、英国、法国等派出外交员，负责资料搜集、文献交流等事宜。例如在宣统三年（1911），地学会已经同日本东京地学协会的《地学杂志》、日本东京帝大地质学教研室的《地质学杂志》、日本东京帝大人类学教研室的《人类学杂志》等进行了期刊交换活动。1928年，中国地学会还派会员姚士鳌应邀参加德国柏林地学会成立百年纪念大会，1930年派张天泽为代表参加英国皇家学会成立百年纪念大会。由此可见，中国地学会在20世纪初期对我国地学、地质学的普及、宣传、交流和发展的确起了不可忽视的作用。

四、创办《地学杂志》开辟地学研究阵地

1909 年中国地学会刚刚成立，张相文便着手筹备创办《地学杂志》，经过几个月的积极筹划，作为中国地学会主办的机关刊物，1910 年 2 月 (宣统二年正月) 创刊。开始时在天津出版。1913 年 1 月始转移到北京。白毓昆、白眉初、张相文负责编辑。最初全年出 10 册，后来改为月刊（12 册）。1924 年由于经费拮据仅出季刊，1925—1927 年间被迫停刊。1928 年起继续出版季刊，直到 1937 年仍在出版。早期出版的《地学杂志》，用有光纸单面铅印，线装书形式。后来才改为白报纸印刷。编辑事务所曾设在天津河北第一蒙养院。

在《地学杂志》叙例中说："即组织地学会，拟以见闻所得，汇录杂志，其体裁则略依史例，变易其规。"该杂志通过对祖国地理山川的介绍，隐喻清政府的丧权卖国。又配合边界交涉事件绘制相应地图，揭露帝国主义的侵略阴谋，这就是学会的战斗性和革命性的所在。栏目有：论丛、杂组、内编、外编、说浮、邮筒、本会纪事、介绍图书等栏目。

《地学杂志》自创刊起至 1937 年因抗战暂时停刊止，历时 28 年，共刊 181 期，共载文 1600 余篇。载文的范围，相当广泛。由于主编者爱国图强，刊物选题均以与国计民生有关的文章最多，如关于我国农、林、矿产、畜牧、水利、交通等，约 500 篇，占 31%；其次是关于地质、地貌、矿物以及河湖等，约 400 篇，占 25%；最后是关于中外国家的区域地理，约 320 篇，占 20%。载文数目如是之多，门类如是之广，说明此刊在 20 世纪早期，是我国地学文献的重要宝库。

《地学杂志》每期首页均附地图一幅，以示此刊的特点。其中有地质图、地貌图、水系图、古迹图等，清宣统三年第二号期刊的首页图为宋高宗绍熙六年唐贾眈的"禹迹图"拓本，所绘较详，颇为珍贵。

《地学杂志》所载文章，具有将我国旧地学逐步推向新地学方向发展的特征。若将此刊所载的文章，按照下述三个发展阶段略加分析，便可了然。

（1）清宣统二年至民国六年（1910—1917 年），为此刊发展的第一个阶段。在此阶段中，我国的现代地学学科还处在萌芽的初期，国内一些学者，头脑里还存在不少地学框框，故此刊初期所载之文，类似舆地学的文章还不少。

但在此期间，也有一些文章，显示了此刊向新地学方向发展的作用。上述美国地质学家德瑞克的《论地质之构成与地壳之变动》一文，即为一例。

众所周知的邝荣光（1863—1965 年）编绘的我国第一幅地质图——《直隶地质图》、《直隶矿产图》、《直隶石层古碛图》以及《地球说》，就发表在《地学杂志》创刊号上。

邝荣光是 1872—1881 年被派往美国留学的 120 名幼童之一。他曾就读于美国拉法耶学院（Lafayette Collage），专攻矿产地质，回国后曾在开平煤矿、山东招远、海宁、林城煤矿任总工程师、总办等职，1905 年任直隶矿政调查局探矿师、顾问官，1907 年赐以“工科进士”；民国初年担任山西同保煤矿总经理，1900 年曾勘查枣庄煤矿，对发展中兴煤矿公司做过重要贡献，是一位最早留学美国的地质矿产学家，积极参与了中国地学会的创建，1965 年病逝，享年 103 岁。

特别值得提及的是，在《地学杂志》上，章鸿钊发表了有历史意义的《中华地质调查私议》，痛陈中国地质调查之重要，我国地质在世界所占的地位，我国地质调查的时机，并列举英、法、奥、德、俄、意、美、日等东西列强的调查机构，建议在鼎革之初，应随新兴的国运立即工作；还提出具体建议：“亟设局所（按，即地质调查局或所）以为之经略之基，……亟兴专门学校以育人才，广测量事业以制舆图。”文后还发表了《附设地质调查学校缘起》，并拟定了学校简章。这篇文章对于中国地质事业的开拓和地质学术的发展产生了深远的影响。实属中国地质事业奠基性的论著。

《世界各国之地质调查事业》一文，这是一篇开创中国地质事业的作为舆论准备的论文，以及其他学者的《中国之矿产》、《黔省之无尽藏》、《茅山金矿》等文章都有一定影响。《渤海过去与将来》等文，运用发展变化观点，说明过去渤海的形成和其西部将来可能成为陆地，阐明渤海的发展变化。又如《梅雨发生论》一文，认为冷暖气流交汇后东移受黄海面上高气压所阻而成。说明此刊在第一阶段中，也有一些向新地学方向发展的文章，启示存有舆地学思想的学者，向新地学方向发展。

有资料记述，在中国地质学会 1922 年成立之前张相文曾积极向章鸿钊、翁文灏、丁文江建议专门成立中国地质学会，收到热烈的反响。

从中国地学会与中国地质学创建者们的历史渊源及密切关系，因而才有中国地学会是中国地质学会的前身之说。

（2）民国七年至民国十六年（1918—1927年），为此刊发展的第二个阶段。我国萌芽状态的现代地理学发展到中期，旧的舆地学已衰落。如发表竺可桢《秋间江浙滨海两台风之详释》一文，对两台风的形成、发展和演变，分析甚详；又如孟士杰的《地球之生成、变迁及将来》一文，运用发展和物质不灭观点，说明将来地球由于内力活动渐弱，各部分凝结力亦弱，最后很可能"破散为小游星，甚至为宇宙尘"。葛利普的《地球及生物之进化》一文，文质亦颇高，宣扬地质古生物进化论思潮与实践中的新理念。但有些译文，对其中仍赋存旧地学理念，实属于资料范畴的旧地学文章，显得质量还不尽善。

（3）民国十七年至民国二十六年（1928—1937年），为此刊发展的第三个阶段。在此阶段中，所刊之文，几全属质量较高的论著，作者几乎全属地学专家和学者。在此阶段发表的论文中，有蔡源明译的肯厥如（W.G.Kendrew）《中国之气候》，张印堂的《中国古代文化之发展及其地理背景》、翁文灏的《清初测绘地图考》，王钧衡的《亚洲地体构造和地势的配置》，邹豹君的《山东省农产区域之初步研究》。这些论著，都反映了我国地学界已初步发展到现代地理学水平。还有一篇颇值国人重视的文章，即瑞典旅行家斯文•赫定的《罗布卓尔最先发现喜马拉雅山最高峰问题》。文中说中国地图上所绘罗布卓尔南北移动的位置，是正确的，因而否定欧洲人认为中国图所绘错误的见解。同时他还明确指出喜马拉雅山最高峰是中国藏人最早发现的，名"圣母之山"，即珠穆朗玛峰。印度测绘总局局长埃菲尔士，曾命其属下所测之高山，以入侵者自居，强以总局局长之名为名，而斯氏认为应以中国人所命之名为准。

《地学杂志》是由张相文领导的中国地学会于清末宣统二年（1910年）编印发行的，直到1937年共刊印181期。张相文是一位知识渊博的学者，也是一位伟大的爱国人士，他看到祖国山河失色，国弱民穷的面貌，衷心希望"讲求地学，发内国之奥妙，撷世界之精华，"拯救祖国，以臻富强。因此特别重视研究农田水利，矿产资源，认为皆属国计民生的大事。据统计，《地学杂志》共发表各种文章多篇，各种地图140余幅，而其中有关地质方面的文章约160篇，有关矿产资源的文章约80篇，各种地质矿产图共22幅。

从以上统计中，可以看出中国地学会及其主编的《地学杂志》，同是当时发展地球科学的共同园地和学术阵地。参加中国地学会并任职的地质学家，除上述提到的章鸿钊（学会干事长）、丁文江（评议员）、翁文灏、邝荣光等外，还包括很多位老一辈的地质学家，诸如：谢家荣、谭锡畴、李春昱、袁复礼、王恒升、丁道衡等人。

他们在《地学杂志》上发表的重要论文，题目如下：

（1） 章鸿钊：

① 中华地质调查私议（1910 年第 1 期）；

② 地质调查咨文（1910 年第 2 期）；

③ 论杭属以石灰代肥之隐忧；

④ 地学会应行事务之商榷（1910 年第 3 期）；

⑤ 湖皖水灾调查报告（1913 年第 3 期）；

⑥ 矿状浅言（1914 年第 7 期）；

⑦ 横断山脉构成之理想谈商榷（1916 年 4 月号）；

⑧ 中国石油考略（1917 年第 5 期）；

⑨ 璆琳考证（1918 年第 2 期）；

⑩ 古代之地质思想及近十年来地质调查事业之经过（1922 年 2 月号）；

⑪ 宝石所得古代东西交通观（1930 年 1 期）；

⑫ 矿床浅说；

⑬ 黄龙洞城观。

（2）丁文江于1913年10月5日为中国地学会举行学术报告会，题目是《滇黔地质》，根据他从英国返国途中，路经云南、贵州、湖南等地的地质考察所得资料，并用投影仪，放大展示图片及化石标本，使学术报告生动，很受欢迎，起了积极的影响和作用。

（3） 翁文灏：

① 中俄国界史地考（1928 年第 1 期）；

② 西洋人探查中亚地理摘记（1930 年第 3 期）；

③ 清初测绘地图考（1930 年第 3 期）；

④ 四川游记（1931 年第 3 期， 1932 年第 1 期）。

（4）丁道衡：新疆矿产志略（1931 年第 4 期）。

（5）王恒升：黑龙江省胪滨县附近中俄国界记（1931 年第 2 期）。

（6）李春昱和谭锡畴：

①《川边旅行近讯》（1930 年第 1 期）；

②《西康调查近讯》（1930 年第 2 期）。

（7）谢家荣：民国九年十二月十六日甘肃及其他省地震情形（1922 年第 8 期）。

《地学杂志》还登过石井八万次郎的《楚蜀之山形地质谈》，文中论述了“背斜消磨而为谷，向斜突出而为岭”的所谓地形倒置现象。又如北洋大学讲师、美国人璀珀曾于光绪三十四年（1908 年）七月暑假去山西考察，中国地学会于宣统二年（1910 年）四月初七日举行特别讲演会，请璀珀报告“山西旅行谈”。文中谈到大同火山“由五台北赴大同多火山遗迹，其熔岩流、火山灰尚隐约可辨。”这可能是在我们近代文献中最早谈论大同火山的资料。

再如，《地学杂志》系统地刊载了日本野田氏关于桂湘山地、资水流域，大庾岭、晋江流域、福建省西南部、赣江流域、袁江流域、湘水流域、湖北安徽间、皖南、南岭等地质调查报告。

除此之外，《地学杂志》刊登了有关火山、地震、地下水、间歇泉、地盘升降、地质时代、人类起源、地形轮回、地史、古生物方面的译著，对报道地学动态，引进当代地学理论，促进地学发展等作出了积极的贡献。

《地学杂志》还刊登了史廷飏的《第十一届万国地质学会及第二届万国地质学会会议》（即今国际地质大会），这次会议是 1907 年 3 月 5 日在瑞典斯德哥尔摩召开的，“与会者八百名，实罕见之盛会也。”文章还报道了中国派了两个代表参加。以后又刊登了林壬译的《第十二次万国地质学会纪要》。这些文章，是在我国其他书刊方面很难找到的地学史资料。

根据上述，《地学杂志》的确在现代地质学萌芽成长时期，提供了发表成果和探讨问题的重要学术阵地。

中国地学会及其主编的《地学杂志》在推动我国早期地学事业、地学理论发展中，起过重要历史作用，从其赋有的战斗性和坚持宣扬近代地学理论知识来说，笔者认为可誉之为：中国地学发展史上的一盏明灯，应当之无愧！

五、中国地学会的人物志

1. 近代中国地学家张相文 （学会会长）

张相文（1867—1933年）字蔚西，号沌谷居士，江苏泗阳县人（今桃源县）9岁时入私学馆，读私塾，勤奋好学，青年时期，博览史传，奠定了文史知识基础，应科举，中乡试，甲午战争后在家乡淮滨书院任教，从《万国公报》获得知识和战事信息，由于爱国主义思想的驱使，特别关注地理知识，不断从当时格致书院出版的《格致汇编》、《地理备说》，以及江南制造局出版的一些科技书刊学习知识，曾购得中国全图一幅，挂在书室，经常认真判读，后来获得郑兆相译绘的《世界地图》，更引发莫大求知地理的兴趣。

1899年张相文在上海南洋公学为留学班讲授地理课程，同时向日本教员栗木孝太郎、藤田丰八学习日语，通过日文媒介吸收西方科学文化，专心钻研地理学，取得令人敬佩的成绩，这时他已对地理学具有较深的造诣，后人公认张相文是靠自学成才的地理学家。

1901年继多年学习和教学之经验，他编撰成《初等地理教科书》（两册）、《中等地理教科书》（四册），两本书多次重印，其发行量达200多万册，由此可见，他对中国地学事业的开拓，特别是对地理教育，产生过多么重要的影响和作用。

1905年在上海，根据日本著名地质学家横山又次郎（章鸿钊在东京帝大学习时的导师）的《地质学》为蓝本，编译成《地质学教科书》，这是我国地学家自己编写的第一本地质学教科书。

同年，编撰成《地文学》是中国第一本自然地理学论著，他在“绪论”中，开卷就说：“地文学者，地理学之精髓也。言地理必济以地文，其旨趣始深，乃不病于枯寂无味，而于他学科亦多互相关联，如天文学、地质学、动植物学、人种学、气象学、物理学、化学，莫不兼容并包，以为禅益人生之助。……于以统合各科，而斩进于实用，此地文学所以为最重要之学科也”。全书共197页，但插图80余幅，彩色图10余幅，内容极其丰富、包括陆界、气界、水界和生物界，基本涵盖了现代普通自然地理学的内涵，其特点是：在此之前世界各国的自然地理研究都局限于无机自然界，《地文学》别具一格，新增设生物界一章，把有机界也纳入自然地理学研究范畴，这在世界地学发展史上是有开创性的篇章，正像著名地理学家林超教授在《中国现代地理学萌芽时期的张相文和中国地学会》(《自然科学史研究》1982年第2期)一文中有精辟地论述和高度评价，特别着重凸显其《地文学》能紧密联系本国实际，并引述张相文在“例言”中所说：“以本国为宗。其为中国所无，或调查未晰，而地文有切要之关系者，乃兼及于他国”；还提出：“尤时时注意实用，如防霜、避电、培植森林、改良土壤等法，备举其要，以为实地应用之资”。研究地理与人地关系相结合，与人类防灾抗灾相结合，力求与国民经济相关联，这在百年前来说是难能可贵的！但也应该提及他在介绍西方地理学理论方面也有一些错误观点，诸如对环境决定论等有夸大其影响力度之弊。

地理学家陈学熙在《中国地理学派·自然家》中评论说：张相文之书，“独树一帜，一切例证，悉以中国之事实为本，而张氏之新撰地文地质两书，尤亲切详瞻，诚教育国民之善本，言地质地文者多宗之”。

为《地文学》撰写“序”的章太炎（1869—1936年）向张相文提问：“泰山为长白山回脉之说意见何以？”他回答说：“山岳之成，由于横压力之挤逼。……惟成于同时代者，其纵横之地轴必平行，其倾斜之度数必同向，此自然之理也。东西之地势，北自白令海峡以南，南自长淮以北，其地轴率皆自东北而西南，……若外兴安岭，若完达山，……若太行山，其方向皆同。泰山居此群山之中，其成立固属同一时代，盖与东海陷落为同时事也。”足可见，他已对中国东部山脉在地质构造上和造山时代上的共同特点知之甚详，由于这个课题纯属构造地质学和造山运动及其时代的重大专题，对一个非构造专业人员来说，上述答案虽然未能论证两山的不同，也是难得可贵了。

1907年张相文应直隶提学使傅曾湘的聘请，从上海南洋公学堂到天津北洋高等女学堂担任教务长，1909年升任为校长，同年组织创立中国地学会，当选为会长。

1912年2月12日，满清王朝被迫下诏退位，辛亥革命胜利。滦州起义失败、白雅雨牺牲后不久，张相文辞去北洋高等女子学堂校长职务，迁北京专心领导和发展中国地学会，又遇袁世凯专制独裁，他毅然加入以孙中山为领导的国民党，帮助孙中山夺回辛亥革命胜利果实，1913年9月1日袁军张勋部攻陷南京，杀掠三日，张相文悲愤万状，留诗以表抗议：

秦淮呜咽血流腥，瓦砾丛中鬼应鸣。

好凿钟山镌纪念，袁军三日洗南京。

张相文受到人身危害，中国地学会被“追回会所，停止补助金”。

1914 年 5 月在袁世凯接受丧权辱国的“二十一条”时，张相文怒不可遏，公开嘲骂：“窃国从来胜窃钩，山河容易掷金瓶。内家争羡儿皇贵，价重燕云十六州。”

张相文 1917—1919 年在北京大学讲授过“中国地理沿革史”专业课，主要发挥了他多年在古籍搜集整理与研究的优势，考证了中国不同时代的历史疆域、行政区划和城市变化，继承和发扬中国传统地理学、历史地理的沿革及其变迁。

1917 年 7 月在广州参与孙中山的“护法运动”失败后，1920 年返回北京，1925 年还在辅仁社讲授地理课，1928 年在南训政所讲授地理课，由于受到多次革命活动失败的折磨，革命意志有所衰退，晚年常斋念佛，从事佛学研究，著有《佛学地理志》。但张相文作为中国早期开拓地学事业的先行者，从事地理学教育和研究，他的爱国主义思想本质对辛亥革命的感情深厚，在“九·一八”事变后，由衷地赞成中国共产党领导的抗日救亡运动，不愧是一位具有革命思想的著名地理学家。

1933 年病逝，终年 68 岁。

白雅雨

2.近代中国的理学家白雅雨（编辑部长，烈士）

白雅雨（1867 年 4 月 17 日—1912 年 1 月 7 日）名毓昆，字雅雨，号铣玉，清同治七年（1868 年）生于南通，自小天资聪慧，18 岁时考中秀才，为州首（第一名）。先后入江阴南菁书院和上海南洋公学就读。光绪二十六年（1890 年）后受聘于南洋公学附中、澄衷学堂执教史地。白雅雨少怀救国之志，及至认清清政府之腐败，革命意志更加坚强，积极投身于辛亥革命，1904 年随蔡元培加入光复会（后随蔡一起入同盟会）。

白雅雨是一位造诣颇深的近代地理学家，他对地理学的社会意义有深切认识和高度评价，他说：“学问之途无穷，非专精一诣，不足以树立而来者，兴地理学，为我国固有之精粹，尤有兴起学者爱重国土之观念”。

1908 年受张相文之邀请来天津，在高等女师学堂、北洋法政学堂任教。1909 年协同张相文共同创建中国地学会，当选为首任编辑部长，创办《地学杂志》，是最早的爱国地理学家。组织共和会，主持红十字会天津分会，积极开展革命活动。白雅雨在教书生涯中，结识了许多志士，像章太炎、邹容、章士钊等交往甚密；培养了不少革命青年，李大钊就是他在北洋法政学堂的学生，正像前文所引《李大钊传》，白雅雨在法政学堂任教时的革命思想影响了李大钊，也团结了一批有革命倾向的青年，武昌起义后，白雅雨在北方策应发起“滦州起义”，成立北方革命军军政府，任北方革命军参谋长，以进攻京津为目标，直捣清朝老巢。可惜由于叛徒出卖，起义军在向天津进攻途中，遭清军阻击，白雅雨在古冶被捕。

刑拘时，白雅雨坚贞不屈，则大叱曰“杀则杀可，何剌剌不休为？我北方革命军参谋长白毓昆也！”“烈士不跪，砍折一腿坐血泊中大骂……，砍头而去”。

1912年1月7日壮士牺牲，年仅44岁。临行前留下激人奋起，感人肺腑的《绝命诗》：“慷慨吞胡羯，舍南就北难，革命要流血，成功总在天。身同草木朽，魂随日月旋。耿耿此心志，仰望白云间。悠悠我心忧，苍天不见怜。希望后起者，同志是相连。此身虽死了，主义永流传。”

滦州起义失败后，共和会同志如马浩、李大钊、徐静等十余人愤恨而悲痛失声，亲至唐山、古冶密探真情，悲歌慷慨，惨极一时。

白雅雨牺牲后，1912 年 12 月 25 日迎来辛亥革命的胜利，其灵柩远返故里，葬于故里南迎狼山。1915 年工商部主管，著名实业家张謇书写墓志铭：“白烈士雅雨之墓”。

1936 年在北京西北郊显龙山座落有滦州革命纪念园，园内建有烈士白雅雨衣冠塚，纪念园门前悬挂一幅对联：“此日园林簇锦绣，当年勇烈动山川”。

1937 年国民政府予以国葬，追赠为上将，并决定在北京和山东泰山建造纪念碑，以资纪念。

3. 近代中国地理学家白眉初（编辑部长）

白眉初（1876—1940年），名月恒，河北卢龙县城人（原直隶永平府），满族人，我国近代著名地理学家，河北师范大学前身——直隶女子师范学校教员，后为北京师范大学聘为地理学部主任、教授。

白眉初自幼勤奋好学，加之天资聪明，15岁考中秀才，进入敬胜学院。他潜心阅读《山海经》、《尚书·禹贡》、《徐霞客游记》、《水经注》、《舆地广记》、《太平寰宇记》、《天下郡国志》等地理古籍，奠定了他从事于地理学研究与教学的理论基础。

1905年进入北洋师范学堂史地科，师从于张相文，1909年毕业，由于学习成绩优异，曾被赐予“举人”功名。先后任教于直隶省清苑中学、天津女子师范学校为国文教员，被聘为第十级班主任，邓颖超同志当年就读于这个班，受老师张相文的邀请参与1909年中国地学会的创建，在1912年白雅雨牺牲后担任《地学杂志》的编辑部长，协助张相文做了大量工作，为中国地学会的发展做出了努力和贡献。

青少年时期目睹清王朝丧权辱国，腐败无能，民不聊生等悲惨景象，激发有强烈的爱国热情，滦河、青龙河水雨季泛滥成灾，县境饥民满街，卖儿鬻女，饿殍陈尸之惨状，内心充满忧国忧民之激情，在给表兄的信件中陈述：“自古燕赵多慷慨悲歌之士，我自叹弗如。然而，治国虽无回天之力，但治学却自信尚有余力。”白眉初立志治学崇尚地理学的报负是远大而又明确的。

通过白雅雨烈士的引荐，结识了中国共产党创建者李大钊，结为一生挚友。

他一生著述丰厚，尤其是在主编《地学杂志》上：从1913年开始，白眉初便着手编写《中华民国省区全志》。他博览群书，从大量的古代著述中寻找资料，搜集各地的方志等地方文献，并进行认真的整理分析，希望融古代地理与方志为一体，建立完整的中国区域地理学。到1925年9月，这部400万字的巨著终于出齐。该书将常识地理与科学地理相结合，对于地理学的现代转型做出了有益的探索和实践。然而，这部书出来之后，受到了一些地理学家的批评。在女子师大任教期间，他精心绘制了《中国国耻图》、《中华民国建设全图》32幅和《中华民国改造图》等最新版图，继续为中国地理学的发展尽自己的力量。1935年白眉初离开教育界以后，一个偶然的机会，看到了孙中山《建国方略》，他被其中的“物质建设”篇深深地吸引，受到了很大的启发，从而解决了自己一直探索着的地理学如何直接为社会服务的问题。他广泛地搜集资料，埋头写作，在短短的两年时间内，完成《最新物质建设精解》一书。该书在探讨区域地理如何向经济地理转化方面开创了新的思路，是白眉初对我国地理学作出的又一贡献。

1928年7月间国民政府曾有过“建都”之争，他在《国闻周报》上发表专文《国都问题》，文中引经据典，表明主张建都北京，乃国运长久之论证，受到社会广泛响应。

值得追忆的是，他不但积极著书立说，也十分重视实地考察，他遍游祖国具有地学特征的自然景观地区，诸如沙漠、荒原，他在主编《地学杂志》期间，发表多篇有实际价值的论文，诸如：《论滦河》、《渤海过去与未来》、《燕赵水利论》、《论直隶水灾之由来及将来水利之计划》、《直隶五大河之测量及其出险表》、《直隶絮谈》、《厘定行政区域备考》、《国都问题之研究》、《论蒙古之屯田及林牧业》等数十篇学术论文。其中《论蒙古之屯田及林牧业》一文系针对“烟台胡都督电袁(世凯)大总统，请兵屯田蒙古及新疆、青海边地”，并得到多数省都赞成的情况下发表的。白眉初从地理学的角度指出：“由于气候和地质条件所决定，蒙古不宜屯田，只宜发展林业和牧业，如若不然，草原一旦被破坏，风沙南侵，后果不堪设想。”学者的胆识，力透纸背，力论毁林垦荒之弊。

他一直十分关注地理学的社会功能问题，他的《中国人文地理》一书，以三卷集论述了民族、民权、民生三大问题，最早提倡人地关系。1933年他还专题发表《地理哲学》一文。

白眉初晚年仍然痴迷于地理学，坚持进行实地考察。从地理学角度出发，他认为建设大西南的川康地区具有十分重要的意义。当家人以其年老多病、时局动乱等理由劝说他放弃考察计划时，他微笑着说：“我不是《石壕吏》中的老翁！”1936—1937年他自费奔赴大西南川康地区地理考察，期间，正遇“七·七”事变，转赴重庆，1940年秋在四川江津县病逝，享年64岁。

特别值得提及的是在《最新物质建设精解》等论著中，他将常识地理与科学地理相结合，将基础地理转变为经济地理，是其学术创新性贡献。地理学界评价说：白眉初是我国从古代地理常识，向新时代的科学地理学过渡阶段，大力传播地理学知识，承前启后的启蒙者之一。

他的地理思想和观点受人敬仰。1913年受聘于直隶女子师范学校，任地理和国文教师。他坚定地致力于教育事业，希望通过教育拯救中国。女师校长齐璧亭曾向白眉初请教学地理的要点，白眉初不假思索地说："爱国，学地理之首；建国，学地理之本。"他把这一教育理念，贯穿于教育生涯。他讲国文，能使学生听的着迷，尤其地理课，学生最爱学，成绩在各科之上。他讲地理课有三个特点：一是直观，二是有趣，三是感人。他在地理课上援引历史事件，潜移默化地感染学生。讲到清朝政府丧权辱国、外国列强割据国土，颤抖的手指着地图，捶胸顿足，泪流满面，学生们也悲愤交加，失声痛哭。这富有启迪和激励效果的教学，充分表达了他"树人育心"的教育主张，对学生的成长起了积极作用，同时，也折射出他爱国挚情。当深知良师益友白雅雨牺牲时他悲切写出了："知君已去犹斫臂，思君不归断琴梁"的诗句。

深受大家尊敬的邓颖超同志，就读直隶女师时，就是白眉初的受业生。当时一些进步的学生都不喜欢原来带有封建色彩或太俗气的名字，不少学生都改用了新名字。邓颖超当时叫邓文淑，便请她的老师白眉初给她改个有意义的名字，白老师认为她聪明过人，在德、智、体、美各方面都是佼佼者，绝无骄娇二气；她行为磊落、思想活跃、追求真理，热情勇敢地投身于争取男女平等、开放女禁等反帝反封建的爱国运动中，表现出不凡的气魄和才干，虽在班上年龄最小，但是德才兼备的高材生，很受器重。在校内外颇有名气，很受师生的爱戴。白眉初经过认真考虑，以智慧超群、文武兼备为寓意，便先将她的邓文淑改为邓颖斌。希望她能脱颖而出，卓而不群，早日成为治国安邦的巾帼英雄。邓文淑颇有主见，经过再三思考，觉得不如将"斌"字改为"超"字，白老师觉得她改得更好，就同意了。邓颖超这个响当当的名字就这样诞生了，深受全国人民爱戴的邓颖超的大名，凝聚着深厚的师生情谊，并随着她的革命实践和人格魅力而流传千古。

邓颖超同志在校时是白眉初的得意门生，白老师也百般支持邓颖超等学生的革命活动，暗中保护，学生的革命行动也深深教育和启迪白眉初老师的革命激情，从而建立起诚挚的师生情谊。

1939 年在山城重庆时，邓颖超冒着日本飞机轰炸的危险还专程探望白眉初老师。

1987 年邓颖超同志在审读《白眉初传略》稿时，还专门为老师题词：“白眉初先生为人诚挚谦和，对教学及阅改作业认真负责，有学者风度，师生关系极好，受益良好，给我留下深刻难忘的印象，我满怀敬意，并深切缅怀”。

邓颖超同志已是耄耋之年，如此清晰地记忆着这位老师（班主任）形象，说明白眉初师德高尚，也同时突显着邓颖超同志尊师重教，不忘师长，令人崇敬！

白眉初另一个可歌可颂的事迹，那就是与李大钊的友谊。

白眉初与李大钊的友谊，是通过地理学家、滦州起义烈士白雅雨建立的。当时，白、李二人在天津读书，均是白雅雨的忘年交，故时有见面。此前，李大钊在永平府中学堂时，就知道白眉初德才兼备，到津后通过交往，对白的人品学识更为推崇。而白虽比李大十三岁，却对有着远大救国抱负的大钊极为赏识和敬重，且在生活上尽其所能予以帮助。他们的友谊在投桃报李的交往中日益加深。

1913 年冬，李大钊赴日留学前，专程到白家辞行。白夫人依照民俗，特意为其包饺子饯行，白、李二人依依话别。

1916 年复，李大钊学成归国，在京就任《晨钟报》总编，寄居于宣武门内大街回回营三号。是年秋，白眉初被聘为北京师范大学地理学教授，次年，又提任为史地部主任，但仍兼任天津直隶女师第十年级主任。大钊目睹白眉初奔波于津、京之间，甚为辛苦，心中十分不安。时值其房主欲出售住房，他便动员白眉初购房，自己另觅住处。后来，随着条件的改善，李大钊也将家属接到北京，住在石驸马大街后闸 35 号。白、李两位的夫人也一见如故，以姐妹相称。

同乡成近邻，友谊愈加深厚。白眉初在注重国计民生、潜心地理教学研究的同时，对李大钊也极为关注。他一方面为其所写的文章折服，称“守常文思如泉，气魄如虹，有笔扫千军之力，经天纬地之才”；一方面对其从事的革命活动多次予以帮助。

据白氏后人回忆， 1919 年元旦，白眉初刚起身要到李家串门，却遇李大钊和一个身材魁梧的青年迎面走来，李大钊指着白眉初向青年介绍道：“这位就是白眉初教授，白老先生。”那人彬彬有礼地操着三湘口音说：“久抑老先生的大名。”三人寒暄罢，便进入书房叙话。他们纵横捭阖，畅谈今古，书房里时时传出朗朗的笑声。直到若干年后，人们才知道，这个青年就是毛泽东。

1927 年 4 月 6 日，李大钊在苏联驻华大使馆不幸被铺。白眉初闻讯后，茶饭不进，并写出：“大道之行，天下为公”并大声疾呼：“大钊是讲社会学者，不讲主义讲什么？……难道讲主义有罪吗？……”即以北京师范大学史地部主任名义，找到该校董事长，并联络李书华等同乡及在京教育界名流 300 余人，积极进行营救活动。但张作霖悍然不顾社会各界的抗议，于 27 日秘密绞杀了李大钊，次日下午，白眉初从报上得知消息，乃与夫人抱头痛哭。白深知李大钊一生公正清廉，不治生产，且家中无主事人料理，遂派人找来北师大学生李凌斗，拿出三百大洋让他去买寿衣、棺木，并出面交涉领回大钊遗体。

据 1927 年 5 月 1 日《晨报》载：“今晨八时，李之远族李采言、李凌斗两人，偕二女兴华、艳花，一同赴长椿寺。棺木运到后，即在停灵屋内重新装殓。李妻因病不能行动，故入殓时仅有二女在侧。亲友到场照料者有白眉初等数人，情状殊为凄惨冷落。”在白色恐怖统治下，公开出头料理一个共产党员的后事，这需要何种胆识与魄力！这也正反映了白、李至死不渝的友情。

1933 年 4 月 23 日，在公祭李大钊时，白眉初不仅捐款，还送了“杀身成仁，舍身取义，大道之行，天下为公”的挽联，为保护正在念书的李大钊长女李兴华，在追悼会上，白眉初让女儿白汝漪代读祭文，陪同李夫人同车去万安公墓。

（本文曾在中国地学史委员会 21 届学术年会上宣读，并以《中国地学会——微光渐炽做明灯》为题在《中国矿业报》于 2009 年 12 月 26 日发表。）

一部西方译著《地学浅释》的魅力
——在晚清“维新”、“变法”中的影响和作用

【笔者的话】 最近（2007年4月5日）著名学者余秋雨在凤凰卫视“秋雨时分”栏目中回答北京大学研究生问他怎么看“传媒感兴趣的不是科学家的现象……传媒冷落科学家是完全不对的，科学家默默地做出巨大贡献，平日不被传媒关注已经说不过去，好不容易遇到一次颁奖了媒体还是不理睬”。余秋雨分析说：“这与传媒的基本素养有关。……因为他们缺少这种思路、话语、敏感，更不知道在人类科学的重大贡献面前如何与读者津津有味地沟通。”

确实有相当一部分人对科学家的研究成就、贡献的认识不足，总觉明星、冠军、艺术家对现实社会影响大，其实不然，人类文明发展史上早有哥白尼的《天体运行论》之日心理论，达尔文的《物种起源》以及爱因斯坦的《相对论》等不胜枚举，其影响之大至今仍是难以估量的。

笔者籍此仅举熟悉的地球科学的一本译著——《地学浅释》（图1）的问世对晚清的维新变法的影响和作用凸显出科学家及其成就的社会影响和作用。

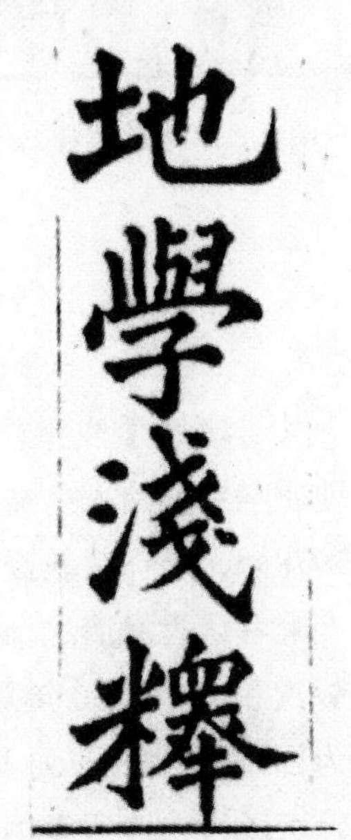

图1 《地学浅释》封面

在晚清时代西学东进浪潮中，中国有志之士组织翻译了大量西方科学技术著述。在地质学方面不下几十种，其中有一本论著对中国具有独特的影响和作用，深值得我们了解和研究，这就是清代同治十年由江南制造局铸刻的1873年出版的《地学浅释》。这本书是由浸礼教传教士美国医生玛高温（D.J.MacGowan 1817—1893）口译，清代学者华蘅芳（1833—1902年）笔录。该书原文是译自英国著名地质学家莱伊尔（雷侠儿，Charles Lyell.1779—1875）的《地质学纲要》（Elements of Geology，1865年）。《地学浅释》1896年列为《富强丛书》，湖广总督张之洞（1837—1909）在序言中说：这些具有科学内容的新书传入对知识分子有“增长见识、诱启智慧之功效，而以地质学的作用最为明显”（图2）。

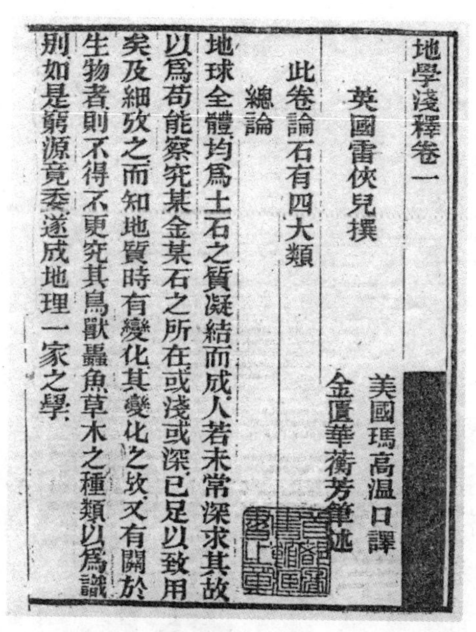
地學淺釋卷一

美國瑪高温口譯
金匱華蘅芳筆述

英國雷俠兒撰

此卷論石有四大類

總論

地球全體均爲土石之質凝結而成人若未常深求其故以爲苟能察究某金某石之所在或淺或深已足以致用矣及細攷之而知地質時有變化其變化之迹又有關於生物者則不得不更究其鳥獸蟲魚草木之種類以爲識别如是窮源竟委遂成地理一家之學

图2　《地学浅释》卷一、第一页

一、关于原文版本的讨论

关于《地学浅释》原文版本，在地学界有着不同的论争：早在1923年我国地质学界创始人翁文灏、章鸿钊（1936）以及黄汲清院士（1982）、曹宛如（1978）、李鄂荣教授（1986）等都有过论述。

笔者认为澄清这个问题要从名著《地质学原理》（Principles of Geology）的版次说起。1830年第一卷出版；1832年第二卷出版；1837年第五版时改编为四篇；1838年将第四篇扩充为独立专册命名为《Elements of Geology》即确切译为《地质学纲要》；1851年又经重新编写、修订命名为《Manual of Elementary Geology》，译为《普通地质学教程》；1865年再一次定名为《地质学纲要》即为《纲要》第六版，是大家所共识的最新版本，1873年翻译出版的《地学浅释》即为这一版本；而《原理》则是依照1837年第11版译出。详见《地质学原理》及《地学浅释》出版日期表如下：

原理第1册，1830；

原理第2册，1832；

原理第1册第2版，1832；

原理第2册第2版，1833；

原理第3册第1版，1833；

原理（新版）第3版，全书共4册，1834；

原理第4版，全书共4册，1835；

原理第5版，全书共4册，1837；

纲要 第1版，1册，1838；

原理 第6版，3册，1840；

纲要 第2版，2册，1841；

原理 第7版，1册，1847；

原理 第8版，1册，1850；

纲要 第3版（普通地质学教材），1册 1851；

纲要 第4版（普通地质学教材），1册 1852；

原理 第9版，1册，1853；

纲要 第5版，1册，1855；

纲要 第6版，1册，1865；

原理 第10版，2册，1866；

原理 第11版，1873。

二、简介《浅释》内容

《浅释》共38卷，前9卷论地质概念及岩石类型；第10—27卷论地层时代系统及历史地层学；第28—32卷论火成岩及其形成时代；第33—34卷论岩浆岩及其时代；第35—37卷论变质岩及其纹理和时代；第38卷论矿床学。

《浅释》的翻译和引进不仅为我国输入了西方近代地质学思想和理论，

同时对推动晚清时代中国的改革和进步也具有历史的深远影响以及不可磨灭的作用。

清末时代的“百日维新”、“戊戌变法”倡导人康有为、梁启超、谭嗣同等都读过《浅释》这本书，受到强烈的启迪和影响，从地质学的基本理论中找到了地球可变化的理论作为他们变法维新的理论基础和论据，并对这部书有精辟的论述和高度评价。鲁迅和芮石臣（顾琅）在1898年南京路矿学堂学地质学时作为教材也系统学习过。

我们说《地学浅释》译自《Elements of Geology》而非译自《Principles of Geology》。《地学浅释》38卷的目次如下：

卷一　论石有四大类

卷二　论水层石之形质

卷三　论水层石生物之迹

卷四　论水底沉积之物坚凝为石，生物变成僵石之理

卷五　论石层平斜曲折凹凸之故

卷六　论石层被水蚀去之处极大

卷七　论泥砂土石之松而未结者

卷八　论各类石皆有先后之期

卷九　论以僵石定水层石之期

卷十　论今时新叠层及后沛育新之叠层

卷十一　论冰迁石

卷十二　论后沛育新冰期（中新世）

卷十三　论僵石层论沛育新

卷十四至十五　论埋育新（中新世）

卷十六　论育新　（始新世）

卷十七　论第二迹层克里兑书

卷十八　论下克里兑书（白垩纪）

卷十九　论茶而刻及尼阿可弥水蚀之形

卷二十　论求拉普克之不尔培克层及鸟来脱（侏罗纪）

卷二十一　求拉普克之来约斯

卷二十二　论脱来约斯

卷二十三　论泼而弥安（二叠纪）

卷二十四　论可儿美什（含煤纪）

卷二十五　论可儿美什及炭灰石

卷二十六　论提符尼安老红砂石（泥盆纪）

卷二十七　论西罗里安、勘孛里安、落冷须安（志留纪、寒武纪、劳亚纪）

卷二十八　论火山石

卷二十九　论火山石之型

卷三十至三十二　论各期中火山石

卷三十三　论镕结石（岩浆岩）

卷三十四　论各期之镕结石

卷三十五　论变热石

卷三十六　论变热石之纹理

卷三十七　论变热石之期

卷三十八　论五金藏脉

1902年清政府颁布《钦定学堂章程》，1904—1906年颁布《奏定学堂章程》、《优级师范选科章程》，地质学正式列入各级学校教学内容。明确规定《浅释》作为铁路矿山等路矿学堂以及其他学校的地质教科书，流行于20—30年代。

晚清徐维则和顾燮光辑之《增版东西学书录》称："是书透发至理，言浅事显且译笔雅洁，堪称善本"。（至于"译笔雅洁"笔者尚不敢苟同，文后另作阐述）。《原理》和《纲要》都是19世纪进化论地质学具终结性的作品，系统地反映了莱伊尔的"将今论古"渐进论的现实主义理论原理，为地质学诞生和发展奠定了理论基础，促使地质学作为一门独立学科立足于自然科学之林，真不愧是文艺复兴以来划时代的经典巨著。恩格斯早在《自然辩证法》中对莱伊尔的渐变论及其现实主义原则作过精辟的论断："莱伊尔破天荒第一次把理性带进地质学中来，因为他以地球缓慢的变化的渐进作用代替了造物主的一时兴发所引起的突然的革命"。同时在论及有关冲破僵硬自然观6个缺口时，把莱伊尔的缓慢进化论列为首位，正是因为莱伊尔的理论对整体自然科学都影响深远。

1831年查理•达尔文（Charles Darwen，1809—1882）参加“贝格尔舰环球旅行”期间随身携带了《原理》第一卷，这部著述实际上成了达尔文实地考察的向导和地质手册，对认识各地区的地质地理得到了很大的帮助和启迪，同时也是对书中内容做了验证，特别是对南美洲的火山、火山岩以及地面的上升和下降等诸多地质现象。达尔文说：正像莱伊尔书中所描述一样，亲身观察到现今的地球表面确实存在有缓慢的地壳运动。从达尔文的地质实践中感受到莱伊尔理论的正确性，相比之下远远超过其他著者所倡导的观点，所以达尔文崇敬《原理》成为“可敬佩的书”，他本人也成为莱伊尔渐变论的热心拥护者。1845年在其《航行日记》第2版问世时他以专页写给莱伊尔的献词：“谨以感谢和愉快的心情将本书的第2版献给皇家学会会员查理士•莱伊尔爵士”，并在献词中还说“这本《日记》以及作者的其他著述如有什么科学价值，那么这主要是由于读了那本著名的‘可钦佩的书’《地质学原理》得来的，特此致谢，以此表示他的感谢和友情的最诚恳的标志”。

在地质学发展史上，拉马克的《动物哲学》、达尔文的《物种起源》、郝屯的《地球理论》以及莱伊尔的《地质学原理》共同构成了进化论地质学派，从地质学的“英雄时代”一直到20世纪初都占据着传统地质学统治地位。

三、《浅释》对清末“百日维新”、“戊戌变法”的影响和作用

《浅释》的引进、翻译不仅为我国输入西方近代地质学思想和理论知识，同时也推动了中国社会的改革和进步，具有深远的历史影响和作用。像儒学家章太炎、追求中国近代化的先驱者们维新义士谭嗣同、康有为、梁启超、唐才常等都曾熟读《浅释》，成为忠实的读者，从中汲取了莱伊尔的现实主义进化论思想并做出过精辟的评价，特别是他们获得作为“变法”、“革新”的精神力量和思想武器。

1. 谭嗣同之“天地以日新，生物无一日不变也”

“戊戌变法”、“百日维新”的义士谭嗣同（1865—1897），湖南浏阳人，是一位资产阶级改良主义维新派政治家、思想家，曾在浏阳与唐才常创建算学馆倡导新学。“百日维新”中任四品卿衔主事章京，变法失败后被判死刑，

1897年9月同林旭、杨深秀、刘光第、杨锐、康广仁六人壮烈就义，后人称“戊戌六君子”。他青年时代酷爱自然科学，托人从上海选购天文、地学、矿物之类图书，深受教益和影响。他认为：“然今日欲讲各种学问宜从何处讲起？则天地其首务也”。他从地学书中包括《浅释》在内启迪有进化论思想，并对地质学已有初步认识。他说：“今有所谓地学者，考察僵石，得其生物，因之洪荒以上寒热燥湿之异候，山海水陆之改形，百昌万汇，亲上亲下，飞蠕动之殊状，冰期水期之变，石刀铜刀之奇，可得而据者，乃及地面三四十里之深，则已不胜其时代之渺远而罄竹千里不足书其化矣。即其所及知，以究天地生物之序，盖莫先螺蛤之属而鱼属次之，蛇龟之类又次之，鸟兽又次之，而人其最后焉者也。”这充分表明他对生物化石及其形成的认识，诸如生物起源与演化已是具有较深的进化论思想。

1896年他到上海任职于江南制造局，他在专职翻译美国传教士付兰雅（Jone Forryer，1839—1928）家中亲眼见到古生物化石与今日生物区别很大，从而认识到：“天地以日新，生物无一日不变也。今日之神奇明日已腐臭，奈何自以为有得而不思猛进乎？是由治学之念益急。”（《谭嗣同全集》，1980年中华书局北京第一版第458页）

他还从付兰雅1885年译刊《左治刍言》及1896年之《治心免病》中汲取了“仁学”理论基础，对他世界观形成起到重要作用，并在进化思想的熏陶下成为一位有强烈爱国思想的义士。

他勇于猛然抨击君主专制和清王朝的反动统治，对封建纲常伦理进行犀利的批判，为变法维新献出了年仅33岁的生命！

他深刻了解：“譬于陵谷沧桑之变易，地球之生而不知几千几百度矣。”“即此地球有陨散之时，然地球之陨散他星又将其质点已成新星矣。”（《谭嗣同全集》，1980年中华书局北京第一版307—308页）

他“舍生取义，杀身成仁，沧海浮生岁如潮”的壮举可以说都源于地质学中万物沧桑变异的科学世界观！

这“沧桑之变”也是近代变法中与顽固派论战的焦点。顽固派鼓吹：“天不变道亦不变”，而维新派依照莱伊尔的渐变论发扬中国固有的古代朴素辩证法思想，大力宣传“无论自然界还是人类社会万事万物无时不在变，无事不在变，变是天下之公理”。

2. 康有为之“盖变者，天道也”

清末维新变法改良派思想家和领袖康有为（1858—1927），海南人氏，进士，国学大师，人称海南先生，变法中授工部主事，有闻名的“公车上书”之举，鼓吹改良主义理论。“变法”失败后逃亡国外，后组织保皇会反对民主革命，参与张勋复辟活动失败，在哲学上揉合儒、佛两家和西方资产阶级人性论，是庸俗的进化论者，著有《戊戌奏稿》、《大同书》等。

他比较下功夫读过《地学浅释》，1896年他在“格致书院”任教时给学生讲的西学书目中把《浅释》列为首卷，也对地质知识有一定了解并做过比较准确的评论。

戊戌年正月，在变法期间他在将“俄罗斯彼得大帝变政记”送呈光绪皇帝时以“火山流金、沧海桑田、历阳成湖，地以善变尔能久”特别着重劝说光绪皇帝决心实施变法，并以“盖变者，天道也”来论证变法的必然性来巩固和坚定皇帝的变法信心（《康南海文集》第八卷）。

1898年（光绪二十四年）他在《应诏统筹全局折》中提出设十二个局以推行新政，其中就有矿务局并说：“举国矿产、矿税、矿学属焉”。在他的倡议下“百日维新”中真下诏成立了“矿务铁路局”，表明了他对地质矿产事业的重视。

他在《列国游记》中多次论及过有关僵石（即化石）及其成因的认识。从某种意义上说这对他认真读过《浅释》而受其影响紧密相关。

3. 梁启超之“故夫变者，古今之公理也”

梁启超（1873—1929）广东新会人氏，举人出身，师从康有为，倡导变法维新，人称“康梁变法”。光绪二十二年（1895年）赴京参加会试，随同康有为发动“公车上书”。1896年发表《变法通议》，主编《时务报》、《西政丛书》。1897年在长沙兴办学堂，积极鼓吹变法，参与推动维新运动。1898年入京后参加“百日维新”，授六品衔，办京师大学堂、译书局等成为有名的近代资产阶级改良主义者。

变法失败后逃亡日本，后又坚持立宪保皇，受到民主革命派的批判，以立宪党为基础组成进步党拥护袁世凯。1916 年策动蔡锷组成护国军反袁后又与段祺瑞合作。“五四”时期反对“打倒孔家店”口号，倡导文体改良的“诗界革命”和“小说革命”。他在介绍西方资产阶级政治经济学说对当时知识界有一定的影响，著作编有闻名的《饮冰室全集》。

1896年在《读西学书法》中对近代地质学有比较深刻的理解和精辟的论述，他说：“地质学：地质之书就地中生物之迹以考地球初成以来至今天气、地形、物种、人类递变之状，因识地球由草昧而文明之理。游心荒古历历在目，盖未有文字以前地球之全史也。”

同时指出：“西人言地学者约有三宗：风云雪雨等诸之地文学，而地中矿物迹谓之地质学，五洲万国形势沿革谓之地志学。”（梁启超《读西学法》收入清光绪中沔阳卢氏刊《慎始斋丛书》）。

梁启超确实下功夫阅读和研究过《浅释》，他称赞“它（《浅释》）精备完善”。他认为“此书对任何人——一个近代人来说‘不可不急读’，不仅从事矿业的人，一般人都应了解。”他还在《西学书目》中说：“地质学书常以地学命名，诸如《地学浅释》（1873）、《地学指略》、《地学稽古论》（1891）》”。

梁启超在 1896 年 8 月 9 日发表《变法通议》，开宗第一章中就引用了地质学知识和思想。他说：“法何以必变？凡在天地之间者莫不变。昼夜变而成日；寒暑变而成岁；大地肇起、流质炎炎、热熔冰迁累变而成地球；海草、螺蛤、大木、大鸟、飞鱼、飞鼍、袋兽、脊兽彼生此灭，更代叠变而成世界；……借日不变则天地人类并时而息矣。故夫变者古今之公理也。”（《梁启超选集》，1984 年，上海人民出版社第一版第 3 页）。

他还多次引用《浅释》的物种可变论，与顽固派的“天不变，道亦不变”的观点作过不懈的斗争；依照《浅释》中渐变论竭力宣传“无论自然界还是人类社会，万事万物无时不在变，无事不在变，变是天下的公理。”

由此可见《浅释》的引进在晚清封建愚昧笼罩的腐败社会中确实启迪了当时一批有志之士，“变法”“革新”思潮并以进化论思想——“变是天下之公理”走进了变革的道路甚至像谭嗣同等慷慨就义。

4. 章太炎与“若夫天与上帝，则未尝有矣”

以儒学思想家而著称的章太炎又名张炳麟（1869—1936），浙江余杭人氏。

他从接触自然科学开始融入西方内容他曾称赞英国天文学家赫歇耳的《谈天》，同时也称赞《地学浅释》，并用《浅释》中的思想观点批评过“八卦”学说，认为有些理论“与天文地理不相应”。引用《浅释》进化思想说明“植物因时因地不同而有生有灭”。这对他早期具有唯物主义倾向的哲学思想有一定影响和共鸣。在他《訄书》中所述：“精气为物其智虑非气”表达了较为正确的物质和精神的关系，提出：“若夫天与上帝，则未尝有矣”的否定天命论，都是他哲学思想的反映和表露。后来他深受西方近代资产阶级主观唯心论的影响，晚年鼓吹革命诗文，在文学、历史、语言等方面都有所贡献，著有《文始》、《新方言》等诸多著述，辑于《章氏丛书》共三编 13 种 48 卷。

1897 年他任《事务报》选述，因参加维新活动而被通缉。1901 年在东京大学任教宣传民族民主革命，1903 年因发表《驳康有为论革命书》和替邹容《革命军》作序被捕入狱判刑三年，1904 年与蔡元培等发起成立光复会，1906 年参加孙中山的同盟会，主编同盟会刊物《民报》并与改良派展开论战，1911 年回国主编《大共和日报》，任孙中山总统府枢密顾问，1913 年因讨袁被禁锢，1917 年参加护法军政府任秘书长，1924 年脱离孙中山在苏州设国学馆以讲学为业，1936 年死于苏州，埋葬于浙江余杭故里。

从他的哲学思想和参与的革命活动，仍被誉为近代民主革命的思想家、活动家。

5. 鲁迅等学习并抄录《地学浅释》“精抄本”

中国近代大文学家、革命家、思想家，原名周树人（1881—1936），浙江绍兴人，1898 年考入南京陆师学堂附设之矿路（务）学堂，地质课程就是使用《地学浅释》，金石（矿物）课使用《金石识别》（1872）为课本。当时鲁迅对这门地质课程学习很认真很受启迪，还参加过句容县青龙镇煤矿井下实习，收集过一些矿物岩石标本。1901 年他以优异成绩毕业并获得“第一等”毕业文凭，地质学的成绩为八分七厘（最高分）。

由于他对《浅释》很有情感，特用工整小楷清抄一份，可贵的是将书中 71 幅精美插图一一摹仿下来集成专册，现保存在绍兴鲁迅博物馆珍藏。1986 年笔者利用在绍兴召开中国古生物学年会的机会特去博物馆查询，当时接待人员称“确有此抄本”列入“特殊珍藏品”，不得借阅。正是由于鲁迅熟读过《浅释》受启迪和影响愈深。

1902年与其同窗好友芮石臣（顾琅）同乘日轮东渡日本，原拟进东京帝国大学地质学系专修地质，因故未成，改入仙台医学院。顾琅则进入帝国大学地质系获得理学学士学位。

1903年鲁迅依照学习时的地质基础以“索子”笔名发表了有影响的《中国地质略论》（在日本出版的《浙江潮》第八期上发表），这是中国学者撰写的最早的一篇地质学综述性论文，不仅内容丰富而政治思想性极强。文中讴歌了祖国秀丽山河、丰富宝藏，充满了爱祖激情，同时也充满了反帝反封建、反腐败军阀的最强激情。针对满清政府媚外卖国政策大声疾呼“引狼入室”“埱楚鱼肉”痛心疾首，文中还号召“豪侠之士”“奋袂而起。”

值得提及的是在中国地质事业发展上也有很大的推动作用，像有关地质地层时代用语从这篇论文开始基本上采用了与现代相同的术语。

1906年7月鲁迅与顧琅合编《中国矿产志》，由上海普及书局出版。他们收集了日本和西方各国几十种地质矿产资料，也参阅18个省区域志，经过精心编辑而成。全书共分导言4章、本言18章，书中还附有一张精美的《地质矿产分布图》。

这幅原属于日本地质矿山调查局秘本，他们急转借摹绘放大12倍翻拍制版献给祖国。这幅图成图过程中日本除派人来华勘探收集大量资料之外，采纳了德国地质地理学家李希霍芬在中国的资料《中国》以及美国地质学家彭拜来所制的《清国主要矿产分布》一书中的资料，由于这幅图很有参考价值故“彼邦”视此图若枕中鸿毛，藏之内俯不许出版，他们急转摹绘后精美绝伦，较原本犹为加详，称为我国地图之冠。书出版后风靡一时，正像书中原驻日本公使馆参赞上海复旦公学校长马良（相伯）在“序”中所述：“ 顾、周两君学矿多年颇有心得，概祖国地大物博之会稽爰著《中国矿产志》一册，罗列全国矿产之所在，注之以图陈之以论，使我国民深意国产之所自有，以为后日开采之计，致富之源强国之本，不致家藏货宝为他人所掠夺，用心至深且虑至切决非旦夕之功所能致”。

1910年《地学杂志》也盛赞该书是：“搜集宏富记载精确……实吾国矿业空前之作”。清政府工商部门及学部批准定为中学堂参考书及“国民必读”

之书。（从一些资料反映此书主要是顾琅撰写，鲁迅作了文字修饰与加工）顾琅和鲁迅能在早期撰成这篇有影响的论文正反映出他在青年学生时代认真而系统的学习《浅释》理论知识心得的发挥和运用，特别是莱伊尔在《浅释》中阐述的进化论思想的影响。由于鲁迅积极参加倡导科学与民主的反帝反封建新文化运动而成为新文化运动的旗手。

1921 年以后他接触了马克思主义理论，在上海认真学习和研究。1936 年参加中国自由运动大同盟、中国左翼作家联盟，同国民党反动派御用文人进行了不懈的斗争并响应中国共产党的号召也积极参加文化界的抗日民族统一战线，成为具有共产主义思想的伟大革命战士！

四、《地学浅释》的译者及译文质量

晚清徐维则和顾燮光所辑之《新增版东西学书录》（1898）中称赞《地学浅释》“是书透发至理，言浅事显且译笔雅洁，勘称善本”。

《浅释》中的理论确实“透发至理”，还像恩格斯在《自然辩证法》导言中所示：“……第一次破天荒把理性带入了地质学中”使地质学成为近代自然科学之林的独立学科，但说“译笔雅洁”却不敢苟同，认为尚值得讨论。

《浅释》的两位译者：美国传教医生玛高温（D. J. MacGowan，1814－1893），于 1843 年来华，早期曾在宁波传教，开办学校，创办《中外新报》等活动。1861 年返回美国时带去一块“宁波石”镶嵌在美国华盛顿纪念碑第 10 层西墙上。1998 年 6 月 29 日，美国总统克林顿在北京大学讲演时特别讲述了这个故事。玛高温于 1865 年重回中国。他基本上不精通汉语，地质知识也不高深，翻译过程中常有“卡壳”而中断或以手势来表达或有词不达意之尴尬。

华蘅芳（1833—1902）江苏金匮（今无锡）人，自幼皓爱数学，系统学习过中国传统数学，对数学造诣很深，在各学堂从事过数学教学，著有一批数学论著。在江南制造局翻译馆时从事西方近代科技书籍的翻译，为中国科技启蒙、发展做过大量有益的工作。他虽然学识渊博但既不通达西文（英文）又无地质学的基础训练，而《浅释》书中所论又都是近代地质学具有创新性的理论和深邃思想，这就像他在序中所叙：“惟余於西国文字未能通晓，玛君於中土之学又不甚周知，而书中名目之繁头绪之多其所论之事迹每离奇恍惚；迴出於寻常意计之外，而文理词句有颠倒重复而不易明，往往观其面色视其手势而欲以笔墨达之，岂不难哉！“译至十七卷忽患血痢之症……气息恹恹无复人色……故请友人代之，皆以言语支离猝不易解为辞，则心俞憂而病愈剧……于是乞假而归，调治数月，又扶病而出……半年以后渐能从事笔札……余乃将以下各卷次第译出，又令人誊写楷书，始得卒业……余之精力已大衰矣……其中各物之图又工细无比，精于绘事者，莫不望之却步。……计自绘图发刻以至工峻又阅两年矣，此书之成其难也……。同治十二年三月十五日金匮（今无锡）华蘅芳序于江南制造局之译馆。”

由上序所述译书的艰苦过程和毅力令人敬仰，确实是一桩开创性的工作，在译书过程华氏独潜宴萦洞烛局鈅创译了许多地质新术语。但书中也有钩辀诘屈难解之处，特别是文生意涩似读天书一般，诸如：僵石（即化石）、镕结石（即岩浆岩）、热变石（即变质岩）等尤其是地质地层年代多采用译音方式诸如 pliocene 译成沛育新（即上世纪），Miocene 译成埋育新（即中新世），Eocene 译作育新（即始新世），Chalk 译作茶而刻（即白垩系），Jurassic 译成求拉昔克（侏罗系），Triassic 译作脱来约斯（即三叠系），Perman 译成泼而弥安（即二叠系），Devonian 译作提符尼安（即泥盆系），Carbceuiferous 译作可而美什（即石炭系）则是 Coal measures 的音译，Silurian 译作西罗里安（即志留系），Cambrian 译作勘孛里安（即寒武系）等，这就增加了一般人阅读的难度，显得文章结构生涩难懂。因而有学者评论说“译笔雅洁”似有不确。当然笔者不是要指责《浅释》译文质量低下，而充分体谅到当时译书工作条件所限，他们已尽到了力所能及的努力才得以使这部经典世界名著译出问世，这不仅仅为中国引进传播了近代地质学的理论知识和近代地质思想，也启迪和诱发了晚清时代的有志之士走向维新变法的革新之路，甚至像伟大爱国志士谭嗣同等“戊戌六君子”舍身救国慷慨就义，令人可敬可佩！

（本文发表在《国土资源》，2007 年 9 月 15 日，收入中国地质学史专业委员会主编之《地质学史论丛》（5），2009 年，中国大地出版社）

丁文江在新文化运动中是科学派的主将

丁文江

丁文江是一位有作为、有成就、有贡献的“多维”科学家，说他是卓越的地质学家、中国地质事业的创建者之一，在学术界，特别是在地学界早已有共识，而在“五·四”新文化运动中，一场“科学与玄学论战”中，作为科学派的主将却鲜为人知，今值丁文江先生诞辰120周年之际，笔者根据个人所掌握的部分史料，作简要的介绍，不当之处，敬请指正！

一、生平简述

丁文江（1887—1936）江苏泰兴人，号在君，人称现代的“徐霞客”，1892年5岁进私塾馆，“寓目成诵”，读《四史》、《资治通鉴》等古籍，喜爱诗词，自幼受到良好的中国传统教育，拥有深邃而雄厚的中国传统文化底蕴。10岁时作《汉高祖、明太祖优劣论》，深受老师的赞赏，15岁考秀才，一篇《汉武帝通西南（夷）论》博得知县龙璋的欣赏，收为门下弟子。

1902年劝送其赴日本留学，在日本曾主编《江苏》杂志，宣传复兴中国，倡导革新，抨击孔儒教育，提倡妇女解放；

1904年在吴稚晖劝导下，由康有为资助，离日赴英，到达爱丁堡；

1906年，年仅19岁考入剑桥大学；

1908 年考入格拉斯哥大学，学习动物学和地质学，1911 年获得双科学位后回国；

1911 年在北京参加了中国历史上最后一班科举进士考试，获得“格致科进士”；

1912 年在上海南洋中学任教；

1913 年任北洋政府工商部矿政司地质科科长，兼任地质研究所所长；撰写《工商部试办地质调查说明书》，倡议设置地质研究所，成为中国培养第一代地质学家的摇篮，意义深远；

1916 年任地质调查所长；

1925 年赴上海出任淞沪总办，虽仅 8 个月，这对他后来的科学家的形象有一定损害；

1931 年被聘为北京大学地质系研究教授，讲授《地质学通论》。

二、煌辉业绩

1. 打开中国地质调查事业的序幕

1911 年从英国回归途中，经海防登陆，换乘滇越铁路火车入云南昆明，取道黔湘驿道入贵州，沿途进行了艰苦的地质调查，开创了中国用近代地质方法进行地质考察的先河，考察中看到黔民生活困苦，十分感触作诗一首，题为《黔民谣》；

1913 年同德国梭尔格、王锡宾赴太行山区进行地质考察，并对正太铁路沿线附近地质作了系统调查，撰成《调查正太路附近地质矿务报告》；

1914 年再度去云南东部、北部作地质考察，历时 200 余天，重点调查了个旧锡矿和东川铜矿，测得《个旧附近地质总图》等，发表《云南东川铜矿》、《云南个旧附近地质矿物报告》等；

1914 年为研究所 22 位学员开设了古生物学课程，带领学员分期分批赴北京西山附近及河北、山东、陕西等地进行地质实习和考察，开创了在中国古生物学教学的先河；

1915 年在北京西山及其附近地区、山西、河北等地进行地质调查，重点是山西、河北地区的煤田；

1916年赴皖南和浙西一带进行地质考察；

1917年赴河南、湖南、江西，主要调查萍乡煤矿和上株岭铁矿（见《中国铁矿志》）；

1916年以他为所长的地质研究所22名学员毕业，充实了中国地质调查所，从而拉开了中国地质调查的序幕；

1917年赴皖南、浙西进行地质调查；

1918年随梁启超赴欧洲考察，并出席巴黎和会，同时也考察了一些国家的地质设施；

1918年再赴山西大同地质矿产调查；

1919年发表《中国之矿产》、《扬子江下游的地质》，文中对长江下游的地层作了分区，对江南山岭的地质构造与秦岭、南岭构造之间的关系作了论述，同时还探讨了各自间的特殊结构和地壳运动的时代；

1928年受铁道部的委托，赴广西进行川广铁路线踏勘与沿线地质矿产考察；

1929年春，组建了一支以他为总指挥的考察队，再度赴西南边陲地区进行地质考察，考察内容包括地质、地理、矿产、人种等五大学科，考察路线和环境十分艰苦，基本是高山峻岭、原始森林，在考察期间，他的得意门生赵亚曾遇害殉职，深感悲痛，撰有《挽赵予人》七律，1930年返回北京，结束西南的考察；

1935年12月为政府实施紧急矿藏勘探计划，特别是调查粤汉铁路沿线煤矿，到达湖南境内进行地质考察，连续野外工作劳累，在衡阳殉职，年仅49岁。

2. 创建或参与创建发展中国地质事业的摇篮

1913年出任北洋政府矿政司地质科科长（中国第一个地质行政机构）；同时担任地质调查所所长，撰成《工商部试办地质调查说明书》，同年与章鸿钊等共同创建培养第一批中国地质学家的机构——地质研究所，并兼所长；

1913年被聘为中国地学会评议员，并作《滇黔地质》学术报告；1923年并担任该会会长；

1918年初，在欧洲会见了李四光，希望学成归国，不久李先生就收到北大校长蔡元培的聘书，回国后重建了北大地质系；

1920 年访美期间，受北京大学校长蔡元培之托，聘请美国哥伦比亚大学著名地质古生物学家葛利普教授来北大主持古生物学教学和研究工作，正是由于葛的来华，培养出一批中国著名古生物学家，诸如孙云铸、尹赞勋等；

1922 年参与中国地质学会的筹建和成立，为《中国地质学会会志》撰写题为《中国地质学会组织历史》的发刊词，并发表《中国地质学会的目的》，两届当选为理事长；

1923 年发起和筹建中国古物研究社，其中还有张元济、罗振玉、张学良、章鸿钊、梁启超、翁文灏等；

1929 年 8 月参与中国古生物学会创立大会，参加大会的还有孙云铸、俞建章等；

1929 年兼任地质调查所新生代研究室名誉主任；

1934 年 3 月，参与中国地理学会筹备，汇聚了学界名流，其中有：翁文灏、李四光、竺可桢、谢家荣、叶良辅、张其昀、顾颉刚、谭其骧等，相继创立地质陈列馆（博物馆）和地质图书馆等。

3. 主要论著（仅列地质学有关的）

1914 年发表《调查正太铁路附近地质矿务报告书》，与梭尔格（Solger）、王希宾合著；

1915 年发表《云南东川铜矿》（英文），《远东时报》；

1916 年发表《中国之煤矿》（英文），《远东时报》；

1919 年发表《扬子江下游之地质》（英文），《太湖流域水利季刊》；《中国之矿产》（英文），《远东时报》；

1921 年《第一次中国矿业纪要》，与翁文灏合著；

1922 年在比利时召开的第 13 届国际地质大会上，提交了题为《滇东的地质构造》论文，文中把滇东地区划分为 9 个构造单元，并论其各自的构造特点；

1922 年发表《中国地质学会组织历史》，《中国地质学会会志》发刊词；《京兆昌平县西湖村锰矿》，《地质汇报》4 号；

1923 年发表《重演印“天工开物”始末记》，《努力周刊》；

1923 年参与了“玄学与科学”的论战，以 4 篇《科学与人生观》宏论，战胜玄学派，并宣传和捍卫了科学思想和科学精神，倡导了科学方法，而成为科学派的主将。同年，发表《五十年来中国之矿业》；

1924 年发表《中国地质工作者之培养》，在中国地质学会第 2 届年会上的报告；

1926 年在《小说月刊》上介绍《徐霞客游记》一书，内容主要是：游历的目的、路线、发现及其文学和科学的价值等；

1927 年主编《徐霞客游记》，并新编一本地图集，借以按图证书。其所附《徐霞客年谱》，具有荜路蓝缕之功，曾得到胡适、梁任公等的帮助；

1928 年《中国官办矿业史料》由地质调查所印行；

1929 年发表《中国造山运动》，文中阐述了对中国造山运动的分期观点，即：广西运动、海西运动和燕山运动，《中国地质会志》，第 8 卷；

1931 年发表《丰宁纪的分层》，《中国地质学会会志》第 10 卷；

1931 年发表《中国地质学者之责任》，《北京大学地质研究会会刊》；

1931 年发表《川广铁道路线初勘报告录》，与曾世英合著，《地质专报》；

1932 年发表《丁氏及谢氏石燕宽高率差之统计研究》,《中国地质学会会志》第 11 卷；

1932 年发表《漫游散记》，《独立评论》上连载，记述了他 20 年间、遍及 22 省区的地质的、地理的考察，包括云、贵、川、桂、太行山、燕山等；

1933 年 6 月赴美，代表政府和中国地质学会参加在华盛顿召开的第 16 届国际地质大会，会上提交了与葛利普合著的《中国之二叠纪及其在二叠纪地层分类上之意义》及《中国之石炭纪及其在密西西比与本薛文尼二系地层分类上之意义》论文报告；会议期间还代表我国出席国际古生物学联合会筹备会，当选为筹备委员；会后赴英国、瑞典、瑞士访问。8 月底，到达苏联莫斯科，受到苏联科学院及地质矿产测勘研究所的接待，曾到巴库油田等地参观访问，留下深刻印象和赞美，对其政治思想均有颇大影响；

1934 年发表《苏俄旅行记》和《苏联南部油田地质》，《独立评论》上连续刊登十余篇，苏联地质科学的成就，影响深远；

1933 年丁文江、翁文灏、曾世英合编《中华民国新地图》和《中国分省新地图》，由申报馆出版，得到高度评价，被称之为“国内地图革新之第一声”。

4. 在中央研究院的贡献

1934 年接受蔡元培的邀请，出任中央研究院总干事，是一位实际的行政首脑，尤其是受苏联科学成就的影响，他以富有雄心壮志改革者姿态进入研究院，首先建立评议会，基金保管委员会等，并试图把全国科学研究力量集中于研究院，因而曾激起科学界的一场风波。关于丁文江在中央研究院工作成就，将有专文另行表述，这里主要列举以下有关文献可供参阅：

（1）蔡元培《丁在君先生对中央研究院之贡献》，《独立评论》，188 号；

（2）朱家骅《丁文江与中央研究院》，《中央研究院院刊》第 3 集；

（3）李 济《对丁文江提倡的科学研究几段回忆》，《中央研究院院刊》；

（4）葛利普《丁文江先生与中国科学之发展》；

（5）丁文江《中央研究院的使命》，《东方杂志》第 32 卷第 2 卷；

（6）丁文江《科学化的建设》，《独立评论》第 151 号；

（7）丁文江《中国中央研究院之科学工作》，英国《自然》周刊；

（8）丁文江《中国现代科学》，（Modern Science in China）第 133 页；

（9）丁文江《我国科学研究事业》；

从文献中，可以了解到他的科学观和科学思想、科学方法论以及他在中央研究院的贡献。

三、科学与玄学论战始末

正值“五四”新文化运动风起云涌之际，一场宣扬科学思想和科学精神的“玄学与科学”的论战掀起高潮：论战的主题是科学与人生观的关系问题。

1923 年 2 月 14 日，清华大学教授张君劢（1887—1969）为出国留学生做学术报告，后公开发表《科学与人生观》，其基本观点是：

（1）科学是客观的，人生观则是主观的；

（2）科学可从分析方法下手，而人生观则是综合的；

（3）科学为理论（逻辑）方法支配，而人生观起于自觉；

（4）科学为因果律所支配，而人生观则为自由意志；

（5）科学起于对象之相同对象，而人生观起于人格之单一性；

总之，强调人生观的中心是自我，与之相对者为“非我”，科学有一套推理方法，人生观起于直觉，科学为因果规律所支配，人有自由意志、单一性、良心自动，其结论是科学对人生观没有意义，不能解决人生观问题。

张君劢的文章发表后，4月12日他的挚友丁文江在《努力周刊》（第48、49期）发表《玄学与科学——评张君劢的人生观》的批评文章，文中就上述玄学五个观点，逐项论述和批驳，其结论是：人生的、心理上的问题，也是科学研究对象，心理上的内容，包含心理现象、人的感情，都逃不出科学的范畴。科学的目的，就是废除个人主观成见，科学的理性能解决人的感情问题，进而肯定科学、科学的方法能用于建立科学的人生观，能解决人生观问题，那就是人类应该用科学的原则支配自己的人生观，认为科学不外是将事物分门别类，求它们的秩序，然后概括为科学的公例，“……，而科学上的公例随着新的发现不断变更，光学、牛顿力学在发展，时空观念在变化，进化论本身也在进化……”，肯定心理现象也是科学内容，同样遵循某种客观规律在运动着、发展着；文中自然也涉及了精神与物质问题的讨论。

紧接着，张君劢在《晨报副刊》发表了《再论人生观与科学并答丁在君》（上、中、下），文中除再次阐述玄学观点外，着重对丁文江等科学派的“科学万能论”从知识论角度进行了反驳，指责丁“中了迷信科学的毒”，认为科学与人生观分属不同世界，科学只能在物质世界起作用，不能在精神世界起作用，并责之为“机械主义”。人生问题是复杂的，没有统一标准的，没有因果可循，“故天下古今之最不统一者，莫若人生观”。认为人的内在精神活动是变动不定的、自由创造的，作为以物质世界为研究对象的科学方法是不能作用其上的。科学的罗辑方法和因果规律都不能施用于人生观问题，基本否定了科学派主张的科学基础原理和科学方法的普遍性。张君劢强调说：“国人迷信科学，以科学为无所不能，无所不知”，运用最新的实验心理学和生命哲学理论，指出人的心理、情感和意志的特殊性。

张君劢曾随同梁启超去过欧洲考察，接受了当时欧洲超人哲学对西方文明的批判观点，依这种论调，作为反击科学派人生观的思想武器。

此时，玄学与科学的论战，引起社会上的广泛的关注，梁启超于5月5日发表了《关于玄学科学论战之“战时国际公法”——暂时局外中立人梁启超宣言》，5 月 23 日发表之《人生观与科学——张丁论战的批评》，基本上是倾向于玄学观点，又以各打五十大板形式。

胡适 5 月 11 日在《努力周刊》上发表《孙行者与张君劢》。我国地质事业创始者之一，章演存（章鸿钊）在《努力周刊》上发表了《张君劢主张人生观对科学的五点疑点》，有力地支持科学派的论点。

5 月 30 日丁文江再次在《努力周刊》上发表《玄学与科学——答张君劢》，全面驳斥张君劢对科学人生观点质疑，并对反驳其科学万能论的观点，再次指出玄学从形而上学关照人生观，认同传统儒学，倡导生命哲学加上新宋学的复兴，这时论战已进入炽热阶段。

张君劢在中国大学演讲，题为《科学的评价》，对丁文江所述科学支配人生观的论点再予以反驳，并说："科学解决问题也是有限的……"。6 月 5 日，丁文江在《努力周刊》上发表《玄学与科学讨论的余兴》，文中强调科学追求客观真理，严肃认真地批判了玄学的本体论，以及与人生观无关的观点，提出玄学是从柏格森的玄学脱胎而出，援引罗素的哲学理念，加以澄清。

支持科学派的除胡适、章演存（章鸿钊）外，还有：

（1）任叔永《人生观的科学或科学的人生观》，《努力周刊》1923 年 5 月；

（2）朱经农《读张君劢论人生观与科学的两篇文章后所发生的疑问》，《努力周刊》1923 年 5 月；

（3）心理学家唐钺则连续发表多篇论文，其中有《玄学与科学论争所给的暗示》、《一个痴人的说梦——情感真是超科学的吗？》、《科学的范畴》、《读了〈评所谓"科学与玄学之争"〉》、《哲学者之眼中钉》等；

（4）陈独秀《科学与人生观·序》，上海亚东图书馆，1924 年；

（5）谢国馨《评吴稚晖的人生观》，1924 年 1 月 18 日，《学灯》；

（6）王星拱（1887—1949）《科学与人生观》、《什么是科学方法》，主张科学能解决人生观问题。

支持玄学学派者有：

（1）吴稚晖《箴评八股化之科学》，《晨报副刊》；

（2）张东荪《劳而无功——评丁在君先生口中的科学》；

（3）菊农《人格与教育》，《晨报副刊》；

（4）陆志伟《“死狗”的心理学》；

（5）林宰平《读丁在君先生的“玄学与人生观“》，抨击丁的科学主义；

（6）甘蟄仙《人生观与知识论》；

论战涉及学界各个层面，马克思主义先驱者也都参与了论战，对科学与玄学作了更为精辟的论述，其中有：

（1）瞿秋白1923年6月15日以“屈维它”署名，在《新青年》上发表《东方文化与世界文化》，同年11月24日在《新青年》上发表《自由世界与必然世界——驳张君劢》，1924年8月1日在《新青年》上发表《实验主义与革命哲学——驳胡适》；

（2）邓中夏1923年11月13日在《新青年》上发表《中国现在的思想界》，1924年1月26日《新青年》上发表《思想界的联合战线问题》；

（3）萧楚女（署名萧初玉）于1924年7月29日在《新建设》上发表《国民党与最近国内思想界》；

（4）陈独秀1923年12月9日发表《答适之》，文中指出胡适是多元论者，对他的实用主义哲学观点作了评述，1923年11月23日并为《科学与人生观》一书作“序”，主张用唯物主义史观作为人生观的理论之基础。

其他学界重要文章有：

（5）胡适1923年11月29日为《科学与人生观》一书作“序”，随之，胡适发表《答陈独秀先生》；

（6）哲学界蔡元培1923年12月在《最近五十年》中发表《五十年来中国之哲学》，提出以美育代替宗教信仰；

（7）冯友兰发表《一种人生观》；

（8）梁启超1924年12月以后发表《非“唯”》。

科学派最主要的观点是以科学作为人生观点理论基础，认为科学中内含的认识方法和思维方式，可以改变中国人的思想观念和信仰方式，科学作为一种普遍地价值规范、法则，应用到社会生活的各个领域。科学学派获得多数学者基本认同。

玄学派代表人物张君劢在为《人生观之论战》一书“序”中仍坚持唯心主义观点，在十年后，发表《人生观论战之回顾》一文，其中解释说：“我当时脑子里所有的‘科学’二字，实在是指自然科学，不是指全部科学，因为自然界才能同人生观对立起来说。”他修正地说：“科学的本身，就是知识，知识的对象有两种：（1）自然界；（2）人生；科学这件事，是关于自然界及人类社会的知识。”“……科学是可以研究人生问题或社会问题的，但……有个人问题，……有意志问题……不是查出公例”，最后，他依然认为：“科学应该是自然科学，亦即是以自然界为研究对象”。

论战的后期，中国倡导马克思主义先驱者也相继发表论文，对两派的论点，分别作了评论：

（1）1923年11月13日，陈独秀在《科学与人生观》一书作“序”中，主张用唯物史观作为人生观之理论基础，其观点是：“我们相信，只有客观的物质原因可以变动社会，可以解释历史，可以支配人生观，这就是‘唯物史观’，在这个问题上，丁文江、胡适都不彻底”。认为科学派丁文江、胡适是多元论，对胡适的实用主义哲学观点作了评述，胡适11月29日发表《答陈独秀先生》，12月9日陈独秀发表《答适之》。

（2）瞿秋白1923年11月24日在《新青年》上发表《自由世界与必然世界——驳张君劢》，精辟地揭露了玄学派的唯心主义思潮。

（3）1924年8月1日，陈独秀在《新青年》上发表《答张君劢与梁任公》。

（4）1924年8月1日，瞿秋白在《新青年》上发表《实验主义与革命哲学——驳胡适之》。

论战一年后，梁启超发表《非“唯”》，文中批驳唯物主义，他认为：“人生是最复杂的、最矛盾的，……真理不能用‘唯’字表现的，……凡讲‘唯什么的’都不是真理”，坚持心物二元论，批评陈独秀提出的机械主义人生观“……会导致命定论……”。陈独秀多次在上述文章中，强调“用唯物史观作为人生观论之基础”。

“玄学与科学”的论战，最终以玄学的失败而告终，反映这次学术论战基本内容，有两派各出版一本文集，以科学派主编的《科学与人生观》，由胡适、陈独秀作“序”，以玄学派主编的《人生观之论战》，由张君劢作“序”。

近年来，一些学者对玄学与科学论战提出新的评论，认为：这次论战基本上只是在上层人士中倡导科学思想、宣扬科学精神和科学方法，试图建立科学的人生观，但并没有扎根于人民大众之中，受到颇大局限性，没有形成推动科学发展和社会发展的力量，特别是科学派虽然取得论战的胜利，而科学派重要人物的科学观，也深受他们自身的实验主义、实证主义、实用主义和经验论影响，诸如像胡适在哲学上的传统思想的影响，以科学实证为核心的现代理性思维方式，给“大胆用心求证”蒙上一层马赫主义和实用主义色彩。

关于胡适、丁文江的马赫主义思想，20 世纪 90 年代中，在全国地学哲学委员会以及自然辩证法研究会学术年会期间，曾两度请教过著名理论家于光远、龚育之等教授，他们共同认为即使有马赫主义色彩，也不能一概抹掉当时科学派宣扬科学思想，提倡科学精神和科学方法的光彩，在当时中国科学处于萌芽阶段，宣扬科学思想和科学精神，倡导科学方法是主流，是有其积极影响和作用，应予以肯定。

他还引述了当年马克思主义理论家艾思奇在 50 年代批判胡适运动初期，评论过胡适这篇对科学的人生观的文章，认为该文是确能表明胡适有过自然科学唯物主义光彩。

龚育之在《对新世纪科技发展的人文思考》一文中指出：“科学派的代表人物丁文江和胡适，试图列出一系列基本观点来描绘他所主张的科学人生观。……不管胡适和丁文江的科学观，有着多少可以和应该批评的地方，我认为这是中国思想界的一次进步，而没有理由把它评价为该谴责的‘科学主义’统治的滥觞”。

在文章的脚注中还着重地做了说明：“他们的科学观，特别是丁文江的科学观，本来带有自然科学唯物主义性质，到哲学层次上却同实用主义和马赫主义搞到一起了。批判胡适运动的那个时候，马克思主义工作者们大都对实用主义和马赫主义取全盘否定态度，所以那时丁文江、胡适在这场论战中的维护科学的光彩，也被抹掉了。……现在人们当然不再采取这种简单的态度来对待实用主义和马赫主义、对待胡适和丁文江了”。

有人问我，张君劢何许人也？

（1）张君劢（1887—1969）早年入日本早稻田大学学习法律与政治，后留德改学哲学，曾为北京大学、燕京大学教授。1923 年因发表《人生观》等文，掀起了一场玄学与科学的论战。他曾是国民党参政员，起草过《中华民国宪法》

等。梁启超、张君劢同去欧洲考察，接受了当时欧洲的超人哲学和生命哲学对西方文明的批评论点，并作为反对科学派人生观的思想武器。

张君劢在《人生观之论战（序）》中，坚持多元论历史观，反驳陈独秀的唯物史观一元论，坚持"社会变迁"是"人类之自由意志为主原理精神、立法的理论基础"，提出人生观的轮廓，"非科学公例所能一律相绳。"。

（2）梁启超（1873—1929）举人出身，清末参与维新变法，1895年随同康有为发动"公车上书"，1896年发表《变法通议》，是有名的近代资产阶级改良主义者。参与了论战，在一年后（1924），发表《非唯》，批驳唯物主义，他认为："人生是最复杂的，最矛盾的，真理是不能用"唯"字表现的，凡讲'唯什么'都不是真理"。坚持心物二元论，指出陈独秀提出机械的人生观"……会导致命定论"；值得提及的是梁启超在科学与人生观的论战中还以欧战造成的破坏来说明"科学万能论"的破产。但，不能忽略，他对中国的社会变革和科学启蒙都有一定影响。

有的学者提出：胡适以科学的原理、精神和方法为理论基础，提出了科学人生观的大体轮廓，马克思主义派的陈独秀主张用"唯物史观"作为人生观的理论基础。

玄学派对科学派"科学万能论"的批评，最主要的论点就是科学不能解决人生观问题，科学与人生观分属不同的世界，科学只能在物质世界起作用不能在精神世界起作用。

玄学派批评马克思主义者的唯物史观一元论，唯物史观解释世界是物质的，物质是第一性的，精神是第二性的。

陈独秀的答辩是坚持物质一元论，反对心物二元论，这是针对梁启超的"非唯"论点而言。认为哲学上对于宇宙观和人生观，向来分为物质一元论和精神一元论，不存在什么二元论说。

陈独秀、胡适等人正是以科学、理性知识，批评宗教迷信和偶像崇拜，有利于人的主体性确立。陈独秀提出以科学代替宗教成为人生新信仰的主张。蔡元培提出以美育代替宗教。梁漱溟提出中国文化的特点是礼乐代宗教（道德）。胡适提出宗教"人化"的见解，即"自然主义的人生观"。冯友兰提出用哲学代替宗教。

科玄论战是“科学代宗教”的重要阶段。

梁漱溟说：“科学是知识，宗教是行为，知识不能变更我们的行为，行为是出于情态的。”

马克思主义唯物主义史观解释世界及万物本源，强调世界本源是物质的，物质是第一性，精神是第二性的，唯物史观，正是一元论者。

据《光明日报》发表的《“科玄论战”对中国文化哲学的影响》一文指出：陈独秀、瞿秋白在这场论战中对科学主义思潮的支持、对唯物史观的科学化的理解、对形而上学的拒斥，构成了中国人接受马克思主义哲学的一种无法剔除的解释背景。

“五·四”新文化运动的精神，是科学精神、民主精神、爱国精神三位一体的体现，首先是破除封建迷信和蒙昧主义，启迪中国新文化思潮，用理性的态度和科学的方法认识自然、认识社会、认识自身，摈弃旧的“忠君报国”的伦理道德观，发扬光大中华民族的爱国传统。

（本文发表在《国土资源》，2008年4月15日，收入中国地质学史专业委员会主编之《地质学史论丛》，2009年，中国大地出版社）

地球科学的国际合作

进入20世纪的地质学，由于先进科学技术迅速发展和运用，相邻学科的相互渗透与杂交，相关科学家的学术交流、合作，探索与验证地质综合体物质赋存形式、结构及其运动形态不断深化，新兴学科的不断涌现，人类对地球、地壳、地幔物质及其运动的认识，无论从宏观上，抑或是微观上，都达到了揭开地球奥秘的新阶段。大陆漂移学说是20世纪地质科学发展的“里程碑”，地球科学国际合作的实施是揭开地球科学新理论的“金钥匙”。

一、国际地球物理年（1957—1958）的实施为大陆漂移说的“复活”奠定了理论基础

50年代中期，由国际科协（ICSU）组织动员多学科大批学者参加的“国际物理地球年”，经过18个月的极地、冰川地带、海洋、沙漠等地球表面特殊地域的考察，取得了天文学、重力测量、太阳辐射、气象学、极地磁场、海底地貌、海底构造、海陆过渡带等新资料。获得新认识。1957年英国学者布莱凯特和兰康，首先发现地球史上磁极漂移与倒转，并有规律的偏差，建立起古地磁学理论与方法。

进入60年代美国地质学家赫斯发现了海底顶山系，进而提出了大洋中脊理论，并在《海底历史》一文中论证了英国地球物理学家A. 霍姆斯提出地幔对流理论，为海底扩张理论提供了科学论证。

美国海洋学家荻茨，提出了海底扩张理论，这些新资料、新理论为大陆漂

移说的“复活”提供科学的依据。

我国成立有中国委员会，中国科学院气象研究所朱岗昆等参加了东欧区的总结活动。

二、国际地壳上地幔计划（1963—1971）

主题是研究地球深部地质作用，为大陆漂移说的力源及机理作出更深层次的论证，动员多学科科学家近万人，历时9年，取得颇大成就。诸如地下热流、近地表运动学、山脉海沟、大洋裂谷、震源机制等；测得地幔下部转换层高温高压实验数据，诞生了地幔矿物学以及流变理论等。

1964年美国地球物理学家考克斯建立起450万年地磁两极年表，340万年磁场反向年代表；1965年加拿大地球物理学家威尔逊建立起转换断层新类型之大洋演化模式，1968年海茨勒作出了7600万年的171次磁场反向时间表，为海底扩张理论做出新的论断，并为板块构造理论的形成，提供科学依据。

其间爱德华·布拉、霍斯帕、摩拉斯·尤因、布鲁斯·黑森、瓦因、马修斯等的研究成就，对大陆漂移说的“复活”及板块构造理论的形成，都有重要贡献。

值得提及的是，70年代初期，中国科学院地学部曾制定了中国上地幔研究计划，开展深部地质研究（青藏高原区），开创上地幔研究的示范区。

威尔逊最早使用“板块构造地质”术语和概念，在《大陆漂移与大陆固定》一书中阐述了板块构造理论原理，及其对地质科学的影响，并高度赞扬了板块构造理论的重大意义。

美国地球物理学家摩根在学术报告中勾画出现代板块构造理论结构与框架，借助球面几何学原理（欧拉定理）探索其相对运动，并得出其运动规律。

法国地球物理学家来毕顺根据上述各家理论论证，在其著名论文《海底扩张和大陆漂移》一文中，把整个地球岩石圈划分为六大板块，即太平洋板块、亚欧板块、印度板块、非洲板块、美洲板块以及南极板块。同时算出六大板块相对运动旋转极和相对速率。1973年，算出消亡边界上运动向量达40余处，这就是原始板块构造地质格局。相继又得到艾萨克斯、宾克斯、麦肯齐、帕克的科学论证，特别是值提提及的是著名物理学家薛定谔和海森堡等以量子力学原理来论证板块构造地质力学机制。

板块构造理论的诞生，表明了地质学与地球物理学两大学科的相互依赖关系，把传统的基于自然现象平凡的解释而构于事实的研究，成为一门统一的科学，显示出令人振奋的强大生命力。但也有一部分著名科学家持有完全相反的论点，诸如美国地球物理学家杰弗瑞斯和前苏联大地构造学家别洛乌索夫等。

杰弗瑞斯 1976 年在名著《地球》第 6 版中，仍对地幔对流及海底扩张理论持质凝态度，而别洛乌索夫在 1970 年发表的《反对洋底扩张说》中，提出 13 条质疑；直到 1984 年，他以天山—喜马拉雅西端地震测量资料；再次提出板块构造理论的弱点和难题。

事实证明，板块构造理论，对板块移动的力学、躯动力机理，特别是对大陆板块动力学，尚需做出更科学的论证。

三、国际地球动力学计划（IGP）（1972—1977）

中心目的就是为板块构造理论，提供动力学的论证，具体论题是地球动力史，重点是地球深部运动力源，地幔对流动力学、机理，包括岩石圈运动及形变，诸如深部物质性质、相变、流变、物理场的研究等。

由于《计划》针对性很强，取得如期的成果，新的论证，推动了板块构造理论向纵深发展。

其不足之处，则多偏重于大洋板块构造动力学的研究，而对大陆板块物质增生和消减过程的动力机理，尚缺乏更令人信服的论证，从 70 年代末，板块构造理论研究才从海洋转向大陆，这一转折，人们称之为“板块构造理论登陆”。

四、国际岩石圈研究计划（20 世纪 80 年代）实施

《计划》分为两大部分，一是研究岩石圈的流动状态及各种地质作用，二是重建岩石圈的发展历史，共包括论题 15 项，诸如岩石圈和软流圈的构造组成，大陆—大洋的转化，板块运力及构进形变、岩石圈的起源与演化等。

在国际岩石圈计划实施中，同时还实施了全球地学大断面计划（GGT），我国及时成立了中国岩石圈计划委员会，参与了国际间的交流与合作，也积极参与了地学大断面计划，我国在1991年已正式出版两条大断面，即亚东—格尔木断面和满都断面，特别是格尔木—额济纳旗地学断面最具代表性，断面穿过青藏高原的昆仑山、柴达木盆地、祁连山和北山，经研究总结，发现青藏高原北部的动力边界在河西走廊的宽滩山断裂，在新资料的综合研究的基础上，建立了地球动力学模型，为探讨青藏高原隆升机理提供了更精确的论证，为大陆动力学研究作出了贡献，因而受到国际同行的高度赞誉。

《计划》实施虽取得了可喜的成果，诸如区域性深部结构资料、壳幔拆离、深大断裂等，也建立了大陆地震反射剖面、世界应力图、板内变形数据、原析成像等，但对“板块构造登陆”终还没获得突破性结论。80年代末，少数学者甚至对板块构造理论，在对大陆板块解释上，产生一定危机感。

五、大洋钻深国际合作计划，是在60年代末实施的《深海钻探计划》（BSDP）基础上扩展而来

众所周知，最早的海洋调查船是英国的“挑战者”号（1872—1876）拉开海洋调查的序幕，50—60年代美国“卡斯一号”钻探船钻深3560米水深的洋底，这在海洋史上被称之为“里程碑”，1968年美国的“格洛玛·挑战者”钻探船，在各大洋450个点上，完成近700个钻孔，取岩心50000米；1989年美国建造了“深海6500”机器人调查船，使深海钻探再向前推进一大步，据资料记录，截至1998年该《计划》已进行80多次深海钻探，取得大量科学资料和数据。

随着高新技术的发展，深海钻探相继研制出潜水器、海底电视、旁侧声呐、多波束声呐测深仪、常压载人深潜器等先进技术设备和装备，有力地推动了深海钻探工程。

我国1998年4月正式加入合作计划，并成立了“中国大洋钻探学术委员会”，以“决心号”考察船完成了《东亚季风历史在南海的记录及其全球气候之影响》项目，取得的珍贵资料和成果，证实了2000万年前中国地质和气候

史上曾发生过突变事件；同时还获得有关青藏高原隆升与亚洲季风的关系的新认识。

六、大陆科学钻探工程计划

近30年来，已有13个国家打了近百口科学钻探井，其中4000—5000米以上的深孔有20口，最深已达12000米超深井，但仅是地球半径的1/540，表明当前人类所能达到地球的深度仍然是有限的，对地球深部的研究任重道远。

1998年我国实施“伸入地球内部望远镜工程”，并专门成立了“大陆科学钻探工程中心”，选定江苏省连云港东海县境，靠近郯庐断裂带，此地被称之为“大陆动力学宝地”。

我国第一口大陆科学钻井，设计井深5000米，1998年9月工程正式启动，实施时间为期5年；还计划在青藏高原上钻一口10000米的超深井，将在2010年前实施。这将会对人类探索地球奥秘作出重要贡献。

七、大陆动力学研究计划

1989年，在板块构造理论对解决大陆地质显示乏力而产生危机时，提出实施“大陆动力学研究计划”，目的就是着重解决大陆行为、作用、历史和演化，试图建立大陆演化新模式，以大陆板块构造学、板内构造学新领域概念来丰富地球动力、大陆动力学的内涵。

进入90年代，美国实施了《1990—2020年大陆动力学计划》，取得阶段性成就，把大陆板块构造研究引入了一个新的高潮。

我国实施了“攀登计划”和“跨世纪攻关项目”，获得了大量成果，发表一大批论著，编成《中国岩石圈动力学纲要》、《中国岩石圈动力学》等，深受国际称赞。

1996年第30届国际地质大会（IGC）在北京召开，并以“大陆地质”为主题，充分显示出我国在这个领域内的雄厚实力和深远影响。

我国地质学家肖序常院士在主题报告会上作了《青藏高原构造演化和隆起

机制》，提出了青藏高原是多块体、多期性、多层次、多因素的隆起模式，这已把区域性研究进入全球性研究阶段，由形象思维进入抽象思维的理论总结阶段。由于研究区早已成为世界瞩目的、国际性协作模式区，成为全球构造带，大陆构造地质及其动力学研究的独特地质条件的热点区——“世界屋脊”、“地球的第三极”。权威学者们预测，青藏高原将是揭示大陆地质及其动力学、地球动力学“金钥匙”，也将是验证板块构造理论的“试金石”。

我国地球工作者，处于最优越的地理位置，“得天独厚”，在已取得的突破性进展的优势形势下，力争最终拿到这把“金钥匙”，为全球构造学理论的发展，为21世纪地球科学的繁荣，作出更大的贡献。

除上述列举者外，尚有诸如南极、北极科学考察国际合作项目等，而在综合性的国际合作项目中，70—80年代还实施了“国际地质对比活动”（IGCP），其计划项目已达170余论题，囊括了地球科学急待解决的前沿课题，参加这项计划的国家78~80个。1980年，我国也成立了“中华人民共和国国际地质对比计划国家委员会”，参与几十项研究课题，取得丰硕成果。

（本文发表在《科学新闻周刊》2005年第35期）

二　地学哲学

恩格斯关于地质学的论断

——为纪念恩格斯逝世 110 周年而作

恩格斯

恩格斯（1820—1895）是马克思主义创始人之一，科学社会主义奠基者，国际共产主义运动伟大导师。他的事绩与马克思（K. Marx，1818—1883）的革命实践活动及理论紧密结合，又密不可分，两人的思想和工作似水乳相融地交织在一起，又各有特点。他们共同创立了无产阶级科学世界观，共同撰写过指导国际无产阶级革命运动的许多纲领性文献，像对无产阶级革命运动有深远影响的、不朽名著《资本论》就是两人接力合作完成的，其中第二卷是在马克思逝世后，由恩格斯于 1885 年 7 月出版，第三卷是在 1894 年 12 月完成；还在 1848 年共同起草了《共产党宣言》。

恩格斯在哲学、经济学、自然科学等方面单独发表过一系列重要论著，《自然辩证法》、《反杜林论》以及《费尔巴哈和德国古典哲学的终结》等，就是其中重要部分，为纪念他逝世 110 周年，笔者依专业局限，特选以上所列书中有关地质学的论断，做片断而简要地论述，借以显露恩格斯为地质学的诞生、演变、发展所做的贡献。

一、生平与事绩

弗里德里希·恩格斯（Friedich Enges）1820年1月28日诞生于德国莱茵省巴门市的一个纺织厂主家庭。1837年底，中学未毕业就被父亲送去学习经商，由于中学是念的理科，具有良好的自学基础，业余勤奋刻苦自学，知识增长很快。1841—1842年旁听柏林大学哲学讲座，参加青年黑格尔派活动，尖锐批判了宣扬“天启哲学”的唯心主义哲学家谢林，揭露德国封建专制制度，成为一个坚定的革命民主主义者，后来，接受了费尔巴哈的唯物主义思想。1842年11月参加宪章派活动，并有机会研究历史、哲学、政治经济学和社会主义理论，开始从唯心主义向唯物主义，从革命民主主义向科学共产主义的转变。1846年同马克思创建共产主义通讯委员会，1847年参加正义者同盟，并接受起草《共产主义原则》，在此基础上，于1848年和马克思共同起草了光辉文献《共产党宣言》。

1948—1949年两度流亡瑞士并在爱北斐特参加武装起义，1850年侨居英国曼彻斯特，进行广泛的理论研究，包括军事学、语言学，特别是对自然辩证法作过深入的探讨，从1873—1883年的十年间，一直从事着这一课题的研究，拟定了《自然辩证法》写作提纲，完成了若干篇章“札记和片断”，为《自然辩证法》问世奠定了基础。值得提及的是，这期间专门利用两年时间（1876—1878）撰写成《欧根·杜林先生在科学中实行的变革》，即名著《反杜林论》。1886年发表了《费尔巴哈和德国古典哲学的终结》，这些论著，全面地丰富和发展了马克思主义的理论宝库。

1895年8月5日因患癌症逝世，享年75岁。

二、恩格斯对有关地质学诞生发展的论断

恩格斯对地质学一些理论的论断，主要蕴涵在《自然辩证法》、《反杜林论》以及《费尔巴哈和德国古典哲学的终结》著述之中，其中《自然辩证法》有更多的篇幅。

共所周知，恩格斯在1873—1883年撰写而成的《自然哲学手稿》，其中

1875—1876 年写成的“导言”是全书的精髓，它生动地总结了近代科学的成长和发展，特别是自然观的变化和发展，深刻地揭示了自然界的辩证本性，指出“**自然界不是存在着，而是生成着并消失着**”。可以说，这就是恩格斯首创的一种自然哲学理论，正像 1873 年 5 月 30 日致马克思的信所述：“**《自然辩证法手稿》是辩证唯物主义的自然观**”。同时指出：辩证法不仅在社会生活中、在人类思维中起作用，自然界的发展也是符合辩证法规律的，如果不自觉学习辩证法，自然科学家就容易走入歧途。

远在 1878 年 8 月写的《总计划草案》中，明确提出自然辩证法的三大规律：量与质的转化，对立的相互渗透和否定之否定，这些自然规律，恰恰反映了地质学科的性质和特点，成为地质学诞生、发展的理论基础，更是地质科学理论的哲学基础——唯物辩证主义的认识论和方法论，包括自然观、地球观等。

（1）恩格斯在《反杜林论》中论及地质学的特性时说：

“地质学是研究那些不但我们没有经历过，而且任何人都没有经历过的过程。”

根据地质学研究对象的专属性，人类自古以来对地球起源及其演化的认识，大多具有各种推测性，形成各种假说，地质学就是学说繁多，建立各种不同学派，学派林立，其特点就是新理论代替了旧观念，又为更新的理论所替代。整个认识过程，贯穿着两种不同地球观和宇宙观，贯穿着唯物论与唯心论，辩证法与形而上学两种对立观点。地质学就是在这些理论论争中诞生、演变、发展，而成为今日地球系统科学的重要学科之一。

恩格斯在《自然辩证法》“导言”中明确地提出：

“自然界不是存在着，而是生成着并消失着——没有从其他方面得到支持，那么大多数自然科学家是否会这样快地意识到，变化着的地球竟担负着不变的有机体这样一个矛盾，那倒是可以怀疑的。地质学产生了，它不仅指出了相继形成起来和逐一重叠起来的地层，并且指出了这些地层中保存着已经死绝的动物甲壳和骨骼，以及已经不再出现的植物的茎、叶和果实。必须下决心承认：不仅整个地球，而且地球今天的表面以及生活于其上的植物和动物，也都有时间上的历史。这种承认最初是相当勉强的。”（《自然辩证法》第 13 页，《全集》20 卷，367 页）。

恩格斯不仅奠定了生物进化论思想，同时也较早地认识到生物与地层间的密切关系，为生物地层学的诞生奠定了理论基础。

（2）恩格斯在《反杜林论》中对地质过程的变化，做了精辟地论证：

“全部地质过程是一个被否定了的否定的系列，是旧岩层不断毁坏和新岩层不断形成的系列。起初由于液态物质冷却而产生的原始地壳，经过海洋、气象和大气化学的作用而破裂，这些破块一层层地沉积在海底。海底局部隆出海面，又使这种最初的地层一部分再次经受雨水、四季变化的温度、大气中的氧和碳酸盐作用。这样，在几万万年间，新的地层不断地形成，而大部分又重新毁坏，又变为构成新地层的材料。”

这一论点，充分地反映出恩格斯创建自然辩证法三大规律之一的“否定之否定”理论。值得提及的是，恩格斯运用这一论点，准确的指出了莱伊尔及其《地质学原理》的错误论点。

（3）恩格斯在《自然辩证法》中关于地质缓慢运动，特别是对无机界变化的思想，指出：

“不断的变化，即抽象的和自身的同一的被扬弃，在所谓无机界中也是存在的。地质学就是这种不断变化的历史。在地面上是机械变化（冲蚀）、化学的变化（风化），在地球内部是机械的变化（压力）、热（火山的热）、化学的变化（水、酸、胶合物），以及大规模的变动——地面凸起、地震等等。今天的片岩根本不同于构成它的黏土；白垩土根本不同于构成它的松散极微小的甲壳；石灰石更是这样，根据某些人的意见，石灰石完全是从有机物产生的；砂石根本不同于海中的松散的沙；海中的沙又产生于被磨碎的花岗石等等；至于煤，就更不用说了。”

恩格斯运用这一观点，把莱伊尔综括起来的、地球缓慢发展的渐变论上升到哲学的论证上，使莱伊尔在地质学中建立的比较历史方法——“将今论古”的现实主义原则，赋与了哲学内涵。莱伊尔的过去和现在作用统一性概念，即：说明过去的地质现象，应在现存的自然现象中去找寻，这一方法，和莱伊尔的名言“现在是了解过去的一把钥匙”，早已成为地质学界的经典概念，为地质人所广泛传颂。同时，恩格斯也准确地指出了莱伊尔及其《地质学原理》的错误论点：

“莱伊尔（观点）见解的缺点（陷）——在其最初的形式中——是在于：他认为在地球上起作用的各种力是不变的。无论在质上或在量上都是不变的。地球的冷却对于它是不存在的，地球不是按照一定方向发展着，它只是偶然地、毫无联系地变化着。”

恩格斯对莱伊尔的批评，启示了我们对莱伊尔及其“渐变论”有了正确地理解和认识。

（4）恩格斯在1874年批评德国化学家李比希（B. C. Leibig，1803—1873）时指出：

“李比希在和化学接近的科学，即生物学方面是怎样的一个一知半解的人。”

“他（李比希）在1861年才第一次读达尔文，至于达尔文以后的生物学和古生物学、地质学的重要著作则读得更晚得多。他从没有读过拉马克。同样在1859年以前已经出版的冯·布赫、道比尼、明斯特、克利卜施坦、贺业尔和昆施特的关于头足类化石的很重要的古生物学的专门研究，他也始终完全不知道，而这些专门研究曾经以多么耀眼的光芒照射在各种造物发生的联系上。因此，在那些较为深入地致力于有机化石的比较研究的科学家的观点中，进化论早已不声不响地奠定了根基。”（《全集》第20卷，275页）

关于进化论恩格斯有更多、更精辟的论述。首先他特别崇敬达尔文及其进化论，更有甚者，曾把达尔文在生物学上发现有机界的发展规律，与马克思发现人类发展历史的发展规律和政治经济学的剩余价值论相提并论。这是因为他的进化论根据大量无可争辩的事实指出，生物不是固定不变的、新物种是在生存斗争中通过自然选择的作用逐渐形成的，生物进化的机制是变异、遗传、自然选择和适应。有力地打击了神创论和形而上学自然观。为确立辩证唯物主义自然观，提供了科学的和哲学的论证。恩格斯在《社会主义从空想到科学的发展》中还作了这样的论断：

达尔文（Ch. Darwin,1809—1882）“极其有力地打击了形而上学的自然观，因为他证明了今天的整个有机界，植物和动物，因而也包括人类在内，都是延续了几百万年的发展过程的产物”。

恩格斯还把进化论同星云假说、尿素合成、地质学原理、细胞学说以及能量守恒与转化定律一起看作是在僵死的自然观上打开的六个缺口。但值得提醒的是，恩格斯在《反杜林论》中也指出了进化论缺点和不足；又在《自然辩证法》中对《物种起源》第四章的问题作过详细地分析；在偶然性和必然性探讨中，说：

“科学的一切部门都需要种的概念作基础：人体解剖学和比较解剖学、胚胎学、动物学、古生物学、植物学等等，如果没有种的概念，还成什么东西？”

1873 年，马克思把德文版的《资本论》寄赠给达尔文，并在扉页上亲笔书写了：

“查理士·达尔文惠存。诚挚的敬仰者卡尔·马克思。1873 年 6 月 16 日”。这显然表明马克思对达尔文也有很高的评价。

达尔文的《物种起源》及其进化论对地质学的诞生、演进、发展，特别是对莱伊尔的《地质学原理》及其渐进论的完善，有着深远影响。

众所周知，地质学史上，曾把拉马克的《动物哲学》、达尔文的《物种起源》以及莱伊尔的《地质学原理》构成进化论地质学，使地质学的“英雄时代”一直延续到 20 世纪初，在传统地质学中，占有长期统治地位的理论学派。

恩格斯在《反杜林论》中对拉马克的成就也做过高度评价。指出：

“从拉马克那时以来，在从事搜集或解剖的植物学和动物学领域内积累了大量的材料，此外，还出现了这方面具有决定性的重要意义的两门崭新的科学：对植物和动物的胚胎发育的研究（胚胎学），对地球表面各个地层内所保存的有机体遗骸的研究（古生物学），足可见，他在地质学发展史上的贡献。”

拉马克（J. Lamark，1774—1829）是法国著名的自然科学家、古生物学家、生物进化论者，他从探索生命的起源、历史演变，而进入地质学领域的研究。他在生物学的最重要贡献，是提出后天获得性可以遗传的观点，是最早提出生物进化论者，其不朽的著作，享有崇高盛誉，诸如：《无脊椎动物的体系》（1801），《无脊椎动物古生物学》（1806），以及《动物哲学》（1809）等；在地质方面也有独到的见解，认为：地球无限古老，在生物、气候及海洋作用影响下，逐步达到平衡。还认为：潮汐力逐渐侵蚀古老的陆地并建造起新的海洋和大陆。这种地质过程是为缓慢的，在时间上是漫长的年代。对三种岩石的不同成因作过探讨。

（5）1844 年恩格斯在《前进报》上对法国博物学家布丰（B.Georges Buffen，1707—1788）的《自然史》做过高度评价，指出：

“由于地球形状的判明和人们无数次的旅行，地理学被提高到科学的水平；同样自然历史也被毕（布）丰和林奈（C. Aarl. Linne，1707—1778）提高到科学水平；甚至地质学也开始从它过去所陷入的荒诞假说的深渊中逐渐挣脱出来。”（《全集》第 657 页）

布丰在名著《自然史》（Natural History）中，创造性地将博物志与自然史融为一体，明确将宗教与自然哲学分开，使自然哲学脱离开宗教的束缚，在 1794 年发表的《地球论》中提出自然现象要到自然界内部去找寻，进而科学地论及到地球的起源、地球物质的生成、山脉的形成、海洋的形成；在 1779 年发表的《自然的形态》中明确提出：生物物种的特征是随着对环境的适应而变化。他的理论为 19 世纪进化论的诞生奠定了基础。

恩格斯在《自然辩证法》第 11 页中，对林奈时代论点的特点也有精辟地分析：

“……总观点的中心是自然界绝对不变这样一个见解，认为‘地球亘古以来或者从它被创造的那天起，就毫无改变地总是原来的样子。现在的‘五大洲’始终存在着，它们始终有同样的山岭、河谷和河流，同样的气候，同样的植物区系和动物区系，而这些植物区系和动物区系只有经过人手才发生变化或移植’”。

林奈是瑞典博物学家，1735 年发表《自然系统》（到 1758 年共出 10 版），提出了动物、植物、矿物的分类编目，1735 年创建瑞典皇家科学院，并任院长，1762 年被封为贵族。1753 年发表《植物种志》，书中描述约 8000 种植物。他的基本观点是自然是上帝的造物。

这是恩格斯通过 17—18 世纪法国著名科学家林奈、布丰等人的自然史的观点和研究成就，对当时地球科学发展的关系和影响，做了客观的评述，表明他对生物学、地质学的发展十分关注。

（6）恩格斯在对德国地质学家冯·布赫（C. L. Buch，1774—1863）在古生物学研究的成就做过高度评价，指出：

“1859 年以前已经出版的冯·布赫等关于头足类化石的很重要的古生物

学专门研究，……这些专门研究曾经以多么耀眼的光芒射在各种造物发生的联系上。”以前亦曾指出：

“冯·布赫 1832 年在他的《关于菊石及其分科》中，以及于 1848 年在柏林科学院宣读的论文中，都把关于有机形态典型近亲关系的拉马克概念，作为有机形态的共同种源的标志，十分确定地输入化石科学中来。”

布赫在 1848 年根据他的菊石研究，提出了这样一个论断：

“旧形态的消失和新形态的出现，并不是有机生物全部灭亡的结果，新种从较旧的形态中形成，极可能是仅仅由于生活条件的改变造成的。”

恩格斯把最后一句加上着重点，表明恩格斯对布赫的论断十分赞赏。

（7）恩格斯在评论 16—17 世纪自然科学发展历史时，对地质学的认识是：

当时“地质学还没有超出矿物学的胚胎阶段；因此，古生物学还完全不能存在”；后来说：“古生物学记录中的空白越来越多地填补起来，甚至迫使最顽固的分子也承认整个有机界的发展史和个别机体的发展史之间存在着令人惊异的类似，承认那条可以把人们从植物学和动物学似乎越来越深地陷进去的迷宫中引导出来的阿莉阿德尼线”。（《全集》第 20 卷 370 页；阿莉阿德尼线系希腊中的典故，比喻能帮助解决复杂问题的办法）

恩格斯对古生物学的意义也做过评述：

“正如我们可以根据对古生物的记录所作的全部类推来假定，最初发展起来的无数种无细胞的和有细胞的原生生物，在这些原生生物中只有加拿大假原生生物传到现在。”（《全集》20 卷第 373 页）

“动物学和植物学首先依旧是从事搜集事实的科学，直到古生物学的出现——居维叶——以及此不久发现了细胞学和有机化学发展起来为止。”（《全集》20 卷第 524 页）

“从表面上看 1818 年以来的科学胚胎学、地质学和古生物学、动植物比较解剖学——这一切知识部门都提供了空前多的新材料。”（《全集》20 卷，第 536 页）

关于这方面恩格斯在《反杜林论》中指责杜林说：

“包括有机界的比较解剖学、胚胎学和古生物学在内的全部有机形态学，杜林先生甚至连名称都不知道”。

（8）恩格斯在《古代人的自然观》中还指出：

“对历史上先后交替的生命形态的研究以及与之相适应的各种变化着的生活条件的研究——古生物学和地质学——当时还不存在。那时自然界根本不被看作某种历史的发展着的、在时间上具有自己的历史的东西。”（《全集》20卷，第534页）”

恩格斯指出了古生物学、地质学的诞生和发展，远远晚于自然科学的其他学科。但高度评价指出：

“地质科学认识客观世界的过程，遵循着由局部到整体，由个别到一般的道路。地质科学的萌芽是从矿物学开始，然后发展认识化石研究地壳的发展历史，到整个地壳，再到整个地球的发展规律。”

恩格斯把自然发展规律和认识论原理引入到地质学发展历史进程中，给地质学注入了自然辩证法的内涵，并奠定了哲学基础。

（9）恩格斯在《反杜林论》中指出：

“全部地质学是一个被否定了的否定的系列，使旧岩层不断毁坏和新岩层不断形成的系列”；“否定的否定究竟是什么呢？它是一个极其普遍的，因而极其广泛地起作用的，重要的自然、历史和思维的发展规律；这一规律，正如我们已经看到的，在动物界和植物界中，在地质学、数学、历史和哲学中起作用；就是杜先生自己，虽然他百般反对和拒绝，也总是不知不觉地按照自己的方式遵循着这一规律。”

他精辟地归纳出地质学发展特点，学说繁多，学派林立，相互对峙，彼此论争；不同发展阶段内，总是新理论代替旧观念，又为更新的学说所取代、所统一。地质学的发展史，就是一部学术论战史，每次的论战，都有力地推动了地质学的发展。回顾地质学史中的重大论战有：水成论与火成论，渐变论与灾变论，地球收缩论与地球膨胀论，地壳脉动论与地壳均衡论等等，地质学的历史，就是一部学术论战史。

（10）恩格斯在《自然辩证法》导言中高度评价了莱伊尔（Ch. Lyell，1797—1875）的理论思想及其《地质学原理》对地质学诞生、发展的作用和贡献，指出：

“莱伊尔破天荒第一次把理性带进了地质学中来，因为他以地球缓慢的变化的渐进作用代替了造物主的一时兴发所引起的突然的革命。”

“莱伊尔的理论，比他以前的一切理论都更加和有机物种不变这个假设不能相容。地球表面和一切生活条件的渐次改变，直接导致有机体的改变和它们对变化着的环境的适应，导致物种的变移性。但传统不仅在天主教会中，而且在自然科学中都是一种势力。莱伊尔本人有好多年一直没有看到这个矛盾，他的学生们就更没有看到。”

关于莱伊尔物种不变思想的转变，深受达尔文的帮助和影响。达尔文同样也得到莱伊尔的帮助和支持，1845 年《一个自然科学家在贝格尔号航行日记》（二版）出版时，特以专页写了献词：“谨以感谢和愉快的心情……献给皇家学会会员查理士 • 莱伊尔爵士”。献词还强调说：“这本《日记》以及作者的其他著述如有任何科学价值，那么这主要是由于读了那本著名的、可敬佩的《地质学原理》得来的，特此致谢，以此表示对他的感激和友情的最诚恳的标志”。

正是由于恩格斯的论断，地质学史家一般都把莱伊尔的渐变论、“将今论古”的现实主义方法形成，以及《地质学原理》问世，作为地质学诞生的标志。融合拉马克（J. B. P. A. Lamarck，1744—1829）的《动物哲学》、郝屯（J. Hutton，1726—1797）的《地球理论》、圣希雷尔（G. Sain-Hilaire，1772—1844）的《解剖哲学》、达尔文的《物种起源》，以及莱伊尔的《地质学原理》，是建立起来的地质学进化论学派，在 18 世纪中后期，迎来了地质学发展史上被称为的“英雄时代”。但，也应该指出，恩格斯对拉马克、达尔文、莱伊尔的理论和思想缺点，也都做过尖锐的批评。

进入 20 世纪 60 年代，由于魏格纳的大陆漂移学说的复活，归属于固定论的传统地质学——进化论地质学，受到严重的挑战，地球活动论获得空前发展。60 － 70 年代，由于古地磁学的诞生，地幔对流理论、海底扩张理论、大洋中脊理论等的论证，一个崭新的地球观出现，推动了地质学进入一个新的历史阶段，被称之为地质学的“第二次革命”。

（11）恩格斯在《自然辩证法》中论及在僵硬的自然观中打开 6 个缺口时，指出：

“第一个缺口：康德和拉普拉斯的星云假说。第二个：地质学和古生物学（莱伊尔，缓慢的进化论）。第三个：制造出有机物并表明化学定律适用于生物的有机化学。第四个：1842 年热之唯动说。第五个：达尔文、拉马克、细胞学（斗争，居维叶和阿加西斯）。第六个：解剖学、气象学（等温线）、动物地理学和植物地理学（18 世纪中叶以来的科学考察旅行）以及自然地理学（洪堡）中的比较要素，材料的编整，形态学（胚胎学，贝尔）。”（《全集》20 卷，第 355 页）

这充分表明恩格斯对地质学发展的理解和重视，并给于高度评价。

（12）居维叶（G. Cuvier，1769—1832）通过 1808—1812 年对巴黎盆地研究，地质实践已生动地呈现出生物化石与地层之间的密切关系，揭示出在不同地质年代的地层里保存有不同的生物化石。地质时代越早，其化石种类越原始，和现代生物越不同，这表明生物界在变化着、发展着的事实。同时还认识到地质历史时期，地球上曾发生过巨大革命性的变化，甚至导致生物种属的灭绝。居维叶的这一发现，已基本揭示了生物发展客观规律，也充分论证了他多年研究的成就“生物器官相关规律”，可以说是 19 世纪上半叶重大的科学发现，已完全建立起生物进化与地层层序相关理念。但，由于受宗教及创世论世界观的影响，以及占有统治地位的、根深蒂固的传统物种不变论的束缚，却做出了完全与地质实践背道而驰的错误结论。

特别是在他发表《脊椎动物化石》序言“地球表面的变动”中，提出了灾变论，认为地球及其生物变化以至死亡，各层中的化石不同，是多次周期大灾变，每次大灾变，地球上生物全部灭绝，又重新创造出新生物，强调地球大灾变的多次创造，并把造成大变动的原因和动力，强调了超自然的论断，其寓意是指“超自然力”，被理解为“上帝多次创造”的结果。正如恩格斯所指：“**当真理碰到鼻尖上的时候还是没有得到真理。**”从居维叶的惨痛教训中，也再次验证了恩格斯在《自然辩证法》中提示的：“**不管自然科学家采取什么样的态度，他们还是得受哲学的支配。**”

居维叶的错误，也受到恩格斯在《自然辩证法》中的严厉批评：

“居维叶关于地球经历多次革命的理论在词句上是革命的，而在实质上是反动的。它以一系列重复的创造行动代替了单一的上帝的创造行动，使神迹成

为自然界的根本的杠杆。”

近百年来，正是由于恩格斯的批评，在大多数的地质教科书中，地质学的论述中，多侧重于对居维叶及其灾变论予以批判和否定态度，忽略了它在比较解剖学和古生物学上的贡献。自20世纪60年代以来，地球活动论兴起，地质学家建立起新的地球观，对居维叶及其灾变论得以重新认识，认为渐变与突变，均变与灾变，本是地球发展、演化过程中两种表现形式，两种运动形态；按照《自然辩证法》量与质的转化，对立的相互渗透的规律：渐变是量的积累，属于量变范畴，是一种缓慢变化的过程；而突变则是一种急剧突发性变化，属于质变范畴，这种变化具有破坏性，甚至是大范围的、灾难性的变化，在地质运动过程中涉及地质体的根本变化；渐变与突变相互交替，互为因果，贯穿于整个地球起源、演化的全过程，这正是反映了自然界运动的客观法则。过分强调哪一种变化，而否定另一种，就会走人歧途，犯主观片面的错误。地质学发展史中的水成论与火成论的论战，渐变论与灾变论等的论战，强化了辩证唯物主义的认识论和方法论在地质科学中的运用，都有力地推动了地质学的进步和发展，同时也给地质学家们留下宝贵的启迪和教训。

（13）恩格斯的《劳动在从猿到人转变过程中的作用》一文中指出：

“在好几十万年以前，在地质学家叫做第三纪的地球发展阶段的某个还不能确切肯定的时期，据推测是在这个阶段的末期，在热带的某个地方——大概是在已经沉入印度洋底的一片大陆，生活着一种特别高度发展的类人猿。”（《全集》，第509页）

恩格斯在文中精辟提出劳动创造世界，也包括人本身的论断。

（14）恩格斯在评论1755年发表的康德的《自然通史和天体论》中的自然观时指出：

“如果地球是某种逐渐生成的东西，那么现在的地质的、地理的、气候的状况，它的植物和动物，也一定是某种逐渐生成的东西，它一定不仅有在空间中相互邻近的历史，而且还在时间上有前后的历史。认为沿着这个方向，自然科学就会进步。”（《全集》20卷367页）

（15）**“当行星有了一层硬壳而且在它的表面上有了积水的时候，它的表面成为地质变化的活动场所，在这些变化中大气层的雨雪所说的淤积作用，比**

起从炽热流动的地心出来的慢慢减弱的作用就愈来愈占优势。”

“行星固有的热就比中心天体发送给它的热愈来愈减少。它的大气层变成我们现在所理解的意义下的气象现象的活动场所。”（《全集》20卷第372页）

“如果我们想到科学的最主要的部门——超出行星范围的天文学、化学、地质学——作为科学而还不足一百年，生理学的比较方法还不足五十年，而差不多一切生物发展的基本形式，即细胞被发现还不到四十年，那么这种证明在细节上怎么能够没有缺陷呢？”（《全集》20卷 第371页）

恩格斯在探讨地球生成、演变以及发展历史中，做过以上论断。

（16）**“地文学（对自然的描述），在从化学过渡到生命以后，首先应当阐述生命赖以产生和存在的条件，因而首先应当阐述地质学、气象学等等。然后阐述生命的各种形式本身……”**（《全集》20卷）

显而易见，恩格斯是较早地就把化学、生命科学等学科，与地球科学相互的密切关系，作过精辟的阐述。

最后，在评述恩格斯关于地质学的论述同时，还应该提及的是，马克思对地质学的理论研究和观点，及其对诸多问题的关切。虽然马克思关于地质学研究及其理论概括不及恩格斯所涉及的那么广泛、全面和系统，并不否认他们之间在地质学某些问题上曾有过争论，但马克思却也另有独钟，马克思在完成唯物史观中，找到了“社会经济形态”和“社会经济结构”概念，从词源学上来说，恰恰是马克思借助于地质学中的地层史研究成果，明确表示，在探讨社会历史更替的进程中，有必要区分其生成过程，正如区分地质的生成过程一样，这在1881年给维·伊·查苏利奇的信中有所表述：

“在这历史的形成中，有一系列原生的、次生的、再次生的等等类型”，“地球的太古结构或原生结构是由一系列不同时期的沉积组成的。古代社会形态也是这样，表现为一系列不同的、标志着依次更替的时代的阶段。”（《马克思恩格斯全集》第19卷，第423、444页）

马克思对地质学上概念的借用，表明他对地质史、地层史、社会经济形态史统一性的历史唯物主义的深刻理解和运用。

结　语

以上，恩格斯对地质学的诸多论断，给地质学的理论建设，注入了辩证唯物主义和历史唯物主义思想的哲学内涵，推动了地质学早在18世纪中叶就进入了自然科学之林，成为一门活跃的新兴学科。从自己诞生期的“英雄时代”，形成了近两个世纪来，占统治地位的进化论地质学（归属于静态地质学），直到20世纪60年代，大陆漂移学说复活，才为地球活动论所挑战、所替代。

当20世纪中板块学说出现，又迎来了地质学的第二次“革命”。在“国际岩石学圈计划”和“国际地球动力学计划”的实施中，地质学已成为地球科学大系统科学的支柱性学科。

当人类遭受到资源、能源、灾害、环境危机时，环境大会提出“只有一个地球——一起关心，共同享受”的口号，地质科学除加重为人类寻求更丰富的自然资源、防治和预测自然灾害、保护和治理环境的任务外，还要肩负起协调人与自然、人与地球的和谐关系，确保社会经济的可持续发展的责任，特别是《固体地球科学与社会》发表后，对地球科学有了新的认识，认为：地球科学，再不是一个单纯的自然综合体，强调与人的关系的协调，与社会间的和谐，概括起来就是：地球物质运动和社会经济物质运动的相互渗透，互为作用的、自然与社会的综合系统。

综合上述，当代地质科学的内涵，是地球科学大系统中的一门系统科学，也是一门应用性很强和综合理论性的自然科学分支，是人类认识地球、保护环境、寻找自然资源、预测和防治自然灾害，确保经济社会可持续发展的基础学科。

由于地球是一个庞大而复杂的自然综合体，也是一个非线性的复杂系统，具有特殊多级结构性、多壳层性、非均质性，具有螺旋式上升的不可逆性等；加之，它的时空尺度广阔，以及随机性等等特点，因而恩格斯在《反杜林论》中，才做出这样的正确定义：**“地质学其性质是研究那些不但我们没经过，而且任何人也没有经历过的过程”**。（《反杜林论》第58页）

参 考 文 献

自然辩证法．北京：人民出版社，1971 年

路德维希·费尔巴哈与德国古典哲学的终结．北京：人民出版社，1972

反杜林论．北京：人民出版社，1970 年

（本文以《伟人眼中的地质学——恩格斯关于地质学的论断》发表于《地质勘查导报》，2006 年 9 月 26 日，原始稿经编辑部藤艳同志编整删改，深表谢忱；收入中国地质学史专业委员会主编《地质学史论丛》（5），2009 年，中国大地出版社）

地学哲学委员会20年来对矿产资源研究成果的简述

矿产资源是自然资源中重要组成部分，是人类赖以生存的物质基础，是人类社会文明发展的基础，属于经济社会发展的基础性产业。世界上95%以上的能源，80%以上的工业原材料和70%以上的农业生产资料，都来源于矿产资源。

在当代工业现代化和稳步、健康、可持续发展地建设小康社会历程中，矿产资源的物质保障，就更具其重要战略地位。

20世纪70年代中，我国就已制订了《矿产资源法》并不断修改、充实、完善；2000年4月9日发表《国家资源战略》；中央多次举办人口、资源、环境座谈会，并做出了重要部署。2003年4月30日颁布实施《全国矿产资源规划》；2004年10月12日国务院召开专题会议，听取了中国工程院关于《中国可持续发展矿产资源战略研究报告》，会上温家宝总理强调指出："实现全面建设小康社会和现代化目标，不能走过去过量消耗自然资源，特别是矿产资源的老路，必须立足于中国国情树立和落实科学发展观，走新型工业化发展道路，以矿产资源的可持续开发利用，促进和保证经济的可持续发展。"2006年发表了《国务院关于加强地质工作的决定》，有力地推动了我国矿产资源进入一个崭新的发展阶段。

地学哲学委员会在学术带头人朱训理事长主持领导下，始终坚持贯彻中央精神，坚持地学哲学研究以服务国家为方针，积极部署和倡导以马克主义哲学原理为指导，运用辩证唯物主义、历史唯物主义的认识论和方法论，开展有关矿产资源问题的哲学研究，20年来取得可喜的成就，为国家制定方针策略，提供咨询建议，得到广泛的称赞。

笔者借此会议机会，仅就十次学术年会编辑出版的、十本地学哲学文库中发表的500余篇论文（属于自然资源方面约300余篇，其中属于矿产资源方面的约有150余篇，这些论文得到社会广泛应用）做点简要的汇报，以供大家参考并指正。

（1）1983年6月27日召开首届地学辩证法学术讨论会及其成立大会。主题是运用辩证唯物主义原理，阐述国民经济中重大地学问题以及地球科学中的哲学问题。朱训教授作了《正确处理地质找矿中若干关系》，文章从评论加拿大G.W.曼纳德的《勘查哲学》观点为开端，根据我国地质找矿实践经验及矿产勘查特点，以辩证唯物主义原则，精辟地论述了我国地质找矿的十大关系，诸如需要与可能，重点与一般，大矿与小矿，富矿与贫矿，发挥优势与综合找矿，外地与本区，新事物与传统观念，区测、普查与勘探，东部地区与西部地区，目的与手段的关系等。

朱训教授作为当时地矿部负责领导，运用辩证唯物主义和历史唯物主义哲学思想，认识和分析当时我国地矿形势和地质找矿布局，对我国矿产资源的开发和利用，无疑起到了指导性作用。

（2）1988年10月5—8日朱训部长在全国第二届地学哲学学术讨论会及年会上，作主题报告“我国矿情的辩证分析及对策建议”。朱训教授的学术报告中，首先针对过去对我国矿情的传统的、简单片面的观念，指出：“长期以来，我们往往习惯于以‘地大物博……取之不尽，用之不竭’来表征我国矿情特点，陶醉于‘地大物博’，而缺乏对我国矿产资源的客观状况进行实事求是的辩证分析，这对我国经济建设健康、持续发展，带来了不良的影响。实际上，我国矿情相当复杂”。他在分析我国矿情的第一特点中，明确提出“按总量计算我国是‘资源大国’，而按人均计算则又是个‘资源小国’”，其次，还就矿产储量多与少，开采利用的长与短，矿产资源分布不平衡等六个问题，做了精僻的辩证分析，并提出了具体建议与对策。

关于“地大物博”传统旧观念的批评，16年后，才得以为媒体及社会所认知。

（3）1990 年 6 月在第三届地学哲学学术讨论会上，朱训教授作的主题报告是“对开展地学哲学研究的一些意见”。文中着重提出地学哲学研究应当有明确的服务目标：为建设有中国特色的社会主义，为实现经济发展的战略目标服务，为促进地矿事业的发展发挥作用。

会上，何贤杰教授发表了《跨世纪时期的世界资源形势和我们的对策》，文中首先分析了 20 世纪末世界资源形势，展望 21 世纪的交接过渡时期，世界资源系统面临的结构大调整，以及资源配置重大的转折。认为这个时期社会基础资源结构面临危机与希望共存，争夺与协调相伴的复杂形势。文章运用大量资源数据作了论证，并提出了两大对策：

第一，贯彻中央关于持续、稳定、协调发展的方针；

第二，实行集约型资源发展模式为基本国策。

特别值得介绍的是，会上，涂光炽院士发表了《地学哲学研究中的一些问题》。这篇论文虽说是七十年代，他在冶金系统部门作的学术报告基础上撰成的，文中首先论及地学中的“亦此亦彼”和“非此非彼”的论题，有力地批判了矿床成因理论中“非此即彼”的僵化观点，从而建立起“亦此亦彼，互为中介”的多因复成矿理论，推动了成矿理论进入多成因、多物质来源、多成矿期的“三多”概念体系，在方法论上，从单一化向综合化发展，并强调了学科相互渗透，互相交融；在认识论上，也从一元化向多元化的广度和深度发展，趋向兼容并蓄，逐步完善的成矿理论系统；文中还论及到我国具体地质情况，与借鉴国外经验和理论的关系，地球演化和“将今论古”，以及开放体系与封闭体系的关系等。

（4）1992 年，第四届地学哲学学术讨论会及其年会召开，朱训理事长作的主题报告是“加强找矿哲学研究，为社会主义经济建设服务”，文中首先就矿产勘查哲学——找矿哲学的概念、定义、性质、特点作了阐述；全文从三个方面论述找矿哲学研究的现实意义，当前的迫切性等；文中强调找矿哲学研究，建立完整找矿哲学体系，对我国社会主义现代化建设，特别是对矿产勘查工作发展，具有重要现实意义和理论意义，可以说是对我国矿产资源认识理论及勘查史上的一次突破。

【附注】1993 年 1 月 20 日中国科协、中国自然辩证法研究会专门召开首都学术理论界找矿哲学座谈会，会上朱训教授发表了《汇报提纲》及《关于找矿哲学的几个问题》。我国著名理论家于光远、龚育之等出席会议，并作系统发言。

年会上，杜乐天教授发表了《找矿辩证法——搜索学》，白屯教授发表《关于“找矿模式”的几个认识问题》，吴凤鸣发表了《论找矿哲学——我国地学哲学研究工作的总结》（见《河北地质学院院报》）。

（5）1994 年 8 月全国地学哲学委员会第五届学术讨论会及其年会上朱训理事长作了主题报告“协调人与自然的关系，开拓地学新探索新领域”，首先以翔实的数据阐述了我国矿产资源探明储量及持续利用的形势和预测，提出要冲破传统找矿勘查思路，更新地质思维，发展地质科学理论，应用超微观、超宏观的现代技术，提高用矿工艺水平，使矿产达到综合利用。文中还提出建立解决环境、粮食、人口等当前困扰人类发展重大论题有关的新领域，诸如环境地学、农业地学、人口地学等学科。

文中还综合大量国内外有关资料和诸多数据统计概率，综述了自然资源现状，并对环境及自然灾害的威胁，也作了论述。

会上特邀我国著名经济学家于光远教授发表了《土地的定义》，他首先从经济学角度提出，土地是一个“经济·社会”概念，它占据着我们这个星球的一个特定的空间，有着特定的位置、特定的形状和特定的体积。在定义说明中强调，土地概念，不是纯粹的自然物，它离开了社会经济生活也就不存在了，它是自然界的物质，是地球一个部分，又不是纯粹的经济概念，在“说明的说明”中，认为土地具备一切自然物都具备的物理的、化学的生命的性质，它的运动变化和发展，遵循自然科学规律。

吕国平发表了《重视资源开发问题的哲学研究》，以四个论题，着重论及到资源开发利用“整体动态优化”和“优先开发较廉价资源”的原则。

何贤杰发表了《资源与社会论纲》，文中论及到：

① 自然资源的利用和人类社会的起源同一起点，遵循同一个轨迹；

② 自然资源开发利用类别和特征，决定人类社会发展的物质基础，诸如原始社会（石器时代、农业时代），工业社会发展时期（煤与石油时代），后

工业社会发展时期（海洋时代、太阳能时代），文中论及到人类社会发展过程中，每一次飞跃，都伴随着人类对资源开发利用的重大突破；文中还论及资源可持续发展战略，并提出五点建议，认为可持续发展社会，依赖于可持续发展的资源与环境，其结语是建立一个全新的资源理论观、新的地球观和天地人巨系统观。

会上，吴凤鸣发表了《资源环境与灾害对社会发展的制约性》，文中论述了从1972年《寂静的春天》问世，揭开环境问题的序幕，相继各国首脑力图解决人与自然的关系，组织全球性人地耦合协调战略举措，诸如：斯德哥尔摩世界环境大会，提倡“地球环境日”，“保护环境，爱护地球”，“只有一个地球一齐关心，共同享受”口号，发表《我们共同的未来》专题报告（1987），实施《国际减灾十年计划》（1990），《北京宣言》（1991），1992年召开里约热内卢环境与发展大会，通过《里约宣言》，签署了《21世纪议程》等。

会上，王恒礼发表了《环境与社会发展》，文中提出：生态环境是全球性急待解决的迫切问题，人类共同拥有一个地球，环境与社会协调发展是人类面临共同的任务。

潘玉珺发表《人地共生与持续发展论》，文中论述持续发展论的内涵，人地关系的历史分析及其学说，人地关系地域系统（建立起开放系统的熵方程），人类活动与地理环境的共生（涵义、原理）以及持续发展战略。

会上，发表的论文还有朱新轩的《市场经济与资源战略》，程绪平的《资源生产力新系统》（提出了资源生产力系统的内涵，发展条件及其对策），景才瑞的《论资源利用与经济社会协调发展》，陈贻安的《人类发展环境容量问题再思考》，唐少卿的《西北的自然资源与经济社会发展》。

（6）1996年8月16日第六届地学哲学委员会学术讨论会及其年会召开。

朱训教授围绕“地学哲学为实施跨世纪工程服务”的主题作了报告。报告中就“地学哲学与资源、环境、人口、经济社会协调发展”，“矿产资源与社会主义市场经济”进行了深入讨论与交流。

会上，在“论地学哲学工作的形势和任务”专题学术报告中，提出大力推动地学哲学研究，是解决当前人类面临的全球性问题的需要，是实施跨世纪工程的要求，是实施可持续发展战略的需要，是实施科教兴国战略，繁荣地学和哲学的需要；同时紧密围绕实施跨世纪工程中的重点问题，发挥找矿哲学的学科优势和特点，提供更多更好的矿产资源保障，并用国内外大量翔实的资料和数据，对资源形势做了哲学分析。

长期从事矿产资源工作的专家何贤杰教授发表了《资源与当代全球问题及我们的对策》，文中首先就资源危机及现状作了分析：矿物能源濒临枯竭，重要矿产资源严重缺乏，土地沙化森林草地破坏，生物资源物种灭绝，淡水短缺与污染，海洋污染等；文中提出永续利用，走可持续发展的道路：① 确立可持续的资源发展目标；② 建立新的资源科学理论和价值观；③ 开发与保护并重，并建立（以保护为主）全球资源保护体系和消费体系；④ 开发利用新能源和资源，不断提高资源开发利用的广度和深度；⑤ 大力发展二次资源的开发利用，⑥ 加强对资源的管理。文章最后还论及到中国资源的新战略，主要是提出集约型资源战略，科技推动型资源开发战略，开放型全球资源战略，全国资源优化配置型战略，建立市场机制与国家宏观调控相结合的资源管理体系。

吴季松教授、吕国平博士发表了《资源系统观是可持续发展的基本观点》，文中首先确定人口、资源和环境是可持续发展系统观的基本要素，而人类与自然协调，才能实现可持续发展。资源最大的系统就是人类社会和自然界的巨系统。人类社会系统分为：人力资源（劳力和智力），文化资源（包括科技资源），体制资源（包括管理资源）；而自然资源是一个矩阵资源系统，包括土地资源、水资源、海洋资源、矿产资源、能源、森林、草地、物种、气候以及旅游资源等。

文中对资源观的认识论做了论述：① 树立资源系统观；② 树立资源的辩证观；③ 树立资源的层次观；④ 树立资源的发展观；⑤ 资源的动态平衡观；⑥ 资源的价值观；⑦ 资源的开放观；⑧ 资源的法制观。

会上，毕孔彰教授发表了《关于“可持续发展”的几个问题》，全文主要论及了“可持续发展”的概念、理论及战略的形成，最后论及了《中国21世纪议程》的实施及其发展前景。

王玉平、王恒礼教授发表了《论人口资源、技术与环境的关系》，文中在对人口、资源和环境状况的分析基础上，提出了人口对环境影响的程度，环境污染对传统经济学的挑战，资源管理，最后论及人、社会与环境协调发展的论点。

会上吕华教授发表了《矿产资源的永续利用》，文中总结和提出了八项有碍矿产资源可持续发展不协调因素，阐述六项措施，确保矿产资源的永续利用，为国民经济建设提供更可靠的物质保证。

由于这次学术年会，有矿产资源方面的论文较多，限于篇幅就难以一一介绍，择其重要的，仅列目录：

① 余谋昌《保护地球：人类生存的中心问题》；

② 黄顺基《矿产资源管理与市场经济》；

③ 韩景行《保护资源环境，实行可持续发展战略》；

④ 袁国华《资源、环境与可持续发展研究》；

⑤ 欧阳志远《可持续发展的核心与实质》；

⑥ 吴凤鸣《21 世纪水资源是经济发展的制约因素》。

（7）1998 年 9 月 23 日第七届地学哲学委员会学术研讨会及其年会召开，主题是：地球科学与可持续发展，理事长朱训教授作了“加强地学哲学研究，充分发挥地球科学在可持续发展中的作用”主题报告。

主题报告共分为五大部分：① 可持续发展战略为地学哲学研究与发展提出了时代主题；② 拓宽地学功能，促进社会经济与资源环境协调发展；③ 推进地学哲学研究，促进适应可持续发展要求的现代资源环境意识的形成；④ 吸取人类优秀文化成果，不断总结经验，以马克思主义哲学为指导，加强地学哲学学科建设；⑤ 对当前经济建设社会发展及地球科学研究的若干对策建议。会上中国地质科学院院长陈毓川院士特邀作了“我国矿产资源形势及对策”的学术报告，文中首先以翔实资料和统计数据，阐述了我国矿产资源的基本形势，列出了我国 45 种矿产资源保障程度，并凸显出近年来我国地质找矿工作萎缩趋势，提出十点对策：① 认识当前我国矿产资源的严峻形势；② 增加地质勘查投入；③ 建设高素质的地质队伍；④ 利用国内外两种资源；⑤ 节约资源，合理开发及综合利用；⑥ 开拓新资源；⑦ 依靠科技进步等等。

会上，特邀中国科学院何祚庥院士作了“中国以燃煤为主的能源政策还能维持多久？”学术报告，他首先介绍了国际能源机构公布的世界各国二氧化碳排放量，前 25 个国家和地区的排名，其中，中国为 3006.77（百万吨），占总排数量的 13.6%，仅次于美国。当前我国经济正在迅速发展中，可燃矿物燃烧量不断增加，排放量同步增长，将进一步影响全球环境变化，因而当务之急要大力推广各种节约措施，提高能源利用率，在推进洁净煤技术同时，逐步调整能源结构，力争在20~30年内，达到火力发电、水力发电、原子能发电各占三分之一。

在核电技术方面，逐步采用对燃烧后铀棒的“一次抛弃”政策。同时也有核科学家提出“加速器驱动的放射性洁净核能系统”建议。

会上，杜乐天教授发表《国民经济可持续发展的哲学保证》，论及可持续发展哲学中，倡导观念重建，概念更新，提出：得失观、预防观、节约观、远见观、道德观等。

中国社会科学院王维教授发表《可持续发展的哲学意蕴》，文中，以深邃的哲理论述了有关矿产资源可持续发展的哲学理念。诸如资源有限性与人类社会发展相对的无限性之间的矛盾，当代人类与自然界关系的对立，社会可持续发展体现了代际间经济社会发展的目的性，提出，可持续发展并不完全意味着线性继承，既有联系性、相继性和非选择性，也有背逆性、否定性和选择性，互利型思维方式是可持续发展的基本指导思想，树立前导性发展意识，当今社会经济发展，必须遵循协同性原则和持续性原则、适度性原则、综合性原则。

国土资源部何贤杰教授发表《矿产资源与可持续发展》，文中着重论述了矿产资源可持续发展战略及其5大目标，文中还提出政策建议：① 节约与合理利用资源作为国家基本国策；② 利用国外矿产资源建立供应基地；③ 建立资源储备制度；④ 加强法制建设，建立统一资源管理体系等。

中国石油天然气集团公司石宝珩教授发表《能源资源与可持续发展》，文中，以翔实可靠的资料和统计数据，论证了能源资源发展的概况，在论及能源发展趋势中，着重论及了中国能源供需及发展趋势（包括煤炭资源、石油资源、天然气资源、天然气水合物以及可再生能源）。文章最后提出了能源资源可持续发展的战略选择。

此外，还有刘颖秋等的《中国土地资源与可持续发展》，国家气象局温克刚教授的《气象与可持续发展》，中国海洋石油公司吕华教授的《海洋开发与可持续发展若干探讨》以及吴凤鸣的《我国水资源概况及可持续发展》等。

（8）2000年11月7日第八届地学哲学委员会学术研讨会及其学术年会在京召开。本届年会是以“西部大开发”为主题，理事长朱训作了“关于西部大开发的辩证思考”主题报告，认为西部大开发是一项巨大系统工程，需要各学科理论的指导和论证，特别是地球科学哲学肩负着更为艰巨而重大任务。

文中论述了有关西部大开发中的十个论题，主要是：正确处理全面规划与重点优先的关系，长远与近期效益的关系，渐进式与跨越式发展的关系，传统产业与高新技术产业的关系，资源勘查与开发的关系，开发与保护的关系，硬环境与软环境建设的关系等。

在学术专题报告会上，还发表了《西部矿业开发要走新路》，文中比较系统地论证了西部地区矿业开发的资源基础、优势、机遇等，最后提出了西部矿业开发要实现十个转变：即从政府调控向市场导向转变，从重采矿轻找矿向勘查先行转变，从面向开发向择优开发转变，从强化开采向适度开发转变，从单一发展向多元发展转变等。国土资源部吕国平作了《西部大开发应注意的问题和对策建议》，文中论及到西部地区矿产资源问题，水资源问题以及采取的政策措施等。会上他还作了“新资源观”的专题报告受到广泛关注。

学术报告会上，关凤峻发表了《由西部大开发谈资源观问题》，何立贤发表了《西部大开发中矿产资源的矛盾与对策》，中国科学院地理科学与资源研究所廖克发表了《中国西部开发战略的几点建议》，张慧君发表了《正确处理西部资源开发的矛盾问题》，周光迅、周瑶琪发表了《西部资源开发与利用的若干哲学思考》，余谋昌发表了《西部大开发与生态保护》，宋建军发表了《新形势下西部国土资源开发利用面临的机遇与挑战》，吴凤鸣发表了《西部大开发中有关西北地区水资源的认识》，温克刚发表了《西部气候资源的哲学分析》等。

（9）2003 年第九届全国地学哲学委员会学术年会，暨庆祝地学哲学委员会成立 20 周年学术研讨会召开，朱训理事长作了“地学哲学理论要努力为全面建设小康社会服务”的主题报告。

报告中展示了地学哲学在服务于经济社会发展实践中取得的成就：① 向国家提供重要政策建议；② 科普宣传；③ 推动地学哲学理论研究；④ 扩大研究队伍；⑤ 学术活动经常化、制度化；⑥ 及时出版研究成果。

基本经验是，坚持以马克思主义哲学为指导，坚持为经济社会发展服务的方向，坚持贯彻“百花齐放，百家争鸣”的方针，坚持团结各方人才参加地学哲学研究，以及坚持依靠学会领导群体的共同努力。文中还论及了全面建设小康社会赋予地学哲学研究的历史任务。

朱训理事长又在专题学术报告会上发表《全面建设小康社会与能源战略》，文中，以当前能源供需矛盾，从中国能源特点出发，运用大量实际资料和数据，系统地阐述了实行全球能源战略的必要性，可能性以及方针对策，特别着重论及国家经济安全和国防安全。

会上特邀陈毓川院士作了“当前非油气矿产勘查工作的形势与对策”的报告，首先分析了我国矿产资源严峻形势，认为近五年来，绝大部分矿产保有储量为负增长，大宗矿产进口量不断增加（石油6941万吨，铁矿1.12亿吨，铬矿114万吨，钾盐543万吨），其主要原因是：国家基本上停止对普查工作的投入，钻探工作量急剧下降，普查空白，国家矿产资源储量处于只减不增状态，勘探资金管理多头而分散，最后提出9条对策。

会上，毕孔彰教授发表《全面建设小康社会的地学思考》，文中，论及地学哲学在经济与社会发展中发挥重要作用，以其内在的规律，探索人类所赖以生存的地球环境与人类社会可持续发展的关系，成为两者相互和谐的理论基础。认为建设小康社会需要矿产资源的支撑，因而提出全面建设小康社会过程中，国土资源工作的重要性，并引用胡锦涛同志在2003年3月9日中央人口资源环境工作座谈会上明确指出：“国土资源工作，要坚持开发和节约并举，把节约放在首位，在保护中开发，在开发中保护，最大限度地发挥资源的经济效益、社会效益和环境效益”。文中最后论及实现现代化进程中的四大任务，确保人与自然的和谐，坚持贯彻人口计划生育，保护环境和保护资源的基本国策。

会上，何贤杰教授发表《处理好经济发展与资源保护的辩证关系，提高国土资源管理水平》，文中首先对经济发展与资源保护辩证关系的理论做了系统分析，提出发展是人类生存的高级形态，在发展和保护的矛盾中发展是主导，在对立统一中，以可持续发展取得平衡，也是人类能动的积极统一。

文章最后提出四点建议：加强理论研究，制订资源保护法，建立可持续发展评价方法和指标等。

会上，原中石油总公司科技局长石宝珩教授发表了《地学哲学研究与油气资源可持续发展》，文中首先论及到油气资源的哲学研究，侧重于找油的认识论和方法论，在论及到油气资源可持续发展研究中，提出能源资源可持续发展的新思维，还正确评估油气资源状况，最后，以大量翔实的资料和数据，阐述了石油安全战略研究问题、中国石油形势、油气资源现状和发展趋势预测等。

（10）2005 年第十届全国地学哲学委员会学术年会召开，本届会议是以在科学发展观指导下，促进国土资源的发展、构建社会主义和谐社会为主题。论及自然资源的论文 70 余篇，其中有关矿产资源 40 余篇。

会上，朱训理事长作了主题报告“关于建设和谐社会的思考”，文中在论述建设和谐社会的重大意义（理论的、现实的指导、深远历史意义）及八个关系基础上，着重提出地学哲学为建设和谐社会的努力方向：① 倡导运用辩证唯物主义处理各种矛盾；② 为建设节约型社会（自然资源）服务；③ 发挥地学哲学在勘探开发国土资源方面的指导作用；④ 预防和减轻自然灾害发挥作用；⑤ 要在正确处理人与自然关系上作贡献。

在专题学术报告会上发表了《关于建设石油战略储备的思考》，文中着重提出：石油战略储备要履行“三项任务”，满足“三个要求，实现三个结合”。

会上，执行理事长张彦英院长发表了《地学哲学的历史使命》文中提出了三大历史使命，① 与时俱进地开展地学哲学研究；② 地学哲学研究要坚决贯彻“为国服务”的方针；③ 为发展和繁荣地学哲学而努力。

在能源方面的学术报告，还有中国石油天然气集团公司的刘炳义等的《中国油气可持续发展战略探讨》、徐方的《关于建立我国石油战略储备方式的讨论》、李艳《构建和谐社会缓解能源危机》、吴智泉《用矛盾论化解石油危机》等。

学术讨论会上，还有水资源论文，诸如朱跃琪《水资源开发利用的辩证思维》、张多佳的《对中国构建节水型社会的思考》；在土地资源方面有长期主持我国土地资源研究与管理的领导者刘文甲的《我国土地制度建设中的几个突出问题》，文中突出地论述了我国土地资源耕地少，特别是人均耕地少，而城镇建设用地多的严峻问题，提出了解决这个突出问题的建议，需要建立和完善农村地权制度，解决农民“城乡两栖”问题，用好“金”做好城乡建设用地调整问题，黄勤等《从地学哲学角度认识我国土地问题》、蔡运龙《统筹我国土地管理中的若干辩证关系》等。

本届学术研讨会上，地学哲学与“循环型经济”，凸显为热门话题，主要论文有毕孔彰《矿产资源综合利用与循环经济》、关凤峻《大力推进国土资源循环经济发展》、欧阳志运《再论“循环型经济”与“节约型经济”》以及吴季松教授《新循环经济学与和谐社会》等重要论文。

（11）2007年第十一届全国地学哲学委员会学术年会召开，本届会议是以“建设地学文化，构建和谐社会”为主题，参加会议的各领域的代表百余人，论文70余篇；朱训理事长在开幕词中回顾24年来，地学哲学的学术活动以“为国服务”为宗旨，始终坚持以马克思主义哲学为指导，坚持理论联系实际，坚持百家争鸣、百花齐放的方针，已逐步走上了规范化、制度化的健康轨道。在实际工作中坚持自然科学与社会科学相结合，坚持老中青相结合，大型学术年会与多种形式的专题研究活动和小型学术活动相结合。

【结语】本文是从地学哲学委员会20年来编选出版的学术研讨会论文集中500余篇论文中，精选出250篇有关自然资源、矿产资源论文，做了简要地评述，以体现委员会取得的可喜成就和作出的重大贡献，难免有“挂一漏万”之嫌，供大家参考并指正。

（本文发表于《自然辩证法研究》，2000年10月18日，收入《地学哲学与国土资源保障和储备学术会议论文集》，2007年，中国大地出版社）

从地质学的“三多三少”再论中国大地构造学和中国成矿理论是创新的亮点

“2007年中国科协学术建设发布会”上，中国科协副主席、中国科学院副院长白春礼院士表示，我国科学技术水平与发达国家仍然存在较大差距，自主创新的环境依然不尽如人意，自主创新的能力依然较弱，特别是在四大学科领域与发达国家存在很大差距。

首先列举了地质学，他说：“在地质学方面，目前的研究工作存在着‘三多三少’现象，即：证明西方学者提出的假说和理论的研究多，提出我国自己的假说和理论少；单一学科封闭式研究多，真正意义上的多学科交叉与综合集成研究少；模仿性研究多，独创性的成果少”。

作为非地质学科的学者，直率地揭开地质学界长期存在的“症结”，凸显出“旁观者清”的一般道理。深值得我们地质学界研究和讨论。借此可广泛开展学术争鸣，改变“三多三少”局面，清除自主创新的阻碍，发挥中国地质学优良传统，继承和发扬学科优势，为世界地质学再作贡献。

笔者为地质学界服务近60年，也深有体会，地质学界以学说繁多，学派林立为学科特点，常有门户之见，加之部门之间相互协作、交流不畅，早已成为学科发展的“瓶颈”，即使颇有苗头的学科成就、新理论、新学说，也往往难以得到及时扶持和发展，甚至受到学说的偏见，学派的否认和冷落，使新的理论和观点遭受挫折。

领导部门的支持和倡导，社会的关注，特别是舆论和媒体的宣传报道等，都是自主创新重要条件，这个环节上，确实存在值得加强和改进之处。

笔者作地质学专业编辑近60年，算是了解地质学界的基本情况者之一，近20年来，参与了以朱训教授为理事长的全国地学哲学委员会的学术活动，以王鸿祯院士为学术带头人的中国地质学史委员会学术活动，从我国地质学科发展史和地学哲学观点，依照个人的粗浅的了解和认识，一直认为中国地质学有两大学科基础比较成熟，大有可能成为理论上的突破点，并在多次学术讨论会上和发表的论文中有所阐述，藉此，再作简要的阐述，以供各位专家、学者探讨时参考，有误之处，敬请批评和指教！

一、大地构造学和中国区域大地构造学

1996年第30届国际地质大会在中国隆重召开，在主题报告会上，我国著名的地质学家刘东生院士等作了关于青藏高原构造演化和隆起机制的学术报告，博得与会国内外地质学家的称赞和高度评价。其中像肖序常院士“青藏高原构造演化和隆起机制”报告，笔者作为会议代表聆听了全报告，认为他以各种图表照片，特别是近期的航空、卫星图片，以及大量地球物理资料和数据，展示了最新的研究成果，提出了青藏高原构造演化和隆起机制，是多期次、多层次、多因素的新观点，博得与会者的称赞，这标志着我国地质学家对高原的研究，已从区域性进入全球性，从形象思维进入抽象思维的理论总结阶段，进而进行理论突破与升华。

众所周知，青藏高原素有“世界屋脊”之称，是“地球第三极”，这里早已是大陆地质、地球动力学、大地构造学研究的世界公认的示范区和典型基地，高原的成就，不仅是大陆地质、地球动力学研究理论的突破点，更是板块构造地质学说的“试金石”，中国地质学家处于得天独厚地理位置，多年来众多地质学家，进行了大量不懈工作，已取得像第30届地质大会上所展示的成就，时隔十余年，虽然也曾聆听过任继舜院士的学术报告，讲述了近年来在高原获得进展，也展示了最新大地构造图，也有获得科学奖的报道，但似乎还不是理论上的突破，看来距拿到“金钥匙”的理论突破壮举，尚有距离。祝愿中国地质学家在自主创新感召下，共同协力，有信心早日拿到这把“金钥匙”，为全球地质科学的发展作出贡献。

二、中国矿床学及成矿理论

1974年我国著名矿床一地球化学家涂光炽院士在冶金部系统的一次学术报告中，根据多年地质实践和系统研究，敢于冲破传统成矿理论的旧观念，树立起一个崭新的理论思维，把过去矿床学中的“非此即彼”转化为“亦此亦彼”新观念，首先建立起多成因成矿理论，其论点即：多成因、多物质来源、多期成矿（多阶段）的成矿理论，使成矿理论从形象思维升华为抽象思维，推动了中国矿床学及其理论研究进入一个崭新的、多元化理性概括和总结阶段。从地学哲学角度上讲，理论的升华，孕育着新理论的诞生，以笔者粗浅的认识，多成因成矿论应该是矿床学中的理论创新；在此基础上，相继又提出了大型矿床理论，层控和时控矿床理论，获得国家科学大奖；在多成因成矿论基础上，中国成矿理论进入了多元化理念成矿理论研究的新时期！

之所以认为多成因成矿论，是理论创新，或具有理论创新的内涵，若从学科发展历史而论，有以下粗浅的论述。

（1）矿床学特点：记得当年在学院学习矿床学时，认识到了矿床学属于地球物质科学的组成部分，专事研究成矿物质来源、演化运动机制、成矿类型及其时空规律的科学，是地质科学中理论性和实践性很强的的一门综合性分支学科，其特点是：具有不确定性、多样性、多解性、复杂性，由于矿体形态、产状类型不一、分布不均，又有颇大的区域差异性等，因此，过去矿床学也是学科繁多、学派林立，诸如：接触交代成矿论、围岩蚀变成矿论、热液成矿论、岩浆（火山）成矿论、花岗岩化成矿论、混合岩化成矿论、同生成矿论、改造—叠加成矿论、外生矿床陆源汲取成矿论等等；这些都是属于传统经典的成矿理论，是“非此即彼”一元化理念；

（2）矿床学的哲学内涵：新中国成立后，中国矿床一地质学家潜心学习马克思主义哲学，运用辩证唯物主义和历史唯物主义原理和方法，深化了当代矿床学的认识，其学科本身原本就固有：内生与外生、深成与浅成、开放与封闭、均一与非均一、渐变与突变、膨胀与收缩、运移与沉淀、氧化与还原、饱和与稀释、同生与原生、尖灭与圈闭等等的争论，提高了矿床一地质学家的认识论和方法论，也丰富了成矿理论上的哲学内涵。

涂光炽院士提出的多成因成矿论，应该是属于在马克思主义哲学原理指导下完成的；

（3）在实践中检验：创新虽然尚无颁发的统一标准，综合已有共识的条件：

① 构建独立的新思维系统，有重大新事实发现；② 新理论能概括新老概念；③ 能开发能使用新技术和新方法，关键是在地质实践中得到验证。涂光炽院士的成矿理论，近年来在找矿实践中，得到了广泛验证，取得了公认的成就，并获得国家多种奖励。

（4）学术气氛最浓最活跃：从1958年第一届矿产会议，截至2006年11月，中国矿床学地质专业委员会已组织召开过8届全国矿床会议，每届会议都展示出不同时期不同阶段研究成果，都有中国成矿理论的亮点，同时也是论争最激烈的学术活动，显示出我国矿床学及其成矿理论进入成熟阶段。

当代中国成矿理论研究，可以说是繁花似锦、异彩纷呈，涌现出“百花齐放，百家争鸣”的新局面，其中比较重要的有：多因复成成矿论（叠加、活化、沉积、改造和催化理论），“三性三观”成矿理论，即：实践性、系统性、综合性，以及历史观、环境观、经济观，有的学者还提出了生物—有机—流体成矿论，构造体系成矿论，构造—成岩—成矿—区域成矿论，边界、耦合、叠加成矿论，三元（矿源、水源、热源）成矿论，地幔流体成矿论，同位素多维拓扑成矿论，四体系壳幔循环成矿论等，也有的学者运用耗散结构理论，提出热液成矿流体动力学理论；1994年在北京召开的第9届国际矿床成因科学讨论会上，充分展示了中国矿床学及其成矿理论的进展和辉煌成就，博得国内外学者的称赞。

国家对这门有直接经济意义的学科，也给与重视和大力投入，国家“973”项目中《印度－亚洲主碰撞带成矿作用》，作为大陆成矿作用和区域成矿学研究的前沿，以青藏高原—全球最典型造山带系统研究，已取得了可喜的成就，建立起一套完整的大陆碰撞带成矿理论框架。这些都显示出我国矿床学及成矿理论已进入了创新突破新形势。

我国矿床学及其成矿理论能取得这样的进展，主要是新中国成立后，全国范围内开展了普查、勘探和找矿工作，取得辉煌成就，不但为国家十多个国民经济发展计划，提供了能源、资源保证，还形成了矿种齐全、设备先进的百万地质大军，也成为矿床学及成矿理论验证和理论先导。

此外，笔者认为还有一个重要的、易为遗忘或鲜为人知因素，那就是：中国矿床学及其成矿理论，具有国际先进理论的历史渊源，我国一些有影响的老一辈矿床学家早期留学国外，受教于世界有名的矿床学大师，起到了“名师出高徒”效应，据我所知作如下的列举：

（1）约在1872年邝荣光（1863—？）赴美学习地质矿产，1905年任直隶矿政调查局探矿师，1910年发表中国第一张彩色地质矿产图；

（2）1901年王宠佑（1879—1958）赴美、英、法、德学习地质矿业，获得博士学位，回国后从事矿业，素有“锑矿大王”之美誉；

（3）1902年周树人（鲁迅）、芮炳臣（顾琅）赴日本学习地质矿业，顾琅毕业于东京帝大地质系，1905年发表《中国矿产志》，影响深远；

（4）1908年翁文灏（1887—1971）赴比利时专攻地质，获得博士学位，1915—1916年在地质研究所首次讲授矿床学；

（5）1911年王烈（1887—1957）赴德国弗莱堡矿冶学院，1913何杰（1888—1979）赴美国科罗拉多州矿业学院学习矿业地质，1898年何鞠时（1878—1961）以及张轶欧赴日本，学习采矿和冶炼；

（6）1916年谢家荣（1898—1966）赴美斯坦福大学、威斯康星大学学习，1929年赴德曾在柏林大学和弗莱堡大学研究金属矿床，深受矿床学大师施奈德宏（Hans Schneiderhon，1887—1962）影响和指导，成为我国经济地质学奠基者，建立有独特的金属矿床分类法；

（7）1918年冯景兰（1898—1976）赴美先后在科罗拉多矿业学院、哥伦比亚大学专攻矿床学，是我国成矿控制和成矿封闭理论的倡导者，为中国科学院学部委员（院士）；

（8）1919年刘基磐（1819—1985）赴美，进入哥伦比亚大学，受教于著名矿床学家雷蒙德；

（9）1920年朱庭佑（1895—1984）赴美，进入威斯康星大学，在校专门研究著名矿床学家艾孟斯（S. Emmons，1841—1911）金属矿床学理论颇有心得；

（10）1925年孟宪民（1900—1969）赴美，先后在科罗拉多矿业学院、麻省理工学院学习，师从著名矿床大师林格伦（W. Lindren，1860—1939），转攻矿床学，1927 年学成归国，是云南东川铜矿和个旧锡矿理论研究开拓者和奠基者，中国同生成矿理论的倡导者，层控矿床研究的开拓者，中国地质科学院副院长，1955 年首批当选为中国科学院学部委员（院士）；

（11）1929 年王竹泉（1891—1957）赴美先后在威斯康星大学、麻省理工学院作为著名经济地质学家格里教授的研究生，并受到温适尔教授的指导，1931 年获得学位后回国，长期从事教学与科研，以及煤田地质工作，1957 年当选为中国科学院学部委员；

（12）王恒升（1901— ）赴瑞士，在苏黎世大学，师从著名岩石－金属矿床学家尼格里（P. Niggli，1888—1953）1936 年获得博士学位，1937 年回国，长期从事地质调查与勘查工作，60 年代，提出铬铁矿多为岩浆岩晚期产物，是矿浆熔离经富集而成的新论点，在 80 年代，得到论证，当选为中国科学院院士；

（13）1935 年胡伯素（？—1944）赴德，在弗莱堡大学进修，师从著名矿床学家施奈德宏（H. Schnederhonhn，1887—1962）获得博士学位，1937 年回国，从事教学和研究工作，任湖南大学教授；

（14）1934 年张更（1896—1982）赴美，在哈佛大学深造，特选了林格伦金属矿床学课程学习，受益匪浅；

（15）此外，还有徐克勤（1939 赴美）、程裕淇（1935 赴英）、叶连俊（1913 赴美）、张炳熹（1946）、郭宗山（1949）等等，这些老一辈矿床地质学家，在开创中国矿床地质实践中，或是成矿理论研究上，都做出过重要贡献。

1994 年第 9 届国际矿床成因科学讨论会在中国北京举行，一方面展示了我国成矿理论研究所取得的成就，同时也显示着我国成矿理论研究的实力和在世界学界的地位和影响。

（本文发表在辽宁《国土资源》，题目是“博采众长，百家争鸣——中国大地构造学”，2008 年 1 月 15 日）

浅析我国能源的认识论和方法论

唯物主义认识论的基本前提是承认世界客观实在性及其规律的可认识性，马克思主义哲学把科学的实践观引入认识论，全面科学地揭示了意识和存在、主观和客观在认识过程中的相互关系。

党的十六届三中全会《中共中央关于完善社会主义市场经济体制若干问题的决定》提出了科学发展观，这是党中央为适应新形势、新要求提出的新理念；是党中央对社会主义现代化建设规律总结出的新认识；是实践社会主义发展理论上的新突破。

这充分显示了通过20余年的社会主义现代化建设的伟大实践，实现中华民族伟大复兴历史过程中，又进入了一个新的征途。总结概括出认识客观实在性及其主观能动性，加快推动社会主义现代化建设新的发展阶段、新的航程。在党的十六届三中全会上提出了“科学发展观”，强调以人为本、经济社会全面协调、可持续发展，按照“三个统筹”进一步推进改革和发展。

为响应朱训理事长在《对中国自然辩证法研究会工作的几点认识》中“为国服务”、“为政府决策提供政策建议”的号召，本人试图对我国能源战略上的某些认识论和方法论问题，表述点滴个人学习文件的体会和心得。

一、关于我国石油资源的认识

石油能源危机是客观现实，我国原油需求量每年为2.3亿～2.4亿吨，今年还要上升，而我国自产原油近年徘徊在1.6亿~1.7亿吨左右，从2002年进口7000多万吨，上升到2003年的9112万吨，而今年还会超过。众所周知，进口原油大部分从中东地区购入，约有80%通过马六甲海峡，这是个危险海域，很不安全。俄罗斯油源谈判搁置难成，中亚、东南亚、海湾非洲地区虽有进展，但都还不能满足于我国日益发展的需求，况且这都是“权宜之计”，从长远来说，还是加大国内油源的寻找和勘探，逐步减少和逐步摆脱过分依赖进口，正像刘光鼎院士几次在学术研讨会上所说：我国石油潜力很大，有78%的石油还没有找到，有93%的天然气也没找到，只要有信心运用地球物理学的优势，与地质学家的合作，终会大有希望。我作为学过地质学的人来说，基本上盛赞这种乐观的观点，其理由如下：

（1）首先是中国能源问题，早已引起中央领导的关注，已把油气资源列入影响经济社会可持续发展的三大战略资源之首，及时地进行了战略部署，采取了有效措施：2003年11月24日，新一轮全国油气资源评价工作启动，紧接着在12月1日国土资源部与国家发展和改革委员会共同召开会议，专门讨论研究新一轮全国油气资源评价工作。明确指出，这次评价工作是一项艰巨复杂的系统工程，要求对我国陆地和海域400多个含油盆地建立起国家级油气数据库和评价系统，要求在2005年5月向国务院提交我国油气资源各级资源量数据和预测油气资源发展趋势的报告；责成中国工程院承担关于中国可持续发展油气资源战略研究课题，并相继召开能源战略和改革国际研讨会。

国务院总理温家宝两次主持中国工程院的《中国可持续发展油气战略研究》课题汇报；不久前曾指出：“国土资源部门不能放松对油气资源战略调查的责任，争取在地质调查程度较低的陆地新区和海域有新的发现。”还指出：“我国油气资源十分丰富，陆上和海域含油盆地还有很大潜力。”我国油气资源十分丰富，中央决策增强了信心。

（2）中国石油地质学已进入成熟阶段，从感性认识到理论抽象思维阶段。从20世纪60年代的《中国西北油气田形成及其分布规律》发展到《陆相断陷盆地低阻隐蔽油气田》，理论的突破，从“盲目的偶然性”到“科学理论指导下得到规律性质”的飞跃，相当于在胜利油田又找到了一个大油田，陇东西峰塬地区的理论突破，找到了被称为“金宝贝”的4亿吨级的大油田，控制储量为2.03亿吨，预测储量1.24亿吨，三级储量合计4.35亿吨。据统计，我国有15个大型气田都是靠油气理论上和技术上的突破而获得成功，像内蒙古伊克昭盟苏里格大气田，运用地震地层学探明储量为7000亿立方米就是一例，还有春晓气田等。这充分表明了中国油气理论的发展和技术创新，石油地质学家们运用和掌握马克思主义认识论和方法论的水平的不断提高和进步。

新疆克拉玛依油田2003年产量已超过1000万吨，计划2005年赶上中国第二大油田——胜利油田，2010年超过大庆油田，年产可达5000万吨。

（3）我国海上油田方兴未艾（部分已公布资料记录）。据报道，仅南海已探明天然气田面积达12万平方千米，储量达1万亿立方米，东海春晓气田的开发，东海盆地新油田的发现，增加2.8亿吨石油储量。渤海油区总资源量为98亿吨，海上石油年产量突破2000万吨，2002年达2185万吨、天然气32亿立方米。

（4）古生代海相碳酸岩残留盆地地层寻找石油，也绝非"画饼充饥"。海相碳酸盐沉积盆地攻关10年计划，虽未取得突破，但其经验教训，启示了：①鄂西—渝东南方海相碳酸盐油气勘探，获得天然气百亿立方米，预测为153亿立方米；②塔里木盆地油气生成运移、聚集和保存规律研究，动员4000人攻关，证实油田是古板块三次拉张、三次挤压后形成的海相沉积和陆相沉积重叠复合体。石油地质学特征：是一个多次构造运动、多油源层、多期生油、多期成藏、多次运移再分配的五多油田；③大港千米桥地区，钻透古潜山，获得日产千吨井；④胜海古二井，在2490米古生代海相白云岩风化壳中钻得工业油流，日产1059吨，此外，在川东发现生物礁，在潘松—阿坝区、广西百色盆地基底发现古磐山及深部储油构造等，都为勘探我国碳酸岩油气资源展示了美好的前景。

（5）石油无机成因理论的进展和突破，也许为濒临石油资源危机的中国，带来了可喜的成果。（国内确有一批专家学者孜孜不倦地艰苦耕耘，努力探索，期盼有所突破。）

总之，不能长期过分依赖石油资源，开拓替代新能源应能逐步摆脱和缓解危机。期待第二次创业，中国石油天然气资源再创辉煌。

二、关于我国能源结构多元化的认识

我国能源战略要在油源上走多元化、在能源结构上多样化途径，加大对再生能源的研究和投入，以期逐步缓解或逐步摆脱对石油资源的过分依赖。

（1）风电能——是世界增长最快的能源。2003年全球风力发电装机容量达3200万千瓦，足够4000万欧洲居民电力需求。据欧洲风能协会的《风力口——关于2020年风电报告》，预测2020年全球发电装机将达12.31亿千瓦，占据全球发电总量的12%，成为解决世界能源的重要力量。

相比之下，中国风电发展缓慢，据何祚庥院士资料，截至2003年全国总装机容量仅为56．7万千瓦，占全国总装机容量的0.14%。虽然从20世纪80年代就开始风能发电，已建有40个风电厂，但至今远远未形成规模效益。由于风能技术已经成熟，应把发展风电提高到战略地位。

（2）太阳能——太阳能光伏发电是一种直接将太阳辐射能转化成为电能的新型发电技术。这种能量转换的关键器件是太阳能电池，可以不同规模并入电网供电，是无动部件，只要很低的维护费，无需远距离立杆架线输电，是一种比较经济而清洁的替代能源，其优点是能源来源不断，不受地理条件限制，地球上所有地方都可以获得，即使每天日照相当短的国度，也可以有效地大量利用太阳能。2003年5月20日在大阪召开过世界太阳能会议，有40多个国家数千人参加，2004年在波恩会议有“波恩宣言”，相继在巴黎、美国都有太阳能世界性会议，太阳能开发利用已成为各国能源战略重要议题。据称下届世界太阳能会议将在中国召开。我国实施“光明工程”，投资100亿发展可再生能源建设项目（风能和太阳能），计划5年内解决我国无电人口中约800万人以及2000个无电村、100个无电哨所、100个无电微波通讯站用电。太阳能发电系统主要包括太阳能电池板、逆度器、蓄电池，其中电池板的费用占60%，投入较大，一个22瓦的太阳能电池板的价格为700多元，其成本虽然已经降到20元／瓦左右，还仍未形成规模生产。这种高新技术的产生，原本缺少专门技术人才，加之设厂星罗棋布，比较分散，难以形成快速攻关力量，必须由国家统一调配人才，集中资金，统一部署，像当年研制“两弹一星"的方式，短期内形成规模效益 （详见吴岩的《太阳能光电产业的现状》）。

（3）核能——中国核电站2001年已经有了三个机组在运行，总装机容量为210万千瓦，在第九个五年计划内，正在建设4个核电项目共有8个机组，总装机容量为660千瓦，秦山核电站二期实现自主化、国产化。中国核能由热中子反应堆发展到快—中子增殖堆再到控核聚堆，以更可靠、更安全、更成熟的核技术利用为主。

关键问题是：我国天然铀资源短缺，进口也将碰到与石油进口相同的麻烦和烦恼。

（4）水能——我国水能源经济可开发量为3.9亿千瓦，年发电量1.7万亿千瓦时，2003年发电装机容量3.85亿千瓦，总发电量1.9万亿千瓦时，也难满足全国各地日益增长的能源需求。用电缺口很大，边远地区无电人口达7000万~8000万。

（5）氢能——氢将作为从碳氢化合物中衍生出来的烯进人世界经济领域中来。众所周知，氢分子通过燃烧与氧分子结合产生热能和水。通过液态氢与空气中的氧结合，可以发电。根据此原理制成的氢燃料电池，可以发电推动汽车，提供家庭或工业用电或作为手机电池。液态氢可以从多种渠道获取，包括石油天然气或有机化合物中提取，而其源泉就是水，但提取大量高纯度氢需要复杂的工艺过程，其成本尚较昂贵。氢能在经济上的可行性早在10年前就已经从理论和实践上被证实，廉价提取高纯度氢的工艺技术已取得进展，诸如美国最近使用镍、铝和锡合金作催化剂，可以从动植物废料中提取大量高纯度氢。首届全球替代能源——氢大会，已在德国慕尼黑召开，人类把氢作为21世纪替代能源的时代已为期不远。

据报道，目前世界已有95个城市拥有氢燃料电池公共汽车试点运营。我国研制的燃料电池客车已运行2000多千米，同时在北京和上海进行的燃料电池公共汽车示范运行项目得到联合国开发计划署（UNDP）、全球环境基金（GEF）支持，并被列入“氢国际合作伙伴计划”（IPHE）。由于氢是目前人类能获得的最清洁的能源，近期美国和欧盟已各支付20亿美元加大对氢能源研究的投资，我国应将氢能列入能源战略的重点发展方向。

（6）生物能——生物能是蕴藏在生物物质中的能量，是绿色植物通过叶绿素，将太阳能转化成化学能形式储存在生物物质内部的能量形式。直接或间接地来源于植物的光合作用，是以生物质为载体的能量。生物质主要指薪柴、农作物及残渣、动物粪便和生活垃圾等。这种再生能源潜力巨大，同样引起各国的重视，日本有“阳光计划”，印度有“绿色能源工程”，美国有“能源农场”，巴西、瑞典等国也都有相似的计划。据资料统计，美国生物质能发电的总装机量超过 10000 兆瓦，单机容量 10 兆～ 25 兆瓦。开发利用生物质能源对我国农村更具特殊意义。也应适当安排专向研究和计划。

（7）天然气水合物——可燃冰，是当代最清洁的替代能源，我国在南海西沙海槽大陆架区内初步圈定 524.2 平方千米面积，初步估算这种能源相当于 700 亿吨石油当量，这给我国能源危机和困扰，带来了希望之光，近期虽已纳入研究开发计划，但对这种能源的战略意义的认识不足，投入不足，据公布资料表示：1999 年以来 4 年共投资亿元，而未来 10 年投资 8.1 亿元人民币，这与其他发现可燃冰资源国家相比，远远落后。按照中央提出的“抓住战略机遇”要求，建议加大力度，引起更大的关注。

为了说明问题，列举几个国家在可燃冰调查与研究的投资：

① 美国 1981 年投资 800 万美元，制定“天然气水合物十年研究计划”，1998 年已列入“国家发展战略能源计划”，每年投资 2000 万美元，准备 2012 年试采。

② 日本，1992 年开始调查，1995 年投资 150 亿日元，制订 5 年计划，并专门成立研究委员会，2010 年试采，已设计出开采技术方案。

③ 印度，1995 年制订了 5 年天然气水合物研究计划，投资 5600 万美元。

④ 加拿大、德国、澳大利亚、法国、英国、比利时、巴西、挪威等国都投人大量人力物力和财力发展天然气水合物——可燃冰资源的调查与研究。我们绝不能等闲视之。

上述 7 种能源，建议列入国家战略能源计划，加快重点开拓与发展，短期内做出实效。下列几种能源作为我国 21 世纪新能源逐步开发与研究，根据国家需要和财力状况适当给予发展，达到我国能源多元化和多样化的目的。

这些能源有：地热能、潮汐能、波能、核聚变能、暗能量等；其中地热能有些地区如西藏、天津等已有广泛的利用。

三、后　记

本发言稿是2004年5月25日参加中国科协召开的“中国树立和全面落实科学发展观”研讨会前撰成的初稿，2004年6月间，为参加地球科学认识论方法论研讨会作了修改，于27日在大会上作了30分钟发言。会中或会后读到了温家宝总理于6月25日主持听取中国工程院关于中国可持续发展油气资源战略研究汇报为主题的会议，了解到汇报分别从中国油气资源供需战略，国内外油气资源开发战略，节油与替代燃料，储备与安全战略等进行深入研究，提出了关于中国油气资源可持续发展的总体战略、指导思想和政策建议。温家宝总理提出：一要加强国内石油天然气勘探开发，加快天然气开发；二要利用国内外两种资源、两个市场发展多种形式的国际合作；三要加快科技进步，提高油气开发利用效率；四要坚持开发与节约并重；五要发展新能源和可再生能源，优化能源结构；六要立足当前，放眼长远，完善石油保障体系，维护国家石油安全。这些无疑都是认识我国能源战略的基本原理。

（本文发表于《地球科学认识论方法论》，2004年11月，中国大地出版社）

关于当代地球科学发展趋势的点滴认识

一、建立新的地球观和认识论

近半个世纪以来，地球科学实施了一系列的国际合作研究计划，诸如20世纪50年代的“国际地球物理年”，60年代的“国际上地幔研究计划”，70年代的“国际地球动力学的计划”，80年代的“国际岩石圈研究计划”，90年代“国际大陆动力学计划”，以及“国际深海钻探计划”等，计划实施中所获得大量而珍贵的资料和数据，足以改变传统地球科学概念与面貌，使地球科学进入了自然科学领域中的前沿学科，从而成为影响社会经济发展的战略学科。

从1960年始，资源、环境、人口、灾害等，使人类面临生产、生活乃至生存的严峻危机，于是社会便掀起对社会、经济发展的讨论热潮：有的发表“未来的震荡”，有的宣告“增长的极限”，有的提出“第三次浪潮”，以及发出“世界面临挑战”警告，在激烈的论战中，形成了乐观学派和悲观学派，当然也有两者兼顾的折衷学派。于是国际组织倡导：“只有一个地球——一齐关心，共同享受”，并提出“保护环境，爱护地球”的战斗号召。70年代发表了《2000年的地球》，1987年相继发表《里约热内卢宣言》、《北京宣言》、《21世纪议程》等，“人类要生存，地球要拯救，环境与发展必须协调”的呼声已响彻宇宙上空。

1980年，当时的国际地科联主席E. 塞勃德（Seibold）教授发表的《80年代地质学》一文，提出当今人类面临的资源、环境与灾害的重大危机，要作为地球科学的主攻方向，列入地球科学研究的战略性前沿。首先要为协调人与自然、人地关系上，对社会经济与可持续发展发挥学科的优势和特点，并做出新的贡献。

什么是地球科学的学科优势和特点呢？我认为：地球表层圈系统的动力作用，控制着地球的自然资源的形成、分布，各自然体环境的演化与异常，破坏生态平衡，就会诱使各类灾害的发生与发展，这就是说，地球作为一个完整的动力系统，它的各种活动规律，制约着资源、环境和灾害的形成与演变。探索资源、环境和灾害的发生与发展，就依赖于掌握地球内在客观规律，因此，我们必须不断更新和寻找地球科学的理论，新的思维方式，来解决人类面临的全球性重大危机，也不断丰富地球科学理论与实践的内涵。

自从1988年美国国家研究委员会提出“固体地球科学与社会”以来，相继各国地球科学家清晰地认识到：我们居住的地球，已再不是一个单纯的自然综合体，对它的研究，要强调地球系统各组成部分之间的联系和相互作用，特别是对社会因素，因而构成了共同的地球观：当代地球科学系统是地球物质运动和社会经济运动的相互渗透、互为作用的自然社会综合系统。因而在地球社会物质运动领域涌现出一些新兴的学科，诸如：地球社会学、地球伦理学、地学价值论、地球社会系统发展论等。

随着地球科学研究任务和范畴的扩大与延伸，地球科学自身理论与实践的内涵，日趋丰富多彩，特别是在解决人地关系上，协调人与自然之间的关系上，发挥更重大的作用。在新在自然观、地球观指引下，寻找建立一个大自然系统——地球的系统科学，便成为当代地球科学发展的新趋势。

二、当代地球科学发展的趋势

建立地球科学的系统学科，首先要体现与自然科学各相邻学科的横向交叉，特别是与基础学科和工程学科的交叉，以建立物质科学为中心，建立综合学科群，诸如：

（1）地质学＋化学→地球化学：

①把平衡、可逆性过程的热力学融入地质学；

②用非平衡、不可逆性过程的热力学研究成岩成矿作用；

（2）地质学＋数学→地质数学（数学地质学）：

在地质学中派出多元统计分析、数值分析、几何特征，推动地质学走向定量化；

（3）地质学＋物理学→地球动力学、地球化学动力学、地球物质运动理论、大陆动力学；

（4）地质学＋复杂性科学→地球科学的复杂系统理论；

（5）其他：深部地质学（深部钻探工程计划）、实时地质学、地质生态学、全球变化地质学、流体地质学、地球化学动力学、深部地球化学、环境生物地球化学、预测学等。

许多地球科学家，试图把繁杂地球科学系统中的新旧学科、归纳为三大类，即：地球物理科学、地球表层学、地球动力学和大陆动力学等。

三、关于固体地球科学发展趋势

（1）建立地球系统科学：

研究现代地球（地球表层系统）长期演化的现代阶段，它由人类圈、岩石圈、大气圈、水圈和生物圈五个圈层构成。

（2）行星地球统一理论：

以1991年美国科学基金会地球科学部的战略观点和长远计划，意图通过比较行星系研究和空间探测来了解地球起源、演化及历史。

（3）超越板块构造理论的新地球观。

（4）"超地幔柱"研究计划：

旨在认识地球内部的地核到地球外部空间电磁圈之间各圈层的相互作用，科学的解释地球内外变化的根本原因，探求新资源和能源，诸如：海底热液多金属硫化物矿床及天然气水合物等。

（5）大陆动力学：

目的是了解大陆行为作用，历史和演化、建立和完善板块构造地质学。

同时也有一些地质学家提出21世纪应该是固态地质学向液态地质学的过渡，以建立整体地质学，寻求新的资源和能源，以解决人类面临的资源和能源的危机。

【说明】上述有些资料来源于最近一次香山科学讨论会上有关内容。

四、关于31届国际地质大会传出的地球科学的趋势

第31届国际地质大会于2008年8月6日在巴西里约热内卢召开，主题是“地球科学与可持续发展”，围绕主题有9个大会的学术报告，主要讨论21世纪矿产勘查的新远景、清洁能源地质、油气勘查、新世纪水资源、全球气候变化、地质灾害与防治等。

另有11个专题，包括有地球起源与演化、地学与人类生存、环境及自然灾害、全球变化、未来环境、岩石圈构造与深部作用、全球构造带、矿床成因、盆地分布、新世纪能源与矿产资源、地学中的高新技术等，充分反映21世纪国际地球科学发展的新趋势。

另有78个专业学术讨论会，一般属传统学科：诸如构造地质学、地层学等专业的研讨。值得庆幸的是：大会就建立地球系统科学达成共识，列为地球科学前沿性论题，这主要是由于地球科学新的分支和综合性学科不断涌观（见上述），推动了地球科学从单纯自然综合体研究，走向自然物质运动与社会经济运动相互渗透、互为作用的新阶段。

中国代表团团长、国土资源部负责人在会上发表了“地质科学与中国可持续发展”的演讲、受到大会热烈的欢迎和关注，讲演中论及新世纪面临的三大挑战：

（1）生命支持系统负担较重，生态环境系统仍然较脆弱；

（2）可持续发展所需要的资源不足；

（3）维系可持续发展的地质科学理论与技术创新能力和水平有待提高。

【附记】本文是2001年6月18日奉命参加吉林省地学哲学学术年会上的发言摘要，其中使用及摘录了“第143次香山科学会议研讨我国固体地学的未来发展方向”。

内容参阅了《地球科学要先行》以及孙枢院士发表的《第31届国际地质大会追记》等有关文献，特致谢意！

（本文发表于《吉林地质》，2001年12月15日，全文详见《我国地球科学哲学理论发展趋势之我见》，《创新思维与地球科学前沿》，2002年，中国大地出版社）

关于当代地球科学前沿问题的点滴评述（学习笔录）

——为第16届地质学史研究会学术年会而作

地球科学前沿问题，已成为地学界、地学论坛的热门话题，早在1995年发表《走向21世纪的中国地球科学》，1996年中国科学院地学部成立“地学战略研究组”，1998年发表《中国地球科学发展战略的若干问题——从地学大国走向地学强国》，1998年白文吉等发表了《21世纪地球科学研究前沿》，2000年陈毓川等发表《世纪之交的地球科学》，2002年中国科学院地学部发表《地球科学：世纪之交的回顾和展望》等。近年来相继发表了大量内容丰富并有独到见解的论文，这批优秀论文既有代表性，又具相当的权威性。读后，受益匪浅，不但获得了新知识新理论，更重要的是提高了对当代地球科学的认识水平。借此机会精选几篇并略作评述，以供交流。

（1）第143次香山科学会议研讨我国固体地学的未来发展方向，提出“地球系统科学”概念（美国《固体地球科学与社会》，1998）；同时提出行星地球统一理论、超越板块构造造理论的新地球观、“超级地幔柱”研究计划、大陆动力学等。

（2）孙枢院士发表的《第31届国际地质大会追记》及相关报导。

2000年8月在巴西里约热卢召开的第31届国际地质大会，主题是“地球科学与可持续发展”，主要研讨了21世纪矿产勘查新远景、清洁能源地质、油气勘查、新世纪水资源、全球气候变化、地质灾害与防治、海洋地质（包括海底矿产开拓）等；特别是大会就建立地球系统科学达成共识，并将其列为地球科学前沿性论题。

（3）2002 年 1 月以“地球科学与未来社会”为主题的香山科学会议在回顾20世纪地球科学经历根本性质变化的基础上，也把地球作为完整的大系统，建立“地球系统科学”为重任。

（4）2002 年 11 月 26 日国土资源部信息中心发表《基础前沿性研究》，全文共分两部分：在概述部分以十方面论题回顾了取得的成就，在展望部分概括四大论题作为 21 世纪基础研究趋势：

① 加强对地球系统科学研究，建立资源管理的新知识体系。

② 树立地学研究的全球观，加强国际交流与合作。

③ 基础研究应注重于突出区域优势和积累。

④ 提高理论创新能力和广开人才渠道，满足社会经济发展需求。

（5）孙枢院士 2002 年 10 月 16 日为庆祝中国地质学会成立八十周年发表《中国地质科学的过去、现在和未来》，全文分为奠基、大发展和展望三大部分，在展望中概话出三大论题：

① 为可持续发展提供保证（包括能源和矿产资源、水资源、环境保护、地质灾害等）。

② 更深刻地认识地球（推进分支学科的发展朝着地球系统科学的方向前进）。

③ 加强高新技术的应用和科学基础设施建设。

（6）国土资源部蒋承菘副部长于2003年7月3日发表《资源、环境与地质》，文中论证了可持发展理论实质上是正确认识自然、合理利用资源、有效保护环境的一门科学，还提出研究地质作用的地质学是可持续发展理论的基础理论。根据未来地质学和地质工作的发展，提出了地质学的新分类方案：① 基础地质学（包括岩石矿物地质学、地层地质学、构造地质学、古生物地质学、地球物理学、地球化学）；② 应用地质学（包括资源地质学、环境地质学、地质勘查学）。

同时还提出了自然资源的分类系统：耗竭性资源（包括可再生资源，如水资源等，不可再生资源，如矿产资源等）；非耗竭性资源（包括恒定资源，如太阳能等，其他资源，如大气资源等）。

（7）中国地质调查局发展研究中心张晶发表《管好我们的“家园”》，

文章关于科技前沿——地球系统科学，论及到科学研究的时空尺度、整体性思维方式、超前科研究、国际化的联合研究形式、地球信息科学。

（8）中国地质科学院张彦英院长近来相继发表《实现矿产资源可持续供应的对策》、《体制创新，推动科技发展》，其中《犯其至难，求其致远》一文充分运用马克思的历史唯物主义和辩证法，对地球科学中的改革创新、学术思想、科学理论、科学实践以及科学作用等，做了系统分析，并升华到哲学的高度认识问题，颇有供鉴。

（9）国土资源部信息中心肖庆辉发表《21 世纪地球科学展望》（2001 年 4 月），这是一篇资料翔实、内容丰富、内外交融、论证清析的论文，是我阅读过有关前沿问题收益最深的篇章。全文共 22 页，分为五大论题：

① 全球地学工作将沿着为国家持续发展提供全新地学信息方向发展。

② 资源环境问题已成为保证国家经济安全和生态安全的战略核心。

③ 未来社会经济发展对地学提出的重大科学挑战。

④ 高新技术是 21 世纪地学发展的关键（六大技术体系：包括对地观测与探测技术体系、深部探测技术体系、灾害监测与治理技术体系、矿产资源综合利用技术体系、测试、分析与实验技术体系以及信息技术体系）。

⑤ 地球系统科学已成为解决当代环境与资源问题的科学基础。

笔者认为地球系统是指由大气圈、水圈、岩石圈和生物圈（包括人类本身，最近诺贝尔奖得主Crutzen提出世界已进入“人类纪”，似应独立划出“人类圈”？已有专家的思考）组成的一个地球整体，是一个复杂的、不可逆性的、非线性系统。主要是物理、化学、生物三大基本过程之间的相互作用以及人与地球系统之间的相互作用。

文中还论及当前国际上对地球系统研究的重点：

① 过程研究：研究地球系统中变化系统的变化规律以及人类活动对地球环境的影响。

② 过程的相互作用研究：地球系统内部的各种界面过程成为地球科学研究的焦点或核心。

（10）2003 年 10 月 27 日中国科学院地学部已完成《关于地球科学中长期发展规划战略研究咨询报告》，提出未来 15~20 年地球科学发展的六大战略方向：

① 行星地球物理、化学与生物过程及其协同演化；

② 海洋的物理和生物地球化学过程及其资源环境效应；

③ 海陆过程、资源环境灾害、人类活动与可持续发展；

④ 气候系统和空间天气的变化与趋势预测；

⑤ 全球变化、干旱环境系统的演变；

⑥ 石油、天然气与其他重要矿产资源的形成机制及新技术勘查与综合利用。

同时还有两项研究平台，包括地球科学的观测和测试，地球科学的信息和模拟系统；两个重大研究，包括地球空间信息系统的科学技术，中国探空（月球与火星）探测研究。

此外，还值得提及的是 1999 年地质学史研究会召开回顾成立 20 周年座谈会上，会长王鸿祯院士提出开展地球物质科学研究号召，并发表《20 世纪中国地质科学的发展》，文中把基础地质科学划分为地球历史科学、地球物质科学和应用科学，认为地球物质科学包括：矿物学、岩石学、地球化学以及矿床学。

2000 年 11 月第 14 届地质学史学术年会上，董申葆院士发表《地质科学中物质组分的地球化学行为以及前沿》，文中认为地球物质运动有三大特点，并给地质科学下了新的定义：地质科学是研究与地球有关的地质作用中物质组分运动的规律；於崇文院士作了《地质系统的复杂性》，文中从自然哲学理念出发，将地质科学体系划分为地球物质的成分与结构、地质作用、地质力场与地质系统演化四大领域。认为地球物质的多样性和复杂性及其相互之间非线性相互作用，造成时一空多重标度上持续叠加发生过程所涌现的地质系统整体性状、结构与动力学行为的复杂性。

2002 年 12 月 28 日研究会还召开了“地球物质科学史”专题研讨会，游振东教授、翟裕生院士发表“技术进步与地球物质科学的发展”报告。

2003 年 6 月全国地学哲学委员会召开了“创新思想与地球科学前沿问题”学术研讨会，於崇文院士作了“地质系统的复杂性”，魏宏森教授作了“系统思维为地球科学提供新的思维方式”报告等；2003 年 10 月第 9 届学术年会上，有的论文也探讨了地球科学的前沿与地球系统科学的多样性、复杂性和非线性的特点。

从上述所列部分文献，虽具代表性和权威性，但对“前沿和地球系统科学”发展趋势，尚未达成广泛共识，明显地缺少一个相对统一的认识，这就是本文作者所谓要评论的基本内涵。仅停留在议论阶段，会失去良好的机遇。

众所周知，美国早在1983年提出地球系统科学概念，成立地球系统科学委员会（Earth System Sciences Committee），1988年出版了《地球系统科学》，首次论述了基本内涵。在此呼吁有关领导部门积极行动起来，迎头赶上，对“当代地球科学发展前沿”早日制定出一个全国统一的权威性认识，对“地球系统科学”研究制定出统一规划和具体措施。

（本文收录于《地质学史研究会第16届学术研讨会论文集》，2003年6月30日）

从几首古诗浅论地学文化的博大精深

一、地学文化在地学哲学委员会并不陌生

18年前的1989年3月10日，委员会在地矿部二楼会议室召开过一次会议，专门讨论编辑出版《地学文化丛书》，我也应邀参加了会议，会上王子贤教授作了“地学文化辨”的报告，比较精辟地阐述了地学文化的内涵、意义、作用以及与地学哲学的关系。

18年前，地学文化就已列入地学哲学委员会的研究课题，表明当时我们已对地学文化的重要性有所认识，但《丛书》未能按原计划实施。18年后再行启动，算是旧话重提。

二、我对地学文化的粗浅认识

地学文化是地球科学文化的简称，从狭义来说，地球科学本身就是文化的一种形态，是人类认识地球、并与之和谐共处、共荣、相互依存与发展的反映（对地球的认识论和反映论）；从广义来说，地学文化是人类认识地球、适应地球、开发利用地球过程中所取得的精神成果和物质成果的总和。

总之，地学文化是揭示和协调人与自然、人与地球和谐发展的一种文化形态。同样拥有科学文化、社会文化、精神文化和物质文化的特征。

（1）科学文化特征：赋存有地球科学研究对象使命，即：揭示地球起源、演化、发展的客观规律。80 年代后，这一特征更加深化，地球科学再不是一个单纯自然综合体，而是地球物质运动和经济社会运动相互渗透、彼此交叉、人地耦合、自然与社会的综合体系；

（2）社会文化特征：强化解决人与自然、人与地球的耦合关系，科学地解决当前人类面临的生态严重危机（人口膨胀、资源匮乏、环境恶化等）；

地球是人类的摇篮，人类在地球出现，就有反映他们生存和生活的文化，诸如：

① 猿人文化：包括“北京猿人”及其文化、“爪哇猿人”及其文化、“海德堡人”及其文化；

② 尼人文化：“中国河套人”及其文化；

③ 真人文化：“中国山顶洞人”及其文化、法国“克罗农人”及其文化。

随着人类社会的进步，也有标志人类发展历史进程的不同时代的文化特征：

诸如：石器时代及其文化，包括中国的仰韶文化，西方的马雅文化等，陶器时代及其文化，青铜时代及其文化……。

（3）精神文化特征：赋存有浓厚的意识形态的文化特征，就单纯文化而言，它是一种历史现象，是人类社会历史实践中所创造的物质财富和精神财富的总和，有着鲜明的人文空间，地学文化正是地球科学家创新思维的基础和立脚点。

据悉：诺奖得主著名物理学家杨振宁在清华大学一次演讲中坦承，他很喜爱唐诗宋词，让中国古典文学的魅力、中国传统诗歌的古韵激情，开启了他在近代物理学理论上的灵感，取得了成功；还有著名的爱因斯坦酷爱古典音乐，让贝多芬和莫扎特的音符旋律唤醒了相对论的精魂；就是在我国地学界也不乏有这样的精英，我国地质事业创建人之一李四光院士，演奏小提琴技巧娴熟（笔者 50 年代初曾亲自聆听过），那首提琴小夜曲，奏响了地质力学理论的新篇章。

他们的共同特点是不仅掌握专业理论，又具深邃的文化底蕴，有着广大的人文空间，可以说是学贯中西，博古通今之士。

三、从几首古诗探究地学文化的博大精深

诗经·十月之交

烨烨震电，不宁不令。

百川沸腾，山冢碎崩。

高岸为谷，深谷为陵。

哀今之人，胡惨莫惩。

诗的地学内涵：

（1）郭沫若1955年据《国语·周语》考证：“周幽王二年，西周三川皆震。”再据《唐书·历表》推定为周幽王六年，公元前778年，阴历十月，在陕甘地区发生的一次强烈地震；

（2）李仲均等1986年在《地质学史论丛》（一）专文考证：闪闪电光的大雷雨，……百川因山洪暴发而如沸水腾涌，高山顶端因震雷破碎下崩。原来的高岸因崩塌而成了深谷，而原来的深谷因填塞又成为山陵……主张大雷雨造成泥石流和滑坡；

（3）笔者原本称赞李仲均的论证，读了郭老的论断，认为关键是在发生灾害的时间和地点，在我国陕甘地区，2742年前阴历十月，是否会有强烈雷雨？（烨烨震电）值得质疑。

庐山桑落洲

晚唐诗人胡玢

莫问桑田事，但看桑落洲。

数家新住处，昔日大江流。

古岸崩欲尽，平沙涨未休。

想应半年后，人事更悠悠。

诗的地学内涵：

这是一首融地学与文学于一体的科学诗，凸显出地学自身文化底蕴。

诗中所指的桑落洲坐落在江西九江市东北之长江中，据庐山不远，诗中阐述桑落洲的历史变迁，使人认识到这种变迁，正反映出河流的冲刷、侵蚀

作用与堆积作用，纯属于河流的地质作用范畴，像这样描述自然界变迁的，据陶世龙《论沧桑》中统计《全唐诗》涉及沧海桑田的诗歌，就有60多处，并为40多人所引用，但绝大部分是对时光流失的悲鸣和感叹，甚或有些是看破红尘的伤感。当然也有部分是通过对自然界的观察，比较正确地认识自然界的海陆变迁现象，像大诗人白居易的《浪淘沙》、《海潮赋》，李白《关山月》，韦应物《咏虎珀》，杜甫、刘禹锡等佳作（见后），还有晚唐诗人黄甫松的《浪淘沙》：“宿鹭眠鸥非旧浦，去年沙嘴是江心”等；这沧海桑田的变迁，正是正确认识海陆变迁的反映，虽然说晋代葛洪（248 — 363）《神仙传》早有阐述，但那可能是属于编造的神话故事。唐代颜真卿（709 — 785）在《抚州南城麻姑仙坛记》中指出“高石中犹有螺蚌壳，或以为桑田所变……”确也难找出科学的论证。而在西方，希腊罗马时代的毕德格拉斯（公元前580—前500）和亚里斯多德（公元前384—前322）的《气象论》中对海陆变迁也都曾有比较精辟的论述。

深一步推敲《桑落洲》这首诗还表达出“将今论古”的地质思想，比地质学创建人莱伊尔的“将今论古”的现实主义原则早千年，这应该是世界地质学思想发展史上的光辉一页。

海潮赋

唐代诗人　白居易

白浪茫茫与海连，平沙浩浩四无边。
朝来暮去淘不住，遂令东海变桑田。

浪淘沙

一泊沙来一泊去，一重沙灭一重生。
相搅相淘无歇日，会教山海一时平。

诗的地学内涵：

诗人通过对海滨的观察，对我国东部海域，从黄河、长江三角洲不断向海洋伸展和近海沙洲出现，提出沧海变桑田是海浪与海岸山石“相搅相淘无歇日”结果，反映出诗人认识到海浪的冲蚀作用及泥沙的搬运作用，应该说这是地质思想的萌发。这虽然提出了海陆变迁的正确认识，其变迁的重要因素尚有是地壳运动，使高山与大海不停地上升和沉降，改变着地表形态。

关山月

李　白

明月出天山，苍茫云海间。
长风几千里，吹度玉门关。
汉下白登道，胡窥青海湾。

诗的地学内涵：

诗人阐述了我西北边陲的祁连山和青海湖的地理方位和地理风貌。

思往日山东因震，无过康熙戊申年。
马蓍山崩石四散，五庐固山劈一半；
沐河崖裂葛湖翻，井口喷沙黄水漫。
泰安白气长亘天，峄县黑云如墨炭。
撼倒郯城城碟坍，压覆安丘户十万。
更苦沂州无半椽，楼台尽塌人糜烂；
此皆奇劫不轻逢，遗民露宿张芦蓬。
淫雨兼旬风不止，田禾湮没鸣哀鸿，
尔时报灾忙六府，曲阜无忧庆安堵。

诗的地学内涵：

这是一首描述地震的诗，记述了1668年7月25日山东莒县郯城8.5级大地震，诗中反映出发震时间、级震区、震感范围、房屋破毁、人员伤亡等情，同时，还阐述了山洪暴发，巨石滚滚，地表裂缝，喷沙冒水，天气异常等自然现象。全诗正像一份完整的地震报告。

咏琥珀

唐代诗人　韦应物

曾为老茯神，本是寒松液。
蚊蚋落其中，千年犹可觌。

诗的地质学内涵：

这是公元8世纪唐代诗人韦应物，以短短四句诗词生动而科学地描述了琥珀及其中昆虫化石的成因及形成过程。诗意说琥珀本是松树的液汁，蚊虫掉落松脂中，经过长时间，树脂变成了琥珀，蚊虫变成了生物化石。我国古代诗文中描述生物化石者，不胜枚举，诸如，《水经注》38卷中有涟水之鱼化石，湘水之石燕化石等，南宋朱熹（1130－1200）在《朱子语类》第4卷："尝见高山有螺蚌壳，或生于石中，此石即旧日之土，螺蚌即水中之物……"

唐诗中确实有许多关于地质科学思想的丰富内涵，像白居易的"丹砂见火去无迹"（矿物物理），杜甫的"在山泉水清，出山水浊"，刘禹锡的"一雨百泉涨，南泉夜来深"等等。

这些诗歌，不仅是中国文学史上光辉的篇章，在科学史上也是地球科学的珍贵遗产，这就充分说明，地球科学不仅是当代自然科学领域中的横断性的前沿学科，又富涵中国传统文化的丰厚底蕴。

（本文发表于《中国矿业报》，2007年11月1日，《国土资源》，2007年11月15日，收入《地学哲学与地学文化》，2008年，中国大地出版社）

张文佑断块构造学发展观及其在地学哲学上的贡献
——导师张文佑院士诞辰百年祭

一、概　述

张文佑

张文佑（1910—1985）院士是我国著名的大地构造学家、全国地学哲学委员会的创建人、断裂体系与断块大地构造学说倡导者和奠基人。

张先生自幼受到良好的传统教育，就读于驰名中外的天津南开中学，思想活跃，追求进步，青少年时代蕴育有实业报国之志。1930 年以优异的成绩，同时被三个著名学府录取——唐山交大、清华、北大，由于抱有实业救国思想，又有追逐名师观念，毅然选择进北京大学地质系，既有李四光教授，又有美国知名地质古生物学家葛利普（A. W. Grabau，1870—1946）。在校期间十分勤奋，积极参加野外地质实习和地质调查，曾编制成三幅北京西山地质图（1 ∶ 5 万），论述过北方震旦纪和寒武纪地层分界问题，建立有新的白垩系地层剖面，深受老师赞许。

1934 年毕业，被李四光教授选中，进入 1928 年他创建的中央研究院地质研究所，在李四光指导下，开始了地质调查活动，曾去浙、赣、苏、皖、黔、湘等省区进行地质考察，从业地质事业，如愿以偿。

日寇侵华后，因大半山河沦为敌占区，地质调查受到局限，加之地质研究所几经被迫移迁，1937 年后集中在广西地区，在李先生指导下，与赵金科、吴磊伯等共同合作，开展了广西地层、花岗岩原生构造、石灰岩区的地下水，以及矿产地质，包括：煤、钨、锡、钼、铜、铀矿等的调查与研究，发表过一批早期成果，诸如：《赣南路线地质构造及煤田地质》（1936）、《赣南钨矿、锡矿与构造关系之初步观察》、《南岭钨锡矿的形成与构造体系的关系》（1943），以及后来发表的《广西地质纲要》（1950）、《广西地质》和《广西地层概要》（1948）等论述，基本上反映他在 20 世纪 40 年代中的研究成果，其中特别是在《地质论评》上发表的《广西山字形构造的雏形》（7 卷 6 期，1942）一文，则认为是他地质构造力学分析与历史分析相结合思想和方法的早期的初步尝试，是他后来在大地构造理论创新的起点。

1945 年经李四光先生的推荐，派往欧美等国进行地质考察，他遍寻名师，博学广采，实地考察了阿尔卑斯山的推覆构造，阿帕拉契亚山的变质构造，记得 1983 年一次在他家闲谈中，还讲述了当年（1859）年霍尔（J.Hall，1811—1898）在阿帕拉契亚山创立的，掀开构造地质学序幕的地槽学说这段历史。

他的这次欧美之行，还在英国剑桥大学卡文迪许实验室学习与研究 X 光晶体结构，在美国华盛顿陈列馆学习矿物学，在德国匹茨堡学习煤岩学等，1947 年 10 月回国，继续在地质研究所从事研究工作，并兼任中央大学教授。

1948 年，解放大军胜利渡江，在南京解放前夕，受李四光先生的委托，组成以赵金科为组长、张文佑、吴磊伯（地下党）为副组长的护院、护所组织，主要是抗拒迁台阴谋，昼夜巡逻，救助困难职工人员，维护院、所图书和设备，迎接渴望已久的黎明。

新中国诞生后，张先生被任命为中国科学院地质研究所副所长，中国地质工作指导委员会委员，领导组织全所地质人员为三年经济恢复时期，奔波于东北、华北大地上，寻找矿产资源，取得许多战果，为三年国民经济恢复作出贡献！

1953 年作为中国科学院访苏代表团成员，访问了苏联科学院及其他有关地质机构和地质学家，历时三个月，通过访问、座谈与交流，集中了解到苏联地质科学的成就，其中包括苏联传统的陆台学说、槽台理论，苏联大地构造学派的理论发展和影响，奥勃鲁契夫的新大地构造，古勃金的石油地质理论等，受益匪浅，回国后带回一批珍贵文献、著作和资料（笔者曾参与过文献目录的整理和翻译），并发表了《苏联地质科学的特点》等几篇论文。

1960年再次赴苏访问与学术交流，主要是了解和吸收苏联大地构造学派编制苏联及欧洲大地构造图的理论和方法，以其丰富的经验，同时也比较系统地了解沙茨基院士的正向断裂与斜向断裂理论内涵，对比与丰富自己多年研究的X形断裂理论，从而也启迪认识到苏联大地构造学派正确对待和理解大地构造与沉积作用和岩浆活动及其成矿作用之间的密切关系和重要意义。这次访问与交流，也充分认识到苏联著名大地构造学家裴卫（A. B. NEIB）院士的深大断裂理论重要意义和实用价值（指导我翻译过裴卫的论文）。

通过两次赴苏访问与学术交流，开阔了他大地构造思维形式，丰富了自己对中国大地构造的认识论、发展观和方法论。正像学界所评论说，如果说张先生长期跟随李四光先生奠定了地质力学基础的话，受苏联大地构造学派的启迪，坚定了自己追求构造地质学新途径的信念，即构造地质与沉积建造相结合，乃是发展自己大地构造学的新思维，进而逐步形成了地质力学分析与历史建造分析相结合的构造理论和方法论。

1955年中国科学院学部成立大会，张先生当选为首批地学部委员（院士）、科学院主席团常委，相继还连续当选为中国地质学会副理事长、中国石油学会及中国石油地质专业委员会副理事长，成为领导中国地质工作发展的学术带头人之一。

先生生前终日忙碌奔波于祖国山川大地，为中国的地质科学发展和矿产事业开拓，鞠躬尽瘁。

二、从读过的几篇论文论张先生大地构造理论的发展观

（1）《中国大地构造学的发展和成就》（《科学近报》1953年第10月号），文中比较明确地表述了对中国大地构造的特点认识：

第一，是从地质历史和古地理观点出发，根据沉积岩相、火成岩种类、化石分布和褶皱程度来鉴别某些地质时代所存在的地台和地槽，文中特别引述黄

汲清先生把中国大陆划分为七大区域，诸如：前塞武纪地块、加里东褶皱区、华力西褶皱区、印华褶皱区、燕山褶皱区、喜马拉雅褶皱区等，反映中国传统槽台学说的基础。

第二，是从地质力学观点出发，研究强烈构造带排列，以及构成各构造成分的组合形式（应变应力），文中引述了李四光先生的《地质力学的基础与方法》一书的基本论点。

（2）《中国大地构造研究工作中存在的一些问题》（《科学近报》1955年6月号）是他参加马克思主义哲学学习中，最早发表的学习辩证唯物主义的点滴体会，廖士范先生提出一些探讨论题，1956年又在《地质知识》上作过进一步的阐述和论证，诸如：褶皱、断裂、造山运动、造陆运动、内力外力、应力应变等。

（3）《中国X型断裂与新构造运动的关系》（1956年在中国科学院召开的第一次新构造运动座谈会上的报告，笔者是《论文集》的编辑），文中强调指出，地槽区和地台区的边缘是活动断裂带及地形起伏悬殊地区，也是运动强烈区，当然也是容易出现强烈地震区。

文中表述了他多年跟随李四光先生从事剪力节理、张力节理、劈理研究的总结性成果；着重强调构造地质学研究，重视从岩石节理力等着手。通过野外观察和室内实验分析，求得力学数据，早期在李先生指导下曾做出过令人称赞的成就，诸如《剪力节理与张性节理之初步观察》）（1949）、《测量节理应注意的几点》（1948）以及《劈理节理发育之初步探讨》（1950）。

（4）1958—1959年是中国大地构造各学派形成、各学派理论发展最活跃的年代，张先生相继发表几篇颇具探索性、争论很强的论文，诸如：《中国地台区的发育轮廓》（《科学记录》2卷，7期，1958）等。

（5）《从大地构造的特征谈中国大地构单位的命名》（《科学近报》1959年6月），《从中国大地构造单元的划分和命名原则谈东北北部地区大地构造单位的特征》（《地质科学》1959，4期），以及《略谈地壳的垂直运动和水平运动问题》（《地质科学》1959，6）。

（6）《中国主要断裂构造系统的应力分析》（《科学近报》1960，10）中根据室内模拟试验和野外观察岩石断裂形成的应力结果，进而对中国块状断裂构造的力学成因作了推论：

从地形分析：以六盘山、贺兰山、横断山为背景，我国西部山区菱形盆地和高原（如西藏、塔里木、柴达木、准噶尔等）长对角线，都是近于东西向或北西西向（西域系），而东部地区（如鄂尔多斯、四川、贵州、华北和松辽等斜长方形盆地和高原的长对角线，则为近于南北向和北北东向（华夏系），东部太平洋段海盆地，也都呈菱形或斜长方形轮廓，其对角线近于南北向和北北东向。

从大地构造来分析：贺兰山、六盘山、龙门山和横断山是近于南北向的长期活动的深断裂带，不仅把中国地台划分出：西部以地槽为主为西域构造系；东部以地台为主，为华夏构造系。文中阐述了李四光教授的东西构造带、华夏构造带、西域构造带和山字型构造系，也都受基底的 X 型断裂的控制。最后提出中国以及世界上主要断裂构造系统是受统一的应力场支配，其形成是受地球收缩和自转速度变化而各不相同。

（7）《现阶段地壳构造的分区及其成因的初步探讨》（《地质科学》1963 年，2 期）及 1965 年发表《锯齿状断裂的力学形成机制》（《构造地质问题》）认为锯齿状断裂是断裂构造中最常见的类型，其形成过程及发育的控制因素、相对运动方式以及其在构造分析的应用是论文的主题。

（8）邢台地震后，亲赴地震灾区进行考察，除撰写《考察报告》外，把自己的研究工作转向构造地震，相继结合自己构造地质学的特点，发表一些有关地震构造论文，诸如：

1966 年发表《华北华南中生代新生代构造发展特征》、1973 年发表《弧形构造的力学成因及其与浅源地震的关系》，以及《从断块错动和层间滑动初步探讨震源空间分布和震源力学状态的关系》（《地质科学》4 期）。

唐山大地震时，亲临考察后，发表了一批有重要参考意义的论文，诸如：《地震异常应区分震前兆和震后效应》、《初论断裂的形成和发展及其与地震的关系》（1975）等。

（9）《中国大地构造基本特征及其发展的初步探讨》（《地质科学》1974，1 期），1974 年受海洋科技的启示，发表《有关地质构造学的发展现状和方法问题的一些初步探讨》，1974 年在石油部召开的一次会议上提出“定凹探边”、“定凹探隆”建议，以及华北断块油田的连片问题，很受大会的重视和称赞。所提建议：即是在综合分析油气的形成和聚集，圈定生油盆地“定洼”之后，甩开钻探是开创找油气的新局面，提高我国油气储量的新途径。

张文佑院士以自己大地构造理论，对中国油气资源勘探与研究，有过重要论述和见解。早在1956年他在柴达木盆地考察时，曾提出在隐蔽构造上布钻，60年代多次赴四川（川中合战）专题研究，发挥他裂隙与断裂研究优势，提出重视基底断裂控制盖层褶皱、上下构造不符合、在宽向斜中存在着低背斜等地质构造特征，以合理确定钻孔位置；1965年提出中国东部油田具有断块构造性质的论断，1974年在应邀赴华北油田考察，作了关于断块构造油田的学术报告。

（10）1979年参加国际地质大会上作了《中国断裂构造体系的发展》（《地质科学》3期），文中认为：破裂常由剪切断裂形变开始，由引张断裂形变发展完成；断裂体系分为X型剪切断裂体系，以及Y型剪切—拉张断裂体系以及I型张性断裂体系。

断裂按其深度可成为：岩石圈断裂、地壳断裂、基底断裂、盖层断裂、层间滑动断裂。

（11）1978年，“板块构造学说”在中国大地上引起波澜壮阔的学术思潮之际，他大胆发表的《“断块”与“板块”》之概念性讨论，从他断块理论观点，认为“板块”是断块的一种特殊类型，它是被巨大深切整个岩石圈的断裂带所围限的断块，是最大的一级断块，命名为岩石圈断块。值得追忆的是，在我读到文稿时，特别是向张先生提供了英国地球物理学家H.杰弗瑞斯的《地球》新版，以及别洛乌索夫对板块学说13条反对意见，他表示现有所指，也不尽都正确。

文中对断块学说的历史发展与当前的理论研究作了简要论述，重点应用断块构造的力学分析与历史分析方法，对板块构造理论中一些问题提出讨论，同时在《从断块看板块》一文中对板块构造理论提出八条探讨论题，其中还引述了英国地球物理学家H.杰弗瑞斯和苏联大地构造学家别洛乌索夫等质疑板块构造学说的论点。

（12）1978年发表了《断裂与断块大地构造学说的理论发展与实际意义》，

（中科院地学部主编《地学讨论资料汇编》），作者首先表明了断裂与断块大地构造学说是张先生多年研究中国大陆及邻海域断裂系统特征的总结性论述，其中包括他室内模拟部分实践经验的总结，成文中也汲取了国内外大地构造学说中有关论述，认为断块学说是以断裂观点出发，运用“一分为二”的哲学思想，研究岩石圈形变力学机制和力源问题，最后在论及断块大地构造学的实际意义时，提出：① 对油气资源的控制；② 对煤与地热资源的控制；③ 对金属矿产形成的控制；④ 对地震自然发生发展的控制。文中附有 9 幅有关断裂模拟试验图示及部分地区实际观察图示。

相继有关断块构造学说相关的论文发表多篇，诸如 1981 年 12 月 24 日在中科院南海海洋研究所时发表的。

（13）《有关中国断块构造的几个问题》、《断块内部与断块边缘力学机制的研究》（1980）、《断块体系与断块大地构造学说》（1980）等。

张文佑倡导的断块大地构造学理论，有着广泛应用前景，对我国油气资源勘探与研究，除上文所述早期发表的论文和建议外，近期发表的论文，诸如：他 1980 年在北京石油地质国际学术会议的报告《断块构造与中国油气藏》，以断块构造理论分析了控制生油盆地的形成与演化，对油气运移采集的控制作用，以及有关中国油气藏形成和发展的若干问题；1982 年发表了《关于我国寻找石油天燃气的地质问题》；1984 年在第十一届世界石油会议上又作了《中国陆缘的演化及油气资源的预测》；1987 年正是他主编中国及邻海域大地构造图总结阶段，在石油地质会议上发表了《中国及相邻海域中新生代盆地类型及含油气远景》等十余篇专文。在矿产资源、水工地质、地震等领域都有重要论著发表，限于篇幅就不一一赘述。

三、从主编三幅中国大地构造图反映张文佑院士构造理论的发展观

众所周知，他最大学术成就是创立了断裂体系与断块大地构造学说。他主编的三张大地构造图反映了断块学说从萌芽、诞生到成熟的三个阶段。

1956 年，张文佑主编了新中国的第一幅大地构造图（1 ∶ 800 万），1959 年经过精心重编，正式出版为 1 ∶ 400 万，并于同年完成其说明书《中国大地

构造纲要》的编撰。编图时采用的是大地构造学与沉积建造—岩相古地理分析的“两条腿走路”的方法，把构造体系分为属基底断裂范畴的和属盖层滑动范畴的两类，时间序列上则用三大构造层表示中国大地构造的历史发展。1973年，他在汲取板块学说成果的基础上编制了中国的断块大地构造图（1∶1000万），提出中国大地构造的“基本轮廓是以块断构造为特征”，分5个发展阶段10个发展时期概述了块断构造的发展。1975、1977、1978年相继论述断裂体系、断块内部和边界的力学机制、断块与板块的关系等论点；1980年他主编的《华北断块区的形成与发展》，系统地阐述了华北地质构造的形成机制、过程及其发展历史。1983年，他领导和主编了《中国及邻区海陆大地构造图（1∶500万）》，系统全面地表示出中国及邻区的断块大地构造格局；在《断块构造导论》（1984）和《中国及邻区海陆大地构造》（1986）两书中则系统地阐述了断块学说的理论、方法和现阶段的思想成果。

四、张文佑院士在地学哲学上的造诣及其贡献

新中国诞生初期，组织部、中宣部发起以中国科学院为主，包括在京科技工作者（笔者也是学员之一）以《矛盾论》、《实践论》为主题的马克思主义哲学学习热潮，学习中，要求以辩证唯物主义和历史唯物主义认识论和方法论，结合自己的学科专业进行理论概括和哲学总结。

学习以自学为主，集体聆听大报告为辅，像马克思主义理论专家艾思奇、胡绳、陆定一、周扬等是主要报告人；自学课本指定为：《自然辩证法》、《反杜林论》、《德国古典哲学的总结》等七本经典论著。

学习热潮中，《科学近报》开辟专栏，发表科学家们的心得体会，地质学界有李四光、杨钟健、尹赞勋等老一辈地质学家发表过有重要意义的历史性论文，其中张文佑先生连续发表几篇专业性很强，又赋有丰富哲学内涵的论文，主要有：

（1）《中国大地构造学研究工作中存在的问题》（《科学通报》1955.6）。

（2）《辩证唯物主义在大地构造发展过程中的体现》（《科学通报》1960.10）。

（3）《学习毛泽东思想为地质科学开辟新道路》（《科学通报》1961.1）。

（4）《用辩证法分析与解决当前地球科学发展过程中出现的问题》（《科学通报》1978.3）。

（5）《对立统一在地质科学理论发展中的体现》（在北京大学、北京地质学院作的学术讲演）。

张文佑先生善于学习和运用马克思主义哲学、辩证唯物论和历史唯物论来剖析地质学中存在的问题，寻求中国地质学发展中的新思维、新理论、新途径，充分发挥大地构造学的哲学特点，运用矛盾论、对立统一的法则结合学科，论述了褶皱、断层、断裂系统、劈理等形成机制、演化及其相互联系，内因与外因之间的互动关系，造山运动与造陆运动的应力强度等，为我国地球科学哲学理论研究奠定了基础。

张先生在运用马克思主义哲学，来解决大地构造理论研究的成就，深受理论界的广泛称赞和认同，应邀参与了《全国自然科学和哲学社会科学12年（1956—1967）发展远景规划》，制定《自然辩证法12年补充规划（草案）》，积极参与了中国自然辩证法研究会的筹备，在1981年成立大会上他当选为首届理事会成员，带领参加成立大会的10名代表，发起筹备成立地质学辩证法专业组，正是由于在他热心指导下，1983年，在自然辩证法研究会领导亲临主持下，于榕城福州召开了成立大会及首届地质辩证法学术研讨会，会上张先生作了"学习应用自然辩证法进行地学研究"主题学术报告，他首先提出辩证法的规律，即对立统一规律，"认识自然、改造自然必须顺应自然规律"。在谈到认识论时，他体验到："认识论有一个立场、观点、方向问题，即主观应符合客观，违背客观就要发生错误，这是我们搞科学研究应当遵循的一条基本原则。"

以地球科学研究为例，一般都以"将今论古"，而更重要的还要"以古鉴今"，随着近代科学的发展，更要适应客观条件的变化，旧的理论终会被新的学说所替代。

在构造地质学方面，50年代曾有过建造与改造、形成和形变之间的矛盾，与内力和外力的矛盾的讨论，他赞成前者是主要矛盾。

在论及地质力学分析与地质分析相结合的问题，完全运用辩证法则论述了地学分析是空间分析，历史分析是分析时间上的演化，是时间与空间结合。具体说来，认为力学分析是各个地质体（断裂、褶皱、岩体等）空间组合。历史分析是基础，历史分析是力学分析的综合，文中还从构造发展观，阐述了原苏联深断层和构造层概念，构造位同期构造深浅组合概念，以及深构造层和构造位的概念等，最后还论及到他的主论“断块”与“板块”概念相近与不同，并介绍了他与威尔逊讨论的四个不同的论点。

成立大会及首届学术研讨会共收百余篇论文，在大会交流的约有60余篇，其中有朱部长的《正确处理地质找矿中若干关系》、闵豫部长的《协同研究地球科学辩证法》、马宗晋院士的《科学思维习性》、刘茂才的《社会地球观》、王子贤、王恒礼的《地质学辩证法》等，参加成立大会的地学各系统以及理论学界及自然辩证法学界人员90余人，会议在发扬学术民主，贯彻“百家争鸣”的方针下，开得学术气氛浓厚而热烈，系统地检阅了新中国诞生以来地球科学哲学研究成就，具体探讨了几个重要问题：

（1）关于中国大地构造中的哲学问题；

（2）关于地质找矿的矛盾及其解决途径；

（3）关于地学思维习性、思维方式；

（4）关于地学哲学的概念、对象、范畴和体系；

（5）地学研究的时空尺度；

（6）系统论、控制论在地学中的应用，以及当代灾变论的哲学认识等。

会议最后推选出以张文佑院士为组长，吴凤鸣、余谋昌为副组长的首届地质辩证法专业组，从此拉开了中国地球科学哲学研究进入新阶段的帷幕。

地学专业组刚刚建立不久，传来张先生病重的消息，1985年，我们崇敬的学术带头人张文佑院士不幸逝世，在我们满怀悲痛的悼念的日子里，专业组群龙无首，几乎沉沦于停滞状态。

1987年一个春光明媚的日子里，幸得勤于耕耘，善于耕耘的园丁朱训教授挺身而出，勇于挽救这个濒临危难之中的地球科学中新兴领域——地学哲学，地学专业组才得以“柳暗花明又逢春”。

1988年，在朱训教授精心主持下，成功地召开了第二届学术年会，大会收到论文50余篇，发表在《地学与智慧》文集的有29篇，参加大会的首都理论界、科学界、地质学界知名学者有：于光远（顾问委员会常委）、李昌（顾问委员会常委）、黄汲清（院士）、王鸿祯（院士）、李宝恒（科协书记处书记）等60余人，是地质学界的一次学术盛会；通过这次会议，从一个“地质辩证法专业组”，扩建为今天的“全国地学哲学委员会”，从11人小组，扩展为14人组成的专业委员会（1988）。

当前全国各条线都在热烈地庆祝改革开放30年，我们专业委员会在这大浪潮中，只有20年的发展历程，确切地说，我们晚于先进学科5年，1983年成立，又遭遇5年的停滞阶段，直到1988年才重新开展活动。

20年来，在勤于耕耘的学术带头人朱训教授躬身厉行的领导下，专业委员会取得了今日的繁荣。专业委员会20余年来，已召开过12届学术年会，出版《地学哲学文库丛书》12本，《通讯》近百期，早已成为中国自然辩证法研究会及中国地质学会学术气氛最浓、最活跃的“全国地学哲学委员会”，多次被上级学会评为先进专业委员会，多次受到嘉奖。

专业委员会还在一些省区建立多个分会，有力地推动全国地球科学哲学研究。

1. 编辑出版了一批论著：

（1）以《找矿哲学概论》、《地学哲学概论》、《地球科学哲学》等为代表的专著6~7种；

（2）《地学哲学文库》12本，反映了每两年召开一次学术年会内容和成果；重点的专题讨论会，也汇编有论文集，诸如《创新思维与地球科学前沿》（2002），《地球科学认识论方法论》（2004），以及《地学哲学与国土资源保障和储备学术会议论文集》等；

（3）《地学哲学与可持续发展》丛书一套（十本）；

（4）朱训教授的论著，包括：《朱训传》、《大山无涯》、《朱训文集·地学哲学卷》、《运用辩证唯物主义指导地矿工作》等等；

（5）其他诸如《智慧》、《搜索论》等等。

2. 地学哲学基本理论及其构建

委员会25年来，探讨和构建起来的基本理论框架：

（1）建立起地学哲学的基本理论（指导思想、原理、性质、内容、方法论），为地学哲学自身学科理论建设和发展奠定了基础；

（2）找矿哲学基本理论是地学哲学理论中具有标志性的理论，为建立应用哲学分支学科奠定理论基础，既要运用马克思主义哲学理论，服务于矿产勘查，也要为哲学社会科学的发展和繁荣作出贡献；

（3）地学思维理论包括：思维习性、思维方法、思维创新等等，为地质科学的理论创新，发挥思维科学理论功能做出努力；

（4）人与自然的耦合理论，建立资源与环境的正确观，充分认识历史上的天命论、决定论、或然论、征服论对社会经济建设中的教训，为建立当代协调论，做好理论准备，为建设环境友好型国家提供了哲学论证并作出贡献；

（5）建立新的资源观，包括：资源的辩证观、资源的系统观、资源的开发观、资源的价值观、资源的伦理观，以及法制观等，为建设资源节约型国家提供了哲学论证并作出贡献；

（6）地学社会，包括：地球科学的多样性、系统性、复杂性，以及循环理论的应用，以及当代地学哲学的社会功能等；

（7）其他新理论和新学科：创造地质学、灾害地学、农业地学、环境地学等等。

3. 队伍在壮大

从参加历届年会成员的数量来说，稳定保持在60~100人以上；而据1989—1990年统计的近20年“积极分子通讯录”就有164人，2005年至今仅理事会成员就有166人，顾问17人，当今有多少人参加我们研究会的学术活动我没统计过，但是我想说的是参加研究会学术活动的成员，可以说是“谈笑有鸿儒，往来无白丁”；在学衔上有：院士、研究员、教授、博士、硕士、学士以及在校大学生。

在职务上有：从国务委员到部长，其中有中组部、中宣部、教育部、地质部、中国科协、科学院、研究院主要领导等，司局长级干部比较普遍，值得提及的是中央政治局常委李瑞环同志对《找矿哲学概论》作过专题批示，国务委员宋健也曾写过贺信等，可以说我们研究会是“得天独厚”。

借12届学术年之机，正逢我们专业委员会创建人张文佑院士100年诞辰之际，让我们以崇敬的心情，深切缅怀张先生当年创业的艰辛，宣扬他在地学哲学研究上的成就和贡献，正是笔者以84岁高龄，在酷暑高温下撰写此文的目的，借以表达对导师的怀念之情。

高声呼唤：在天之灵！由你开创的地学哲学研究会，已是中国地质学会，中国自然辩证法研究会的先进群体，地学哲学理论研究已进入繁荣发展的新阶段！张先生我们永远怀念您！

二〇〇九年七月二十七日

（本文发表于《纪念张文佑院士诞辰100年》，科学出版社，2009年12月）

从近年我国找矿的突破，再论《找矿哲学概论》的魅力和生命力

——在朱训地学哲学思想学术研讨会暨朱训同志从事地质工作60年庆贺会上的发言

一、找矿哲学及《找矿哲学概论》之理论性质、意义与内容

1. 地学哲学理论中标志性的成就与论著

《找矿哲学概论》是朱训同志继《运用辩证唯物主义指导地矿工作》专集后，又一部系统总结性的理论论著，是他学习和运用马克思主义原理，通过多年地质实践，立足于我国地质矿产事业发展历史和现实，系统地剖析、研究国家矿产资源及其勘察形势，做出的精辟的哲学的论证。

朱训

找矿哲学概论

朱训　著

地质出版社

《找矿哲学概论》第一版封面

在《汇报提纲》中，朱训系统地论及到找矿哲学的性质、对象、任务与方

法论，提出：“找矿哲学是以马克思主义哲学为指导，从总体上研究矿产勘查活动的普遍联系和一般规律的科学。是属于马克思主义应用哲学的一个分支学科，是马克思主义哲学与矿产勘察科学联系的中介和桥梁。”

在从形象思维过渡到抽象思维进程中，找矿理论升华为地学哲学的新思维——找矿哲学——一门独立的应用哲学新学科，以便为国家的伟大复兴，为国家社会主义经济建设持续发展提供更多、更优质的自然资源保障。

2. 找矿哲学的基本理论规律与内涵

朱训在论及找矿哲学的基本规律及其范畴时，概括为客观地质规律、认识运动规律、社会经济规律、科学技术规律在勘察活动中的体现与概括，具体归纳为：主体客体一致律、阶梯序次递进律、系统发展协调律、点面结合律以及过程转化律，其理论内涵还包括：找矿哲学的唯物论、认识论、辩证法、矛盾论，以及主体观，在2008年增订新版中，还新增了价值论一节，主要是指有关矿产价值研究和价值评价理论，包括矿产真理性评价和价值性评价。

作为一门新兴的应用哲学学科，也系统地论述了五种独特的研究方法，即：联系分析法、类比分析法、综合分析法、矛盾分析法以及反复分析法。

3. 对找矿哲学理论的评价和影响

自觉运用马克思主义原理指导生产和工作。

1992年10月31日中国自然辩证法研究会地学哲学专业委员会在南昌召开找矿哲学研讨会，时任中共中央常委的李瑞环同志向会议发的贺信：

> 中国自然辩证法研究会地学哲学委员会召开座谈会讨论“找矿哲学”，是一件很有意义的事。
>
> 我看过朱训同志写的《找矿哲学概论》。这本书在运用马克思主义哲学指导找矿工作方面进行了有益的探索，对其他行业也有启示作用。
>
> 我希望更多的同志像朱训同志那样，自觉运用马克思主义哲学原理指导生产和工作，从而推动改革开放和现代化建设事业更快地发展。
>
> 李瑞环
>
> 1992年10月31日

研讨会上朱训同志做了《关于找矿哲学的若干问题》的学术报告，与会代表围绕着主题，结合各自的地质实践经验和科研成果，对找矿理论及《概论》的哲学含意、特点和作用做了系统阐述，大家一致认为：

（1）我国的地矿工作明确要以马克思主义哲学理论为指导，以不断总结找矿地质实践中的新认识，上升为理论，不断地丰富和完善找矿哲学的理论体系，成为有中国特色的地质勘探哲学——一门新兴的应用哲学。

【笔者附言】有幸陪同朱训同志去南昌参加研讨会，并作为研究会成员发表了《找矿哲学概论——我国地学哲学研究的理论总结》的发言，发表在《河北地质学院院报》第6卷，第5期。

（2）《找矿哲学概论》在理论和实践的结合上进行了有益的探索。

1993年10月19日中国科协和中国自然辩证法研究会为落实和宣传李瑞环同志的指示精神，召开了首都理论界、地质界、新闻界关于找矿哲学及《概论》座谈会，时任国务委员、国家科委主任的宋健同志发来贺信。内容如下：

> 欣悉中国科协和自然辩证法研究会举行找矿哲学座谈会。这是我国科技界、理论界响应江泽民同志关于全党同志要认真学习马克思主义唯物论辩证法，落实李瑞环同志关于找矿哲学的指示，推动各行各业自觉运用马克思主哲学原理指导生产和工作的一项重要活动。
>
> 我看过朱训同志写的《找矿哲学概论》，这本书在理论与实践的结合上进行了有益的探索，在建立哲学应用学科方面迈出了可喜的一步。如果我们各行各业的领导同志都能够结合工作实际，进行这种探索和研究，就会大大提高辩证思维能力，从而推动改革开放、现代化建设和科技事业更快地发展。
>
> 预祝座谈会圆满成功！
>
> 宋健
>
> 1993年1月19日

（3）应邀参加座谈会的知名人士有：中国科协副主席高镇宁、原中国社会科学院院长、著名理论家于光远、原中国科学院院长、原中纪委书记李昌、原总工会党组书记朱厚泽，地质矿产部领导、学者、专家以及首都新闻界代表

50余人，原中宣部副部长、中国自然辩证法研究会理事长龚育之主持会议，他们以哲学理论高度，对找矿哲学的性质、意义、范畴以及理论基础作了精辟的阐述和高度地评价，其中像中宣部副部长郑必坚的发言更具代表性，他说：“《概论》通篇浸透实事求是之风……从理论上对地矿工作实践进行了总结，对有中国特色的社会主义理论作了具体概括，这是很可贵的。这意味着百万地质大军进入更加科学化的新阶段，其对中国马克思主义理论队伍建设的意义不可低估。”会上，地质矿产部领导结合地矿战线现状和发展，副部长张文岳作了“找矿哲学的新特点”，副部长宋瑞祥作了“用唯物辩证法推动地矿工作”；国家教委张健作了“找矿哲学是近年哲学理论上的一大突破”报告，更值得提及的是，所有的发言和报告，精辟地阐述了找矿哲学理论的特点，并给予了高度地评价，并对地学哲学深入研究、找矿哲学的理论体系的完善提出建设性意见（笔者也应邀参加了座谈会）。

通过专题研讨会、高层次理论学术界的座谈会，引起学术界的广泛反响，特别是地矿界基层思想活跃，掀起学术讨论的热潮：中国地质经济研究院王玉平发表《找矿哲学研究的对象》，江西地质局的熊长林发表《试论找矿哲学的对象》，河北地质学院的白屯提出“找矿模式”概念，石油地质研究所的孙惠军发表《找矿哲学与创造思维》等。

（4）《找矿哲学概论》1993年发表后，相继有五个版本：英文版、俄文版、莫斯科版（俄罗斯科学院费多尔丘克院士译本）以及增订版，已在国内外广泛流传，影响深远。

1996年8月第30届国际地质大会在北京召开，在第22组“地质理论、思维和哲学”学术讨论会，我是大会的代表，就参加这个专业组，由于是该届大会最后的一个节目，参加讨论会的代表突然增多，会议室座无虚席，走廊两侧也都站满了人，盛况空前。

受地学哲学委员会秘书处的委托，会前已带去30本朱训同志的《找矿哲学概论》英文版和俄文版，在会议空隙间赠送，意外的是，这30本书远远未能满足要求，只好又运来几十本，也赠送一空。

国际地质学史协会秘书长、美国地球物理学家阿尔文教授拿到英文本时，郑重地对我说：西方地学家一般都不愿意论及哲学问题，认为谈“哲学”有一定风险性。尽量回避……中国在地学哲学方面有独创性的发展，特别是还应用到勘察找矿，更是一大创举……我一定好好阅读。会议结束后，我特意拜访了俄罗斯地质学家奥泽洛娃（Ozerova，N.S.）和舍巴柯娃（Shibakova，V.）她们拿到俄文本说：俄罗斯地质界一直把“地学哲学”当做是地球科学中的论题，不是一门学科，至于“找矿哲学”概念，讨论较少……我回去一定认真地阅读。

我想费多尔丘克院士摘译的莫斯科版的出版，会在俄罗斯地学界有更广泛的影响。

二、从近年来我国找矿的“突破”再论找矿哲学及《概论》的魅力和生命力

《找矿哲学概论》——地学哲学标志性理论成就，五个版本在国内外影响深远，并被誉为——新型理论——应用哲学学科。近年来地质实践表明：这个新兴学科越发显现出她的魅力、威力、生命力，列举几个实例来论证：

（1）2008 年，渤海湾畔冀东海域曹妃甸港区，构造上属于黄骅凹陷带，构造上很破碎，用发现者的话来说，一个盘子落地，又踏上几脚，地质结构十分复杂，多年来久攻不克，他们经过认真的总结，组织大家学习，靠着一本《找油哲学》，认识到“找到油的地方是在人们的脑海里”，这一论点的突破，是认识论的突破，因而在勘探方法论上也有了质的改变，历经艰苦的攻坚、奋战，很快便拿下了南堡特大油田，据报道远远超过 10 亿吨大油田（11.8 亿吨），被称为“四十年我国石油勘探最激动人心的发现”，使温家宝总理高兴得睡不着觉的大油田。在他们发现油田的过程中，我认为这正是以马克思主义哲学理论为指导，运用找矿哲学原理发现大油田的例证，应该认真予以总结。

（2）2009 年发现在秦岭南麓长达 70 公里的大型多金属矿田。当时已探明 5 个大型铅锌银铜多金属矿床，其中一个矿床储量高达 1000 万吨以上。他们也是靠创造性思维，结合先进科学技术拿下大矿田，从报道分析，这也是属于认识论找矿，不是完全靠传统方法论找矿。

（3）2009 年本溪市大台沟储量超过 30 亿吨铁矿的发现，井深到 2015 米仍见有高品位的铁矿。

（4）2008年新疆准格尔盆地克拉美丽1000亿立方米大气田的发现，吐哈1958亿吨大煤田，淮东2000亿吨的大煤田的发现等等不胜枚举；各省市地质系统在找矿上突破，更是异彩纷呈。这些发现，在某种意义上来说，都有找矿哲学认识论上发展历程的内涵，更蕴涵有找矿哲学的丰富理论内涵和实践经验，作为学科专业研究会应及时加以总结，不断来丰富找矿哲学的理论内涵，为建立应用哲学新分支奠定理论与实践基础。

随着找矿勘探事业发展，找矿哲学原理的运用和普及，越发彰显出它的魅力和生命力。

关于水、水资源学科的几点论说

——学习《中共中央 国务院关于加强水利改革发展的决定》点滴启示

引　言

2011年初，中央颁发第一号文件《中共中央、国务院关于加强水利改革发展的决定》，文中强调水利事业在国家发展中的核心地位，指出："水是生命之源，生产之要，生态之基"；具有很强的公益性、基础性、战略性，不仅关系到防洪安全、供水安全、粮食安全，而且关系到经济安全、生态安全和国家安全，有着深刻的历史背景、现实意义和国家未来发展重要的战略意义。

水，以一种流动形态存在，是极其普通的微观粒子，无处不在，她轻盈透明，富蕴多姿，不但在社会经济上，被誉为"工业的血液"，"农业的命脉"，也是文学艺术创作的源泉，更是物种起源的摇篮；水在科学意义上重要性，促成在哲学上的深邃性，科学史上曾被誉为"万物之本源"，构成世界必不可少的重要元素：人类借水抒发时间流变的感叹，或以水表达人间美好的情感（文学诗歌），或以水喻林林总总的愁情恨意（水的文学艺术），或借水言志说理（水的哲学），因此，水的意象独具东方古典美韵的文化内涵（水的文化）。

一、水，水体的起源、形成、演化及其自然的属性

1. 水的起源假说

“水是万物之本源”，“水是生命之源”，“农业的命脉”，“工业的血液”，哺育人类的水之来源，随经过千百年来不同科学家的探索，截至当代尚未得出科学的的结论与共识，假说繁多，其中，1998年英国《观察报》（5月号）的论点，尤其有代表性，认为：“地球上的水，来自宇宙空间”，论据是发现由冰构成的彗星，具有同地球上的水颇为近似的特征，因而推断地球上水的起源是与彗星密切相关，（或因彗星与地球碰撞），判定迫使水从太空倾泻下来；英国贝尔法斯特女王大学（Queens University of Belfast）天文学家艾伦菲茨西蒙斯，以海尔—波普彗星，论证上述观点，类似的论点宛如“雨后春笋”。

美国航天局“月球勘探者”发现：月球上有水，伦敦自然博物馆学者提出月球上的水是由彗星带上去的；欧洲红外太空观测站（USD）、德国马尔斯•普朗克空间物理研究所的学者都有类似的观点。英国谢菲尔德大学（Univirsity of Shofield）休斯教授则提出两点质疑，直到2010年美国《科学周刊》上，发表了卡内基科学学会卡尔森的研究报告称：在陨石、地球岩石中银同位素测定挥发物对比，来否定水是由彗星带来的论断。

英国《新科学家》周刊2010年11月号报道：认为地球形成时可能就有水，地球在形成中产生大量尘埃颗粒，这些尘埃颗粒吸附着有水分子，当尘埃颗粒聚集成地球时，压力和气温不断升高，最终水从尘埃颗粒中分离出来，形成江、河、湖、海。

总之，水的起源当今仍然是一个众说纷纭的、科学论争的大课题之一。

2. 水的形成

众所周知，地球约有46亿年的历史，分为：大气圈、岩石圈、水圈、生物圈，以及人类圈（纪），有的科学家认为：水圈生成于约44亿年，随地球演化而变化，形成早期多以结晶形式存在于地球的内部，由于地球的升温，岩浆活动，火山活动等的地质作用，以气体形式冲出地表在大气中凝结；有学者认为：原始水圈是从大气圈分解出来，由于水圈富含有机物质，滋蕴了生命的生长，约在38亿年形成了生物圈，通过海水的潮汐作用，进行各圈层的脉动与应力调节，

才有今日岩石圈形态格局。

水圈（hydrospyere）地球表面水体的总称， 包围地球表层的液态、固态和气态水的闭合圈，包括海洋、河流、湖泊、沼泽、冰川、积雪、地下水、大气水分等等；是一非常活跃的圈层，通过水循环和水平衡作用，对个圈层的演化，特别是对生物圈的的形成、演化，以及人类的起源与演化，及其文化的发展，都起到了关键作用。

水圈的总值量 1.41×10^{18} 吨，总量约为 138.6×10^{18} 立方米，其中海水占 133.8×10^{18} 立方米，陆地水占 4.8×10^{18} 立方米，其化学成分主要是氧和氢。由于受太阳辐射热和物理作用，水圈不停地进行水循环，逐引起岩石圈各圈层地质作用和地壳运动；水的分布状态和海水进退的研究，对探索地球自转速度变化规律，启示人类深层次地认识地球奥秘，具有重要意义。

二、关于水的物化特性及其研究历史

1. 水的物态特征

（1）水的一般物化特征：水是地球上可以三态（固、液、气态）并存的物质，数量大，分布广，无所不在。

（2）水的多功能性：水的运动变化规律是千变万化呈多功能特点，通过全球水的循环，促使地球表面物质能量转换，而成为自然界的内在的驱动力。

（3）水的溶解特性：氢氧原子形成钝角，形成正负极，具有很强的溶解能力。

2. 水的物态特征性研究历史回顾

（1）1612 年意大利天文学家伽利略（G.Galilei，1564—1642）发现冰的密度小于液态的水；

（2）1665 年荷兰学者惠更斯（C.Huygens，1629—1695）测得水的沸点为 100℃；

（3）1674 年 P. 佩罗（1608—1680）在《泉水之源》中定量的描述了水的循环作用；

（4）法国化学家拉瓦锡（A.D.Lavoisier，1742—1794）在进行质量守恒定律实验中，证明加热的水不会变成“土”，发现液态的奇特自然属性和相对稳定性；

（5）1772 年德吕克提出水在 4℃时密度最大；

（6）英国化学家卡文迪什（H.Cavendish，1731—1810）1784 年完成两种气体化合物合成水，测得水的分子式 H_2O，并确定其溶解性，为此，曾掀起对水的组成问题的学术讨论，最终拉瓦锡否定燃素理论二，而建立燃烧理论过程中，正确地论证水的组成；

（7）英国化学家普利斯特里（J.Priestley，1733—1804）是一位燃素理论的拥戴者，做了电解水实验获得成功；

（8）英国化学家道尔顿（J.Dalton，1766—1844）确认氢氧原子合成水，并提出气体在水中的溶解度；

（9）卡拉尔尼和 W. 尼克尔森 1800 年用伏打电堆分解水成功，在两极分别测得氢和氧，并从合成与分解证实，水是氢和氧化合物；

（10）意大利物理化学家阿伏伽德罗（H.Davy，1778—1839）引入分子概念，并与英国化学家戴维（A.Avogodro，1776—1856）用伏打电池进行水的分解试验成功，证明水分子是由一个氧原子，两个氢原子合成；

此外，1908 年法国物理学家佩林（J.B.Perin，1870—1942）计算出水分子的大小而获奖；1932 年美国勃里库埃德等发现氢的同位素——氘（热核反应）。

三、我国古代学者关于水的意象理念与水工程的成就

1. 古代学者的意象理念

水，哺育了生命和人类的起源、生存、演化与发展，一时也离不开水，远古人类依山靠水“择水而居”是生存发展的总结，从考古发掘出古人类遗址得到确凿证明：北京周口店北京猿人遗址，西安半坡村遗址，蓝田猿人遗址等。

正像大家所公认的，世界上最古老的文明古国埃及、巴比伦、印度、中国等的民族及其文化，都发源于底格里斯河、尼罗河、幼发拉底河、恒河、黄河流域，都是古老民族及其文明发祥的摇篮。

关于水的意象理念我国古代学者及其在古籍中有丰富而精辟的论说。

（1）儒家的论说。

① 孔子观于河川，发出感叹说“逝者如斯夫，不舍昼夜”（《论语•子罕》），他把流失的时间比喻东去的流水，引人萌发生命无常，今昔兴衰的感嗟！

孔子（前551—前479）中国春秋时期的伟大思想家，儒家学派的创始人，有“圣人”之称誉，世界文化名人。

② 孟子（前372—前289）曰“源泉混混，，不舍昼夜，盈科而后进，放乎四海。有本者如是，是之取尔”，又说：“取喻君子之身处事要如流水有本有源，才能源远流长”。（《孟子•离娄下》）

（2）道家的论说。

老子说：“天下莫柔弱于水，而攻坚强者莫之能胜，以其无以易之”。又说“水处卑下而不争，天下莫能与之争，以柔克刚，最弱为最强者”；其中有影响的论说是在《道德经》上名句“上善若水，水善利万物而不争”，他把水的意境理念概括为简单、深远、丰富、坚韧等的特点，并寓意告诫人们做人要像水那样源远流长，心意至善、至深；像水一样纯净、透明、大智若愚，这才是“上善若水”。道家的这种哲学思想，曾被誉为“水的哲学”。

老子（前580—约前500）春秋时代的伟大思想家，道道家学派的创始人。

（3）荀子的论说。

荀子说：“夫水，遍与诸生而无为也，似德；其统也埤下，裙拘必偱其理，似义；其洸洸乎，不尽，似道；若有决之，其应佚若声响，其赴百仞之谷不惧，似勇；主量必平，似法；盈不求概，似正；淖约微达，似查；以出以人，以就鲜洁，似善化；其万折也必东，似志。是故君子见大小必观焉。”（《荀子•宥坐》）

这是他一篇论说水的佳作，来反映了“天行有常，不为尧存，不为舜亡”的自然运行法则，蕴藏有古代哲学辩证逻辑的丰富内涵。

荀子（前331—前238）战国时期杰出的唯物主义思想家。

（4）庄子的论说 。

“君子之交淡如水”，相对于小人之交的甘如醴，并认为淡如水之交永隽。

庄子（前286—前369）虽与道家学派有历史渊源，但也有所不同，对社会与人生都做相对主义的解释。

2. 我国古代文学家、诗人的意象理念

（1）唐代的伟大诗人李白（701—762）之《金陵就肆留别》：“潘君试问东流水，别意与之谁长短”。

（2）诗人杜甫（712—770）之《登高》：“无边落木潇潇下，不尽长江滚滚流。万里悲秋常作客，百年多病都登台。”

（3）诗人苏轼（1037—1101）之《虞美人》：“无情汴水自东流，只载一船离恨向西洲”。

（4）燕子丹送别荆轲《易水送别》：“风萧萧兮易水寒，壮士一去兮不复返”。

（5）杨慎（1688—1559）之《临江仙》：“滚滚长江东逝水，浪花淘尽英雄。是非成败转头空，青山依旧在，几度夕阳红。白发渔樵江渚上，惯看秋月春风，一壶浊酒喜相逢，古今多少事，都付笑谈中。”

（6）东晋文学家郭璞（276—324）之《游仙诗》：“临川哀年迈，扶心独悲吒”。寓意着滚滚流水仿佛消失的青春岁月，以一种无奈而发出的感伤！遂成为古今文学流派的悲情离别，望穿秋水的思念意象。

而水的真谛内涵：它滋润万物而不居功，顺地形而折曲，似义之必循于理，倾泻幽谷而勇猛不疑，盈于器自然求平，万曲千折必向东流，志坚不疑。

从水科学的伦理学来论，水蕴育有仁德、循义、长道、勇敢、公正、明察、善化、守志等等美意，把自然现象延伸到社会价值观的层面，来寻求人伦与自然山水内在精神的契合。

【附记】笔者在编撰本节中，参阅和使用了伊空之在台湾《联合报》上发表的《水的意象》，深表谢忱！

3. 我国古代学者创建的水利工程及其的成就

（1）大禹治水。

古人从“择水而居”到对自然的畏敬，汲取与积累了大量丰富的治理洪水经验，传说中的大禹治水的故事，有其代表性。四千多年前，尧帝时，洪水泛滥，大禹在吸取其父经验教训的基础上，改变“堵截”洪水的办法，而采用疏导，并凿开龙门，挖通九条河疏导为主，历经十年，在工地率领民众艰苦奋战，发挥才智，终于战胜洪水。由于长期在外，其腿脚都被水泡烂，有“三过家门而不入”赞誉。（《史记·夏本纪》）

（2）我国古代创建的闻名于世的伟大水利工程：

① 战国时期的李冰创建的都江堰；

② 战国末年的陕西郑国渠，已被列入“世界遗产目录”；

③ 秦代的广西灵渠；

④ 唐代的浙江它山堰、浙江的海塘；

⑤ 京杭大运河。

四、水，水资源在地球科学发展史上的位置．

1. 人类及其文化的发祥地

众所周知，沿河流域是世界上最古老的文明古国及其文化的发祥地，底格里斯河、幼发拉底河、尼罗河、恒河流域，都是埃及、巴比伦、印度，以及我国的黄河流域的仰韶文化等发祥地。

2. 关于古代水哲理的论说

（1）古希腊罗马是欧洲科学文化的摇篮，自然哲学家泰勒（Thales，前624—前547）提出原始主水说（neputunism）主张“天地万物皆生于水，又复于水，水是万物之本源”，他的这一宇宙成因说，被誉为超越经验的抽象思维的经典；

（2）恩培多克勒（Empedocles，前492—前433）、毕达哥拉斯（Pythagoras，前580—前550）、亚里斯多德（Aristoteles， 前384—前322）都以思辨思维，提出宇宙四元素说，即：水、火、木和空气；

（3）我国古籍中记述代关于水的哲理思想更早更丰富，如：

① 公元前17世纪《夏书·禹贡》共分五章，其中就有“导水”、“水功”两章。

② 我国在春秋战国时管仲（？—前645）撰《管子》之《水地篇》中早有“水具材也，万物之本原，诸生之宗室也”的论断；又说：水“集于草木根的其度，华得其数，实得其量。鸟兽得之，形体肥大，羽毛丰茂纹理明著。”表明自然界万物不仅统一于水，为水而生，生长发育更离不开水。另有《度地篇》专论水利工程。

③《周易》核心结构是“八卦”创意中以几个符号来反映自然界的变幻无常的规律，以简单、朴素的语言，隐括着万物的真理。首创乾、坤、震、离、坎、兑、艮、巺分别代表天、地、雷、山、火、水、泽、风，作为八大要素之一。

④西周至春秋中叶的《诗经》有“泉水”一篇：“毖彼泉水，亦流于淇。有怀于卫，靡日不思。娈彼诸姬，聊与之谋。”

⑤《水经》是我国第一部记述河道水系的专著，对水有更多更系统的论述。到北魏郦道元（472？—527）作《水经注》记述水体包括湖、淀、陂、泽、泉、渠、池故读。

⑥李时珍《本草纲目》专有水部一章。

⑦中国的“五行说”：金、木、水、火、土，曾是中国漫长封建社会的哲理代表，水是其中的要素之一。历代古籍中关于水的论述不胜枚举。

3. 在近代地质科学发展史上的位置

在近代地质学发展史上有16世纪的洪水论，17世纪的洪积论，18世纪德国维尔纳（A.G.Werner，1750—1817）的水成说（neputunism），把水、水溶液及其作用，作为各种地质形成的主导力量，建立起独立的学说理论体系，发表《新矿脉的成因》、《矿物分类法》、《岩石分类》提出：第一个水溶液成矿理论，建立沉积岩层分类系统，组建起有相当规模的维尔纳学说自然历史学会和学派，虽然在与英国郝屯（J.Hutton，1727—1797）的火成论（Plutonism）学术论战中，以失败而告终，但他的多方面学说和理论，却为近代地质学的形成，奠定了理论基础。

4. 水、水资源在当代地质科学的位置

1962年美国卡逊（R.Carson）发表《寂静的春天》，敲响了人类破坏环境警；1972年，罗马俱乐部发表了《增长的极限》，提出了对自然资源（包括水资源）的悲观论；1976年，美国康恩发表了《下一个二百年》阐述了乐观论理论；1980年托夫勒发表《第三次浪潮》提出信息论观点；相继联合国召开了人类环境大会，提出“只有一个地球”；1987年发表《我们的共同未来》；1991年发表《里约热内卢宣言》、《北京宣言》，最后共同制定与签署《21世纪日程》。属于水的专业会议与高级论坛，可见本文第七章。

经过近30年的演变和发展，充分认识到这个庞大的自然综合体具有独特的多级结构性、多壳层性、非均质性、非线性、螺旋循环上升的不可逆性以及随机性等特征，认为：当代地球科学再不是一个单纯的自然综合体，已成为一个自然物质运动与社会物质运动相互渗透、交叉、互为作用的协调人的关系自然社会综合体；地球系统科学，地球物质科学，地球信息科学，以及地球管理科学，构成当代地球科学的四大支柱。

5. 我国地质学家、水文地质学家在找水上的理论的贡献

新中国诞生60年来，我国地质学家、水文地质学家冲破旧的传统理论，创立有独具特点的的新找水理论学说，发现了一批又一批新的水源地，为水资源学理论的建立做出贡献。

（1）二十世纪六七十年代，南京大学肖南森教授运用新构造控制的下水新理论，硬是在贫水区，找到丰富的水源地，被群众誉为“水神仙”。

（2）中科院院士贾福海提出在裂隙区内玄武岩层含水的新理论，硬是在火成岩、玄武岩分布禁区找到“熔岩裂隙空洞水”。

（3）河南水文地质二队在红色砂岩、泥岩层禁区发现溶洞、溶孔、溶蚀通道含水，创立了红层、灰质砾岩层找谁的新理论。

（4）太原工业大学王进宝专题组曾运用地质力学，建立二元法构造导水新理论，找到丰富的地下水水源。

（5）中科院院士陈梦熊对地下水开采和管理环境效益系统研究，为开发新水源及其综合利用，提出了新理论和方法。

（6）中科院院士张宗祜在研究地下水分布规律上提出新的理论，为寻找新的水源以及合理开发利用做了科学论证。

（7）我国文地质学家在西北黄土塬、干旱、半干旱地区，创建出符合区域特点的新理论与新方法，诸如：发现旱塬隐伏岩溶地下水，在解决西北白垩系地下水开发理论上，都有突破新进展，为解决西北严重缺水区找到丰富的水源。

今冬（2010—2011）华北大地遭遇严重干旱，国土资源系统出动大量地质专业人员及其先进设备支援找水抗旱，仅在冀、鲁、豫三省区打成954眼水井，取得大量水源地，为缓解旱情做出了贡献，其中一定会有新的理论和新的方法有待总结。

这充分表明：水文地质学家在寻找新水源方面会发挥出地质学科理论的优势，称为解决21世纪水资源可持续发展的一支力量；解决人类面临重大难题——粮食、资源、环境问题有生力量。显示出地质科学在解决人类、社会重大课题的作用和地位。

地质实践中，水文地质学新理论的涌现，也不断丰富了地球科学的内涵，推动地质学的发展，显示出水在地质学发展史中的重要作用与位置。

五、世界水资源的现状与危机

全球水占13.86×10^{8}立方千米，拥有总水量约为136×10^{16}吨（有的资料为144×10^{16}吨），分布是：海洋占97.2%，极地冰山占2.15%，地下水占0.632%，湖泊与河流占0.017%，云中水汽占0.001%，其中含盐的海水约占97.47%，又不能作为生活用水加以利用，可供利用的淡水总量约为2.53%，据资料统计人类可直接利用的水量，其上限约为50×10^{12}吨，地球上的淡水微乎其微，加之水环境的严重污染和浪费，城市化加速、加重，更使水资源的匮乏，雪上加霜。

联合国早已发出警示：亚洲是当前世界经济发展最快的区域，会受到水的匮乏威胁；中东的区也是缺水最严重的地区，到2025年人均占有700立方米淡水，以色列、巴林、约旦、科威特、利比亚、阿曼、卡塔尔、沙特、阿联酋和也门等10个国家的饮用水主要是再生水，以色列每年从土耳其进口1.5×10^{8}立方米淡水，马来西亚每年向海湾出口3900吨。

据《联合国世界水资源开发报告》，21世纪初期，这个拥有60多亿人口的星球，面临严重的水的危机从全球可利用水资源与人口对比分布关系看，亚洲压力最大，几乎全世界一半人口生活在亚洲，而亚洲只有世界水资源的36%，全球有25亿人口无法享用清洁水资源，其中约70%在亚洲，由于严重污染，导致疾病，特别是5岁以下儿童死亡率极高。

如果说19—20世纪中，“石油”作为战略资源，是各列强争夺焦点，也是局部区域战争的火药点，那20—21世纪“水”、“水资源”早已取代石油而成为相邻国家冲突的焦点，局部区域战争之源。

近50年来，由于水资源争夺流发生过20多起区域性的局部战争，有的至今仍未平息，由于水资源的日益匮乏，“为水而战”局部战争会更加频繁。

（1）1964 年以色列抢占约旦河之战，1967 年以色列与阿拉伯邻国的约旦河 6 日之战；

（2）印度和巴基斯坦、孟加拉、尼泊尔争夺恒河与印度河水资源之战已持续多年，至今仍是一触即发；

（3）底格里斯河与幼发拉底河发源于土耳其境内，也是叙利亚和伊拉克三国的经济命脉，三国因水的争议乃至冲突越演越烈；

（4）非洲有 19 个国家没有安全饮用水的地区，尼罗河流经 10 个国家，苏丹、埃塞俄比亚和埃及等争吵不断：

（5）莱茵河流域德国、法国、荷兰、瑞士因河流污染事件，争议不断，

（6）美国与加拿大，美国与墨西哥饮水资源也争吵不休。

（亚洲开发银行确定因饮水而发生的战争全世界有 8 个热点区）

六、中国水资源的现状与危机

我国是世界上 13 个最缺水的国家之一，人均占有淡水 2220 立方米，只有世界人均水平的四分之一，美国的五分之一，印度的九分之一，加拿大的四十八分之一；全国 655 座城市有 400 多个城市缺水，110 座严重缺水，水的利用率很低。关于我国水资源的状况，这里引用著名水力学者张光斗院士的分析资料，他说：水资源系指逐年可以得到更新的那部分淡水，是一种动态性资源主要靠降水。而我国多年平均降水量约为 61900×10^8 立方米；全国河流多年平均径流量 271000×10^8 立方米；地下水补给量约 6780×10^8 立方米，冰川融雪补给量 560×10^8 立方米；平均每年流入海洋和境外的水量 245100×10^8 立方米，地下水天然资源量多年平均 8300×10^8 立方米。我国总水量约为 8100×10^{12} 立方米，占居世界第 5 位，以 11 亿人口（今为 13 亿）平均人均占有量为 2300—2400 立方米（今以低于 2200 立方米，还可能降至 1700 立方米，接近公认的缺水警戒线，由于严重的污染和惊人的浪费全国缺水量已达 400×10^8 立方米——笔者注），占居世界第 88 位，最近有资料统计，已降至 109 位，为世界 13 个最贫水国之一。

以北京为例：水资源量为 21.84×10^8 立方米，用水量达 35.5 立方米，年缺水量 10×10^8 立方米；日用水量高达 288×10^4 立方米，地下水已达千米，不得已，从河北、山西等调水以解燃眉之急。

近 50 年来由于生态日趋恶化，已有 1000 多个天然湖泊消失，平均每年有 20 个湖泊消失，以“千湖之省”著称的的湖北，原有 1052 个天然湖泊，今仅剩 83 个，全国 75% 的湖泊受到污染，著名的西湖、玄武湖（南京）、云南的滇池、合肥的巢湖、无锡的太湖等等早出现富氧化。

1997 年的报道：我国污水排放量为 351×10^8 立方米，致使 90% 的水源遭到污染；全国江河径流状况更令人揪心，1200 条河流，有 850 条遭受了污染，仅举过去各权威的媒体报道的有关江河污染的状况题目，足以震惊！精选几篇介绍如下：有兴趣的同志可去查考。

（1）1998 年《长江我为何哭泣？》（载《中国矿业报》1998 年 9 月 9 日）记述洞庭湖、鄱阳湖，以及湖北“千湖之省”遭到污染的惨状，文中以“奶汁变毒汁”显著标题向人们叙述了黄浦江、苏州河的水质恶化程度；

（2）1999 年《黄河悲歌》（载《中国矿业报》1999 年 8 月 13 日）记述 1992—1996 年黄河断流，造成经济损失 268 亿元，受灾农田 7442 万亩粮食减产 100×10^8 斤；

（3）污染成为我国城市安全供水最大障碍（载《中国水利报》2000 年 7 月 8 日）；

（4）地下水污染探秘（载《中国矿业报》2000 年 7 月 22 日）；

（5）三门峡人守着黄河买水吃（载《福建日报》2000 年 7 月）；

（6）滦河在哭泣（载《中国矿业报》2000 年 7 月 15 日）；

（7）救救塔里木河（载《中学地理教学参考》2000 年 5 月 13 日）；

（8）太湖何日见清波（载《中国环境报》2000 年 11 月 20 日）；

（9）塞上明珠“乌梁素海”黯然失色（载《中国矿业报》2000 年 11 月 11 日）；

（10）多水城市陷入缺水困境（载《中国矿业报》2001 年 7 月 24 日）；

（11）水荒威胁泉城（济南）（载《北京晚报》2001 年 4 月 17 日）；

其他诸如松花江、淮河等等都有污染报道，这里就不一一阐述。

2001 年 8 月新华社的一次报道：由于地下水严重超采，致使我国形成 8

万多公里平方地下漏斗，导致地面沉降，最深处已达百公里，有30多座城市出现不同程度的地面沉降，上海是我国第一个遭受地面沉降的大城市，西安地下沉降，造成9条裂缝，贯穿全市，有2600座建筑物受到威胁。

近期报道：水利权威学者钱正英院士、张光斗院士在《中国可持续发展水资源战略研究报告集》首发式提出警告说：预测2030年，人口达16亿，人均水占有量1760立方米，将成为社会主义经济发展的“瓶颈”。

七、世界水资源大会

为了让全世界的人们关注水问题，1993年1月18日，第47届联合国大会通过了 第193号决议，确定自1993年起每年的3月22日为“世界水日” 。世界水理事会成立，同时决定每3年举行一次大型国际水资源问题的活动，这就是世界水资源论坛（World Water Forum）。

1. 历届世界水资源论坛简介

（1）第一届世界水资源论坛于1997年3月20日至25日在摩洛哥城市马拉喀什举行，来自63个国家和地区的500名代表与会。论坛的主题是“水，共同的财富”。会议发表了《马拉喀什宣言》，呼吁各国政府、国际组织、非政府组织和世界各国人民为展开永久确保全球水资源的蓝色革命而奋斗，论坛还委托世界水理事会制订有关21世纪水、生命和环境规划。

（2）第二届世界水资源论坛于2000年3月17日至22日在荷兰城市海牙举行。5700名来自世界各国的水利问题专家和非政府组织代表出席。论坛主题是“世界水展望”。其间，114个国家的部长举行了部长级会议。会议通过了关于21世纪确保水安全的《海牙宣言》，并对未来25年的水资源管理和消除水危机措施提出展望。

（3）第三届世界水资源论坛于2003年3月16—23日分别在日本城市京都、太阪和滋贺召开。有1万多名来自180个国家和地区的代表参加了大会，论坛内容包括“水和粮食、环境 ”、“水和气候变化”、“水和社会”、“水和发展”等38个论题，会议举行了部长级会议，并通过了《部长宣言》。中国水利部部长汪恕诚率团参加会议，并发表《中国水利与农业发展成就与今后的政策》

的报告。

（4）第四届世界水资源论坛于2006年3月16—22日在墨西哥首都墨西哥城召开。来自121个国家的政府代表和世界各地1300多名各界人士与会。论坛主题是“采取地方行动，应对全球挑战”，会议通过《部长声明》，认为：水是持续发展和根治贫困的命脉，必须改变当前使用水资源的模式，以保证所有人都能用上洁净水。中国水利部部长汪恕诚在大会开幕式上做了关于中国在关于水资源管理领域的情况和治理水问题的理念，并表示愿与世界各国共享水资源领域的成功经验。

（5）第五届世界水资源论坛于2009年3月16日在土耳其城市伊斯坦布尔召开，为期一周，主题是“架起沟通水资源问题的桥梁”，议题涵盖干旱、全球气候变化以及与水问题相关的健康、能源和农业问题，并探讨解决水问题的新技术和方案。论坛由土耳其政府和世界水理事会主办，共有150多个国家和地区的约2.5万名代表与会，其中包括10多位国家元首和政府首脑，65位部长以及150位市长。我国一位水利部的司长参加会议。

2. 世界水日

1993年1月18日，联合国大会的47/193号决议设立了世界水日。这是在全世界范围提醒公众重视水资源问题的一个特殊的日子。在2003年12月23日的58/217号决议中，宣布每年的3月22日是联合国确定的"世界水日（World Water Day）；联合国2003年在其第58届大会上确 定：《2005—2015年为“生命之水”国际行动十年》，2005 年3月22日 第13个世界水日，开始实施，主题为"生命之水"。

1993年1月18日，第47届联合国人会根据联合国环境与发展大会制定的21世纪行动议程》中提出的建议，通过了第193号决议，并确定从1993年起，将每年的3月22日定为世界水日，旨在推动对水资源进行综合性统筹规划和管理，加强水资源保护，以解决日益严峻的缺水问题。同时，通过开展广泛的宣传教育活动，增强公众对开发和保护水资源的意识。地球虽然有70.8%的面积为水所覆盖，但淡水资源却极其有限。在全部水资源中97.5 %是咸水，无法饮用。在余下的2.5%的淡水中，有87%是人类难以利用的两极冰盖、高山冰川和永冻地带的冰雪。人类真正能够利用的是江河湖泊及地下水中的一部分，仅占地球总水量的0.26%，而且分布不均。约65%的水资源集中在不到10个国家，而约占世界人口总数40%的80个国家和地区却严重缺水。据联合国公布的统计数据，全球目前有11亿人生活缺水，26亿人缺乏基本的卫生设施。

同时，水污染也进一步蚕食着大量可供消费的水资源，并危害人类的健康。联合国的调查显示，全世界每年排放的污水达4000多亿吨，造成5万多亿吨水体被污染，致使数百万人死于饮水不洁所引起的疾病。

近年来，日益严峻的水危机状况已经引起人们的广泛关注。有关专家呼吁，世界各国阿应通力合作，加强淡水资源管理，节约用水，减少污染，并通过磋商谈判解决地贩水资源分配问题。1981—1990年，世界首个国际水行动十年计划得以实施。其间，全世界共有10亿多人获得水供应，近7. 7亿人的卫生条件得到改善。

历届世界水日都有鲜明的主题

20世纪90年代：

1994年“保护水资源人人有责”（Caring for Our Water、Resources Is Eveone's Business）；

1995年“妇女和水”（women and water）；

1996年“为干渴的城市供水”（water fer thirsty cities）；

1997年“水的短缺”（water scarce）；

1998年“地下水——看不见的资源”（ground water -- invisible resource）；

1999年“我们（人类）永远生活在缺水状态之中”（everyone lives downstream）；

2000年“卫生用水”（water and health）；

21世纪：

20001年“21世纪的水”（water for the 21st century）；

2002年“水与发展”（water for development）；

2003年“水——人类的未来”（water for the future）；

2004年“水与灾害”与卫生”（water and disasters）；

2005年“生命之水”（water for life）；.

2006 年“水与文化”（water and culture）；

2007 年“水利发展与和谐社会”（water conservat ion deve 1 opment and harmons society）；

2008 年“涉水卫生”（water sanitation）；

2009 年“跨界水——共享的水、共享的机遇”（transboundray water_the water_sharing，sharing opportunities）；

2010 年“保障清洁水源，创造健康世界”（communicating water quality challenges and opportunities）；

2011 年“城市水资源管理”（water for city）。

八、我国《21 世纪议程》与水资源的可持续发展

我国 1994 年制定的《中国 21 世纪议程》第 4 章“自然资源保护与可持续利用”中 8 个方案领域的第 3 方案，设有《水资源的保护与开发利用》专题，首先对水资源状况与缺水的挑战，做了评述，认为水资源是一个涉及多种水体、多部门和多学科领域的复杂课题，提出 7 个方面的解决方案：

（1）水的长期供求计划与水资源的评价；

（2）水资源水质和水生态系统的保护；

（3）地下水资源的可持续利用与保护；

（4）保障城市生活和工业可持续用水；

（5）水污染控制和污水资源化；

（6）气候变化对水资源的影响及其适应战略；

（7）水资源管理体制改革及其能力建设。

在行动上提出 6 项具体措施。（详见：《中国 21 世纪议程 113—120 页》，《论中国的可持续发展——中国 21 世纪议程国际研讨会文集》1993 年 10 月）。

今年 3 月 22 日是第 19 届世界水日，主题是“城市用水，应对都市的挑战”；又是中国第 24 届水周，主题是“严格管理水资源，推进水利新跨越”。水利部陈雷部长发表专题报告，提出：三条红线：“水资源开发利用控制，用水效

率控制，水功能区限制纳污”，并提出八点措施，基本上与上述七条内容一致。

结　语

近年来，水资源问题已成为各国社会经济建设的“瓶颈”，提升为战略性资源，有力地推动了一个新兴学科——水资源学的创立于发展，这门新学科，是以多学科、相互交叉的综合学科理论体系为特点，其任务是主要研究地球上水资源的形成及演变规律，科学利用规律，来解决人类生产、生活（生命之源）、工业（工业血液）、农业（农业命脉）、城市建设，以及保障社会经济可持续发展。

当代水资源学，已有分支：水资源生态学、水资源环境学、水资源信息学 水资源工程学 水资源管理学、水资源系统分 、水资源经济学 、水资源法学 、水资源伦理学等，并向水资源社会学延伸与发展。

（本文系2011年3月召开的“地球科学·水与城市高峰论坛”上的报告，并刊入《地球科学·水与城市高峰论坛论文集》）

全国地学哲学委员会发展简史

全国地学哲学委员会，原为中国自然辩证法研究会下属的“地质辩证法专业组”（1983—1988），1983 年 6 月 27 日—7 月 2 日成立于第一届学术年会上（福州），1988 年改称“全国地学哲学委员会”，并组建理事会，当时的地质矿产部部长朱训教授荣任理事长（至今）。

全国地学哲学委员会成立大会全体合影（1983 年 6 月 30 日）

一、成立背景

1.“五四”新文化运动时期

（1）地质古生物学家杨钟健（1897—1979）是最早接受马克思主义学说

的中国地质学家。1917 年他入北京大学，1918 年，结识李大钊、毛泽东，与邓中夏、恽代英、黄日葵、高君宇等交往甚密，1919 年参加李大钊领导的“北京大学平民教育讲演团”，并任总干事，主编进步刊物《秦钟》、《先进》月刊，宣传新文化，1920 年由李大钊、邓中夏介绍加入“北京大学马克思主义（学说）研究会”，1921 年由邓中夏介绍加入“少年中国学会"，两次担任总干事，宣传科学救国，教育救国，1922 年参加“北京大学社会主义青年团”，是最早接受马克思主义理论学说的中国地质学家。

（2）中国地质学创始人之一丁文江（1887—1936），在“五四”新文化运动中，创办《独立评论》、《努力周刊》，先后发表 20 余篇论文，其中 1923 年在“科学与玄学”的论战中，发表《玄学与科学答张君迈》、《科学与人生观》，揭露了玄学的唯心思想本质，坚定地站在科学派的一边，成为宣传科学，反对玄学的主将。后来虽有学者批评丁文江属西方自由派世界观，有马赫主义色彩，但在那场“论战”中，维护科学精神，宏扬科学思想，还是有其历史意义的。

参加“论战”的地质学家，还有章鸿钊（1877—1951）、何杰（1888—1979）等，值得提及的还有赵亚曾（1898—1929）1921 年在“五四”运动中有影响的进步刊物《晨报》的“科学新论”专栏上连续发表 25 篇介绍基本地质学知识文章，系统地宣传了地质学基础知识。李四光（1889—1971）1920 年回国后在北京大学也积极地参加了“五四运动”。

2. 抗日战争时期

（1）在革命圣地延安，1938 年在毛泽东主席倡导下，成立了“新哲学研究会”，1939 年成立“自然科学研究院”，1940 年成立“延安自然科学研究会”，其《宣言》中强调：“在自然科学基础上研究辩证唯物主义和在辩证唯物主义指导下研究自然科学”，开展了“自然辩证法”研究，并相继在“自然辩证法”座谈会、讨论会中，建立了一批学科分会，像“地矿分会”，就是在地质学家武衡院士带领下，组织起一批在“圣地”的地质学家，其中有莫汉（范泰康）、胡科、江鹏（汪家宝）、佟城、张朝俊（张俊）、孙雯东等，定期学习《自然辩证法》和《反杜林论》等马克思主义经典论著，强调理论联系实际，并在边区进行实际地质调查与研究，为解决当时解放区的矿产资源如小煤矿、小铁矿、水利、水源问题，取得了良好的效果，特别是在调查研究鄂尔多斯盆地构造地质，恢复和开发延长油田，做过有益的工作（见武衡的《延安时代的自然科学和自然辩证法》，1980年）。

（2）在国统区重庆，1938年，由郭沫若发起，成立了中国学术研究会，其中有一个自然科学小组，1939年成立“重庆自然科学座谈会”，这是两个受共产党影响的进步组织，集聚了大部分的著名科学家、哲学家及理论工作者，地学界著名气象学家涂长望（1906—1962）就是其中活跃人物之一，并当选为唯一的“世界科协”理事。

研究会的任务之一，就是学习运用马克思主义理论观点和方法，开展自然科学研究，在1939年把学习心得，撰写成《科学的哲学》一书，运用辩证唯物主义的原理和观点，阐述自然科学基本理论，反映当时中国科学家对马克思主义哲学理论的认识水平，为树立正确的自然观、科学观和方法论起到启蒙作用。

1941年，《新华日报》发表了《何登教授呼吁研究马克思主义自然辩证法》一文后，有力地推动了在重庆（国统区）开展马克思主义哲学理论的学习和宣传的高潮，当时出版了《学术季刊》、《理论与实现》、《科学与民主》等进步书刊。

从1939至1941年间，参加上述“座谈会”和“研究会”的学习讨论中，涉及了许多有关辩证唯物主义和历史唯物主义问题，其中对自然辩证法的讨论，最为热烈，在周恩来总理的支持下，定期在《新华日报》之“自然科学”副刊上，发表学习心得和体会，在地质学方面的有潘独清的《地质学上的辩证法》、吴磊伯的《地球均衡论的辩证考察》等（《读书月刊》1939，1940）。

1945年，在周恩来的关怀下，在中央大学内，成立了“中国科学工作者协会”，著名地理学家竺可桢被选为理事长；著名地质学家李四光被选为监事长；著名气象学家涂长望当选为总干事；足可见，我国地学工作者在国统区参加学习和运用马克思主义理论活动中的作用。

3. 新中国诞生初期

（1）1950—1952年，老一辈地质学家发表了一批哲理很强带有政论性的论文，诸如李四光的《在毛泽东旗帜下的中国地质工作者》（1952）等；

（2）新中国成立后，中央部署号召学习 12 本经典理论著作，其中包括《社会发展史》、《自然辩证法》、《思想方法论》等；

（3）1951 年以后开展学习《实践论》和《矛盾论》，中宣部和中国科学院组织自然科学工作者，系统学习马克思主义哲学理论，包括《自然辩证法》、《反杜林论》、《费尔巴哈与德国古典哲学的终结》等，要求结合自己学科，以辩证唯物主义和历史唯物主义理论原理为指导，写出心得和体会，通过交流与总结，确实发表了一批运用马克思主义哲学原理，认识和剖析地质各学科理论问题的指导论文，像李四光、杨钟健、尹赞勋、裴文中、黄汲清、张文佑、陈国达等，都有论文发表，这些论文已成为我们地学哲学研究的重要文献（详见《地质通讯》第 14 期）。

二、地质学辩证法专业组的发起与筹备

1. 发起与倡议书

1981 年 11 月间，中国自然辩证法研究会成立大会上，出席会议以张文佑为首有关地学方面的 10 名代表倡议成立地质学辩证法专业组，在起草和讨论《倡议书》中认识到：

（1）地球科学本身就蕴含着丰富的哲学内涵，学科本身学说林立，学派繁多的特点，具有明显的不确定性和复杂性，需要马克思主义哲学理论的指导，才能正确认识地球及其演化历史和客观规律；

（2）老一辈地球科学家有学习和运用马克思主义哲学的优良传统（详见本文第一部分）；

（3）新中国 30 年地矿工作的辉煌成就，在一些学科领域内，已从感性认识，进入理性认识，从形象思维进入抽象思维阶段，进行理论总结和哲学的升华，诸如：中国大地构造学、中国成矿理论、陆相生油理论等；

（4）初步形成了专业队伍，经过 30 年的发展涌现出一批具有马克思主义哲学素质的地球科学家，在地学院校内又培养出一批自然辩证法及哲学工作者、专家、教授；

（5）涌现出受拥戴的学术带头人。

依上述，认为成立地质学辩证法专业组条件已成熟。

会上委托笔者起草了《倡议书》，1982年1月10日在《地质通讯》上发表，受到关注和支持，发起《倡议书》签名的有张文佑、吴凤鸣、殷登祥、李光、刘茂才、刘第镛、刘波、王振兴、胡发、陈敏。

2. 筹备与筹备组的建立

1982年4月3日，中国自然辩证法研究会副理事长钟林同志正式宣布地质学辩证法专业组筹备组成立，推荐张文佑教授（院士）为组长，吴凤鸣、余谋昌为副组长，成员有：马宗晋、宋正海、孙荣圭、金涛。

筹备组在张文佑教授指导下，召开多次（6～7次）全体会议，在研究会领导支持下，决定1983年召开成立大会及首届学术讨论会；1982年10月20日笔者受命完成并发表《征文启事》，得到学界的广泛支持和热烈的响应，收到论文150～160篇，筹备组扩大会议艰辛地审稿，初步选定近70篇论文，作为大会交流文献、并提出“以文会友”选定论文作者为出席会议代表。

三、地质学辩证法专业组的成立及首届学术讨论会

1. 成立盛会及专业组的诞生

1983年6月27日至7月2日在福州市召开了中国自然辩证法地质学辩证法专业组成立大会及首届学术年会，研究会副理事长钟林同志及张文佑教授共同主持了大会，会议有来自全国地矿系统学者专家、有关哲学、自然辩证法以及理论界、新闻界的专家、学者百余人，大会交流论文60余篇；值得提及的是大会还特邀请了地矿部副部长朱训教授、石油部科委主任闵豫教授、二机部副部长陈肇博教授（因临时有外事工作，未能出席），各自都作了专题学术报告，受到热烈的欢迎和称赞！

大会主题：① 运用辩证唯物主义观点阐述与国民经济发展有关重大科学问题；② 地球科学中的认识论和方法论问题；③ 地球科学各学科领域的哲学问题等。

会议通过不记名投票方式，选举出第一届专业组成员，他们是：张文佑（组长）、吴凤鸣（副组长）、余谋昌（副组长），成员有：马宗晋、蒋其凯、陈

传康、孙荣圭、滕吉文、宋正海、朱明道、王武峰。

这里应该提及的是：张文佑教授，作为首届地学哲学学术带头人，可以说是众望所归：

（1）德高望众。他是中科院主席团成员、地学部常委（院士），地质研究所所长，著名中国大地构造学家；

（2）具有马克思主义哲学素质，善于运用马克思主义哲学，结合大地构造学发表一系列有影响的学术论文（见《地质通讯》第 14 期）；

（3）与自然辩证法及学会有历史渊源，1956 年参与制定《自然辩证法研究十二规划》惟一的地学界代表，召开研究会筹备会委员会，1965 年《自然的辩证发展》丛书的参与者，《地球史》主编，研究会第一届理事会理事等。

2. 地质学辩证法专业组的危机

1983 年至 1987 年间，由于张文佑教授的病逝，加之研究总会活动经费的紧张等因素，使刚兴起的我国地学哲学研究及其学术活动，几乎处于停滞状态，我作为副组长也是一筹未展，确有生存危机之势。

3. 地质学辩证法专业组“柳暗花明”

1987 年，经过大家的努力，冥思苦想，奔走相邀，寻找带头人，最后选定朱训教授是最理想的带头人，委托笔者作为副组长专程拜会朱训同志，受到热情接待，并接受重托，挽救危机。当时基于两点分析：

（1）朱训教授赋有学习运用马克思主义哲学理论指导工作的传统和经验，他在江西工作期间，江西地质局是学习《矛盾论》和《实践论》的标兵和先进单位，诸如地质九队等，他在指挥德兴铜矿会战中，发表过《德兴斑岩铜矿》，提出多源成矿论观点，发现《赣东东北深大断裂带》等论文，都是以马克思主义哲学理论为指导的成果。

（2）对马克思主义哲学理论，有着深厚情感和兴趣，发表过用辩证唯物主义和历史唯物主义观点，撰成的著述如《正确处理地质找矿中的若干关系》等；参加过成立大会和首届学术研讨会，绝不会眼看着刚成立的专业组，就这样消失。

这种判断是正确的，他慨然同意，勇于承担，给专业组迎来了“柳暗花明”！

在他积极的领导下，经过一段时间的筹备，重新开展了学术活动，并决定在1988年10月，在他亲临主持下，召开了第二届地学哲学学术讨论会，会上他作了《我国矿情的辩证分析·对策建议》的主题报告，有60余位专家、学者参加大会，中国地质学会理事长黄汲清院士、中国地质大学校长王鸿桢院士应邀参加大会，大会决议将专业组改为“全国地学哲学委员会”，朱训教授当选为主任委员；吴凤鸣、余谋昌、王子贤为副主任委员；委员有：刘茂才、宋正海、李秉平、陈传康、杜乐天、诸大建、石宝珩、朱新轩、王恒礼、雷援朝；秘书长：王恒礼（兼）、吕国平。1991年，根据上级文件精神，委员会建立了理事会，并增加了成员。

从此，在朱训同志亲自领导下，使委员会走向了不断发展繁荣的新局面。

20年（1983—2003）来，召开过8次学术年会，共收到论文约700余篇，其中精选388篇发表在各文集之中；委员会从11人专业组，发展到现在理事会的133人，还有14位院士为学术顾问，参加学术活动的专家学者的范围日趋扩大。（8届年会内容这里就不一一介绍了。）

本届学术年会为第9次，是一次庆祝成立20周年纪念的盛会，既是历史回顾，也将是一次展现未来辉煌成就的里程碑。

4. 有重大影响的专题讨论会

20年的历程，除按期每两年召开的一次学术年会，共8次（截至2003年）外，还不定期地召开多次专题学术研讨会，及时地反映了研究会的成就，同时也活跃了研究会的学术气氛。其中对有重大影响的阐述如下：

（1）1992年7月，地学哲学委员会第四届学术年会召开。

朱训教授撰成的《找矿哲学概论》正式出版，在大会上作了“关于找矿哲学几个问题”的主题报告，受到了广泛的称赞，特别是得到了中共中央常委李瑞环同志的称赞，并做了明确的批示。

为了落实李瑞环同志的批示，1992年11月4日—7日，地学哲学委员会和江西省地质矿产局联合在南昌市召开了“全国找矿哲学学术研讨会”，会议有来自全国各省区地矿部门的专学、学者、教授60余人，朱训同志亲临会场，并作为“关于找矿哲学的若干问题”的专题学术报告，受到与会者的称赞，会上还宣读了李瑞环同志的重要批示：

“中国自然辩证法研究会地学委员会召开座谈会讨论找矿哲学，是一件很有意义的事。我看过朱训同志写的《找矿哲学概论》。这本书在运用马克思主义哲学指导找矿工作方面进行了有益的探索，对其他行业也有启示作用。我希望更多的同志像朱训同志那样，自觉运用马克思主义哲学的原理指导生产和工作，从而推动改革开放和现代化建设事业更快地发展。”

与会代表依照李瑞环同志的批示精神，围绕《概论》展开了热烈而深入的讨论，共同认为：这是创立了一个有实践内容的找矿哲学学科体系，一项有中国特色地学哲学研究成果。

（2）1993 年 1 月 20 日，中国科协、中国自然辩证法研究会在北京召开了高层次的“找矿哲学”座谈会。

出席会议的有首都理论界、哲学界、地矿界、舆论界有关领导参加，他们是：著名哲学家于光远、李昌；中宣副部长郑必坚；中国科协副主席高镇宁，书记处书记李宝恒；总工会党组书记朱厚泽；中央办公厅于维桢局长；国家教委张健；中组部陈舜瑶等，以及地矿部部长宋瑞祥、张文岳；中央党校代表吴玉生；中国人民大学黄顺基；中国科学院院士、著名物理学家何祚庥；地学哲学委员会代表王子贤、何贤杰、余谋昌、吴凤鸣也参加了座谈会。

原中宣部副部长、中国自然辩证法研究会理事长龚育之主持了会议，国务委员宋健同志为座谈会发来贺信说：“欣悉中国科协和中国自然辩证法研究会举行‘找矿哲学座谈会’，这是我国科技界、理论界响应江泽民同志关于全党同志要认真学习马克思主义唯物辩证法，落实李瑞环同志关于找矿哲学的指示，推动各行各业自觉运用马克思主义哲学的原理，指导生产和工作的一项重要活动。我看过朱训写的《找矿哲学概论》，这本书在理论与实践的结合上进行了有益的探索，在建立哲学与应用学科方面迈出了可喜的一步。如果各行各业的领导同志能结合工作实际，进行这种探索和研究，就会大大提高辩证思维能力，从而推动改革开放，现代化建设和科技事业更快地发展。”

朱训同志在会议开始时，扼要地阐述了找矿哲学理论体系的形成、基本理论原理及其方法论。

会上发言中盛赞朱训同志运用马克思主义哲学原理，来指导地矿事业向纵深发展，为社会主义经济建设，提供更多更丰富的矿产资源；在理论与实践上创造性地提出哲学的应用学科及其体系，这是一个突破，是哲学研究上的一次创新。

座谈会的发言内容在《中国矿业报》等媒体作了比较详细而系统的报道。

（3）1996 年 8 月，第 30 届国际地质大会在北京召开。

会议设有第 22 组（国际地质学史委员会），以专门探讨地质概念、思想和哲学问题，原分为“地质发展与国际地学思维交流”及“地质理论、思维和哲学"两部分，大会安排在 8 月 13 日上午和 14 日下午，虽然是大会最后的尾声，但意想不到的是，整个会场始终座无虚席，甬道两侧，也都挤满闻讯而来的各国的地质学家及有关代表。

会上涉及有关地学哲学方面的论文有：

① 王鸿祯院士的《古生物的新概念和地球上早期生命》一文中，论及到均变与灾变，渐变与突变两种思潮的嬗递斗争，对地质学思想发展的影响；

② 於崇文的《中国地球化学的发展和地球系统与方法》一文中，运用协同学和系统论以及耗散结构理论，使地球化学研究进入一个地球系统科学范畴的新阶段。

由于举行葛利普教授 50 周年纪念会提交论文而未能排入和宣读的（限 22 组）有：

① 刘波的《天一地一人巨系统观》；

② 吴凤鸣的《中国当代地质理论的哲学思想》等。

特别值得提及的是，讨论会将结束时，发送了朱训同志著的《找矿哲学概论》英文版和俄文版，吸引了许多外国代表排队索取，其中独联体国家的地质学家对俄文版尤感兴趣，并有高度评价。当笔者把《找矿哲学概论》英文版赠予国际地质学史委员会（INHIGEO）秘书 U. B. 玛尔文（Marviu）时，她表示：“国际地质学史委员会过去对有关哲学内容的讨论，总认为有一定‘风险性’，而在中国的讨论，得到意外的成功，中国在地球科学哲学研究有着良好的基础，这本书我要带回去，认真地阅读。”

（4）《地球科学与可持续发展》丛书首发式举行。

1999 年 12 月 29 日在全国政协举行了朱训同志主编的《地球科学与可持续发展》丛书（10 本）首发式，该丛书是作为地学哲学委员会向建国 50 周年献礼之作。

出席首发式的领导有中共中央政治局委员李铁映；全国政协副主任张思卿、朱光亚、王文元，并在会上讲话。出席首发式的还有全国人大环境资源委员会、全国政协人口资源委员会、国土资源部、中国科协、中国自然辩证法研究会的代表以及国家环境保护局局长解振华等。另外，还有10余名中科院院士及石油、水利、气象、海洋、地震部门的领导和代表参加会议。

当天中央电视台在《新闻联播》时段，首先作了报道，中央人民广播电台、《人民日报》、《光明日报》、《科技日报》、《经济日报》、《人民政协报》、《中国国土资源报》、《中国矿业报》等，相继都作了报道。

（5）2002年12月12至13日在中国地质大学召开了“创新思维与地球科学前沿问题”专题研讨会。

会上，地学哲学委员会理事长朱训同志作了“积极加强地学哲学探索、大力推动地球科学发展”的学术报告，这次专题讨论会有来自全国各条战线的专家、学者、教授以及院士、在校博士生和硕士生共60余人，提交论文50余篇，其中，翟裕生院士的《矿床学研究的思维方法论》，提出了系统性、实践性，历史观、经济观、环境观等；於崇文院士的《地质系统的复杂性》，以系统论、发散结构理论、协同学的观点，论及了自然哲学的新理念，其目的是对古老的地质学的再认识，把地质科学的基本理论研究提高到非线性科学和复杂性理论研究的层次，实践地质科学向更高层次的跨越。

会议开得很成功，并及时出版了专辑《创新思维与地球科学前沿》。

四、结　语

20年来，地学哲学委员会能有今日的兴盛发展局面，其中关键因素是学术带头人朱训教授的选定，这是我们引以为豪的经验和感受！

（1）他具有学习和运用马克思主义哲学的传统和意识（见《运用辩证唯物主义指导地矿工作》）；

（2）具有马克思主义哲学理论素质和造诣（见《地质科学与地矿产业》、《中国地矿工作的过去和未来》）；

（3）具有思想创新精神（《找矿哲学概论》）；

（4）具有学术民主（倡导“百家争鸣”）、扶植他人的美德（主编《找矿哲学理论与实践》及《中国矿情》等）；

（5）具有善于发现人才，善用人才（顾问院士的聘任，133位理事的聘任，诸如廖克、温克刚、地科院长张彦英的聘任等）；

（6）德高望众，平易近人（政府高职，学术高位，但一贯平易近人）。

最后引述他在20年共8次学术年会上的主题报告，清晰地表明和论证他在不同时期，紧密结合国家现代化建设的需要，对国民经济建设重大论题，诸如：资源、环境、人口及灾害等问题、可持发展以及西部大开发等，都融入研究会的学术研究和学术活动之中，引导研究会的工作与时俱进地朝着正确的方向发展。

朱训理事长8次在学术年会上所作主题学术报告：

（1）1983年首届学术年会，《正确处理地质找矿中若干关系》。文中分析了找矿工作中存在的问题，诸如“需要与可能”，“重点与一般"，“大矿与小矿"，“富矿与贫矿”等辩证关系。

（2）1988年第2届学术年会，《我国矿情的辩证分析及对策建设》。以辩证唯物主义实事求是的精神，对我国矿情做了客观、辩证的分析，诸如“资源大国”与“资源小国”等，特别是对片面宣传“地大物博”、“取之不尽，用之不竭”的传统观念，做了辩证分析与纠止，较早地为实行资源节约型经济，做了理论论证。

（3）1990第3届学术年会，《关于开展地学哲学研究的一些意见》。文中强调地学哲学研究要理论联系实际，促进地学事业的发展，重视自身学科的理论建设，扩大研究队伍，不断壮大与发展。

（4）1992年第4届学术年会，《关于找矿哲学几个问题》主题报告。报告中比较系统地论及了关于建立找矿哲学概念构思、思维形式，找矿哲学特点、性质、对象、范畴、基本规律与理论体系等。

（5）1994年第5届学术年会，《协调人与自然的关系——开拓地学探索的新领域》。报告中精辟地论及当前人与自然关系的研究的战略性，其范畴与规律性的哲学分析，提出地学研究中重视新领域的开拓，诸如环境地学、农业地学、人口地学等。

（6）1996年第6届学术年会，《论地学哲学工作的形势和任务》。提出地学哲学研究的指导思想，立足、面向并服务于“跨世纪工程”伟大的社会实践，探讨解决人类面临环境、灾害的危机的途径，把地学哲学基本理论研究引向落实科教兴国的战略上，推动地球科学进步，增强地学哲学的社会功能性，揭示人地系统中的基本矛盾，加深对人地关系的哲学认识，普遍树立起科学的自然、地球观，以及地学的认识论和方法论。

（7）1998 年第 7 届学术年会，《加强地学哲学研究，充分发挥地球科学在可持续发展中的作用》。报告精辟地论证了可持续发展在当今社会经济与资源环境协调永续发展的战略意义，在地学哲学范畴内，就是深入有序地开展“协调人地关系”的研究。

（8）2000 年第八届学术年会，《关于西部大开发的辩证思考》及《西部矿产业开发要走新路》。

（9）2003 年第九届学术年会，《地学哲学研究要努力为全面建设小康社会服务》及《全面建设小康社会与中国能源战略》。

（本文发表于《地学哲学与全面建设小康社会》，2004 年 11 月，中国地质大学出版社）

【致歉】截至 2011 年，研究会已召开过 12—13 届学术年会，由于条件所限，重新发表时未能把近期共 4 届学术年会内容补入，深表歉意！

三　科技术语学

绽放在科学的春天里

——全国科学技术名词审定委员会成立过程回顾

1978 年 3 月中国科学大会胜利召开，祖国大地迎来了科学的春天。

科学春天的到来，使得我国科学事业的发展，如同一江春水，掀起了波澜壮阔的新高潮；使得新思潮、新理论、新学说、新学科如雨后春笋般涌现。

全国科学技术名词审定委员会成立大会（1985 年 4 月 25 日）

为了及时引进、借鉴和传播这些新思维、新概念，应对我国科学迅猛发展的新形势，我国科学界，特别是老一辈科学家十分关注反映这些新思维、新理论概念的新名词的审定与统一，力求定名（译名）准确，避免术语使用混乱而影响学术交流和新知识的引进。许多著名的科学家纷纷提出恢复和建立科技名词的审定与统一机构，以推动我国科技名词的规范化、标准化和统一。

全国科学技术名词审定委员会应运而生，新中国的科技名词规范和统一事业就这样绽放在科学的春天里。

一、一封群众联名“上书”引起方毅副总理的重视

原中国科学院自然科学名词编订室的几位工作人员联名撰成恢复和建立科学名词统一工作委员会的书信，递呈至当时主管中国科学院的方毅副总理手中。信中主要阐述了原自然科学名词统一工作委员会的成就和作用，同时也汇报了近年来科技界名词术语不统一、不规范的混乱现象，影响新知识的传播和学术交流，也反映了科学界要求学术名词的标准化、规范化的呼声。

一石激起千层浪。“上书”得到了方毅副总理的重视和支持，不久，在一次“两科”（国家科委、中国科学院）党组会议上做了研究，并决定以中国科学院牵头，重新成立全国自然科学名词审定委员会，会上确定中国科学院副院长严济慈院士出任该委员会主任委员。严老应邀参加了会议。

肩负起委员会的筹备工作的严老对这项工作十分认真、严谨，在一次和笔者的谈话中，他详细地阐述了委员会的名称采用“审定”而不是“统一”的道理，表明严老对委员会的建立早有远见卓识。

二、“两科”联合起草委员会成立报告，筹备工作初步展开

1978年10月6日国家科委、中国科学院联合起草了《关于成立全国自然科学名词审定委员会的报告》上报国务院。12月15日方毅副总理签署同意后，并呈当时国务院几位领导纪登奎、余秋里、王震、谷牧、康世恩阅定。“两科”联合《报告》首先阐述了科技名词术语统一工作在科研、生产、教育以及科技情报、学术交流等项工作的重要作用；其次，恳切地反映了当前我国科技名词术语不统一的混乱现象，反映了科技战线及相关部门广大科技工作者迫切要求恢复和组建科技术语的审定与统一工作机构的愿望。

《报告》明确了全国自然科学名词审定委员会的任务：确定工作方针，拟定全国自然科学名词审定与统一工作规划、实施方案和步骤，负责审定自然科

学（包括技术科学）名词术语的规范和统一，并予以公布施行。

《报告》明确提出由中国科学院牵头，委员会由国家科委和中国科学院共同聘请著名科学家组成。

1979—1984年五年间，在严老领导下，初步开展了筹备工作，主要是搜集材料，整理原国立编译馆主持审定的几十种各学科名词草案，筹建工作进展缓慢。后因严老当选为全国人民代表大会副委员长，公务十分繁忙，难以顾及委员会的筹建工作。经院领导研究确定暂由叶笃正副院长主持筹建工作。

三、成立委员会（筹备）办公室，广泛深入开展调研

叶副院长经多方协商，首先确定建立委员会办公室。调任笔者为主任，协助叶副院长实施筹建工作。1983年4月，中国科学院以科发办第301号文发布了关于启用《全国自然科学名词审定委员会办公室印章的通知》。通知发至国家科委、国防科工委、国家计量局、国家文字改革委员会、教育部、文化部出版局、中国大百科全书出版社、上海辞书出版社等单位，受到上述单位的广泛响应与支持。在科学院办公厅和出版局领导下，办公室进入了全面的实质性的筹建阶段。

叶笃正副院长十分重视调研，要求筹建工作建立在调研的基础上，责令办公室开展调研工作。按照指示，笔者提出首先在设有分院的省区内召开座谈会、讨论会，广泛征求广大科技工作者的建议，收集各地区科技界对审定名词术语的工作的经验和成果，大力宣传科技名词术语在繁荣学术的重要意义和作用，物色组成全委员会的人选和积极分子，为委员会组建奠定基础。

1984年5月21—23日，在成都召开了两次科技名词座谈会。

5月21日的会议由分院院长高福晖教授主持，中科院成都分院各研究所派学者参加。

5月23日由四川省科委主持，邀请有关地区各有关科研院所、高等院校以及生产部门的专家学者20余人参加。

这两次座谈会上集中讨论了科技术语的统一对学术交流、提高教学质量的重要意义和作用。有的专家还列举当代“人机对话”，没有统一的名词术语，

这是难以想象的。一位院校的教授还列举出一个化工产品，由于术语名词的不统一，在外贸活动中，造成巨大的经济损失。最后综合这两次座谈会，提出7条建议：诸如新术语定名一定要概念清晰，易懂，坚持一物一名，相对稳定的原则，编词典和教科书一定要使用审定统一过的的名词术语等。

紧接着，7月25日在昆明召开了自然科学名词审定工作座谈会。应邀参加座谈会的有省科委、中科院昆明分院、云南大学、云南师范大学、昆明工学院及有关研究所的学者、教授、专家30余人。会上提出当前一些新兴学科、新概念、新词汇翻译混乱，影响科研与教学质量，特别有碍科技信息的交流与吸收，迫切希望早日建立国家的统一审定机构，以利于我国蓬勃发展的科技事业。

通过一系列的调研，收到通报与宣传效益，更重要的是各地区各科研教学以及工程、生产单位的建议和呼声，为确定委员会的方针任务，制定《委员会的组织条例》和《审定工作条例》以及撰写成立大会的报告等，提供了第一手素材和依据。深深体会到叶院长的高瞻远瞩为委员会的建立奠定了牢固的群众基础。

筹备阶段，除召开一系列调研会外，还及时组织召开专题讨论会，为委员会的建立和审定工作的开展，奠定了学术基础，营造了学术气氛。

1983年12月27日筹备办公室在北京大学勺园召开了“无机化学命名讨论会”。专题讨论了106元素，107元素，109元素的符号及命名原则；同时还探讨了锡、Ti、硒的读音问题和配位化合物命名问题，应邀参加讨论的有化学界著名学者张青莲、徐邦宪教授等，袁翰青、戴安邦等教授提出了书面意见。应邀参加讨论的还有中国文字改革委员会、教育部教材研究所、中国大百科全书出版社等单位的专家。

1984年4月18日在北京科学会堂召开了“化学用字及读音”专题研讨会。中国化学学会邢其毅教授主持会议，著名无机化学家张滂、梁晓天、张黯、王夔等教授参加讨论，应邀参加讨论的有关单位有中国文字改革委员会、海淀教师进修学院、河北工学院以及科学出版社、中国大百科全书出版社、高等教育出版社等专家及代表。讨论会开得十分热烈，主要是讨论化学用字的谐音、会意、象形、造字的原则，商定诸音法的优点；对氨、胺、铵，磷、膦等五组读音的原则以及对天然化合物命名问题提出建议。会上分发了《化学用字及读音方案》以供讨论和应用。

之后，办公室（由笔者带队）专程赴东北召开专题座谈会。中科院沈阳分院的座谈会由分院副院长骆继勋教授主持，邀请了金属研究所、林业土壤研究所、计算研究所等20余位专家学者参加。辽宁省科委系统座谈会，邀请地区各研究所及辽宁大学、医科大学、东北工学院、农学院等专家、教授参加，省科委副主任徐远平主持会议。

中科院长春分院专题座谈会，邀请了院光机所、应化所、物理所、地理所的研究员、学者，以及东北师范大学、长春地质学院、吉林医科大学的教授、专家共20余人，会议由分院院长吴越教授主持。座谈会上发言热烈，反映出的突出问题是多年没有进行学术名词审定与统一工作，科研教学中常常遇到概念不清，一名多义，一物多名，影响学生理解和记忆，要求早日进行整顿与规范。座谈会上专家学者肯定了国家批准成立名词审定委员会，是发展科学技术的前提，是一项基础性工作，是高瞻远瞩的举措，将有力地推动我国科学技术的迅速发展。

在杭州、广州、武汉等也都召开过相类似的座谈会和讨论会。

筹备阶段除积极开展调研活动外，还积极与国际术语机构建立联系，开展学术交流。如派人员参加了国际标准化组织TC37（术语学）委员会在莫斯科、伦敦等召开的国际术语原则与方法的讨论会，以及1986年在芬兰召开的术语数据库与网络设施的专题讨论会等，同时还邀请国际上四大术语学派的学者来华讲学等，这些活动有利于促进我国术语工作快速融入国际行列，为中国术语学走向世界起到了铺垫作用。

四、组建全国自然科学名词审定委员会常委会

中国科学院根据国务院批准的两科联合起草的1242号文件批示精神，委托副院长叶笃正院士主管，积极进行筹建工作，经“两科”多次协商，委员会常委会组成确定由中国科学院牵头，国家科委共同组建，确定邀请中国科协、国家标准局、教育部参加，上述五个单位的领导大力支持，及时负责地选定人选。

1984年8月6日，中国科学院在院长办公会议上确认了五单位推荐的人选：

国家科委胡兆森，高级工程师，国家科委委员，新技术局局长；

中国科协王寿仁，研究员，中国科协常委；

教育部吴衍庆，科技司司长；

国家标准局戴荷生，高级工程师，综合研究所所长。

会议还决定“由钱三强同志任委员会主任，叶笃正、吴凤鸣同志任副主任。在钱三强同志生病休养期间，由副主任叶笃正同志代理主任”。

8月21日以科学院文件（1984科发出第0856号）《关于召开全国自然科学名词审定委员会主任副主任会议的通知》，通报了上述人选决定并定于8月25日在科学会堂召开主任副主任会议，主要议题是：吴凤鸣同志报告委员会的筹备工作；讨论决定委员会全国委员人选原则；研究正式成立委员会的时间及诸多事宜。

该文发转国家科委、中国科协、教育部、国家标准局。

全国自然科学名词审定委员会筹备工作基本就绪，在即将召开成立大会前夕，中国科学院、国家科委于1984年11月29日向国务院呈送《关于全国自然科学名词审定委员会工作的请示报告》，及时地汇报了8月6日中国科学院院长办公会议的决定，确定了以著名核物理学家钱三强院士为主任委员的全国科技名词委的常委会的组成人员；并汇报了8月25日召开的委员会主任副主任会议上讨论的有关委员会的方针、任务及机构等问题，并请示如下：

（1）委员会的任务范畴问题：广义的自然科学各领域。

（2）委员会下设的术语审定组织：依靠自然科学各学会，由中国科协责成各学会成立本学科的审定委员会。

（3）委员会学术权威性问题：建议国务院授权委员会采用公布的形式，对经过审定并批准公布的自然科学名词，教学、科研、生产部门，应遵照使用。

（4）关于委员会的办事机构及人员编制：委员会下设办事机构，编制为25～30人，为把自然科学名词的命名及其方法建立在术语学理论的基础上，建议委员会下设办公室和自然科学术语研究室（汤丙午副主任十分赞赏建立研究室并曾责成笔者拟定《建立研究室的设想》）。

（5）关于经费问题。（略）

文件经方毅签署同意，由万里、李鹏、张劲夫等领导阅签。

这是委员会成立大会前夕的一份十分关键而重要的文件，20年后的今天，不但具有历史意义，也有其现实意义。（值得提及的是，筹备期间起草的向国务院的请示报告，多由中科院办公厅葛能全等同志组织执笔定稿，由笔者及出版委谢淑莲同志提供素材并参与讨论）

五、全国自然科学名词审定委员会成立

经过了长期充分的筹备工作，一个新的组织机构呼之欲出。

1985年2月15日，委员会主任副主任会议召开。会议逐条讨论并通过了《全国自然科学名词审定委员会组织条例》及《全国自然科学名词审定工作条例》、全国自然科学名词审定委员会委员候选人名单。会议确定了成立大会的日期（会期）、地点、参加大会人员分配（总人数不超过150人）及邀请新闻媒体等事宜。会议确定了成立大会的主要内容：聘任全国委员，组成“全国自然科学名词审定委员会”；通过上述《组织条例》及《名词审定工作条例》；讨论自然科学名词术语原则与方法；讨论与制订自然科学名词审定工作规划；交流自然科学名词审定工作的经验等。

1985年4月25日，全国自然科学名词审定委员会成立大会在京胜利召开。

中国科学院副院长、委员会副主任叶笃正院士主持开幕式，著名核物理学家、委员会主任钱三强院士致开幕词，中国科学院副院长孙鸿烈院士，代表“两科”宣读全国自然科学名词审定委员会主任、副主任名单，国家科委副主任曾庆林同志代表两科颁发受聘67位委员聘书；著名物理学家马大猷院士代表领受，中国科学院副院长叶笃正院士作了“委员会筹备经过及今后工作展望”的报告。

中国人民代表大会副委员长严济慈院士在开幕式上做了重要讲话，他首先回忆了五六十年前关于科技名词创始历史，并讲述了他在三十年代发表的《论公分·公分·公分》一文（《东方杂志》32卷第三号），抨击了当时国民党政府对科技度量衡法中的混乱现象，引起会场上一片掌声；同时还列举了1910年前后关于“mathematics”、“数学”与“算学”之争的故事；提及新中国成立后的1950年“学术名词”统一工作委员会的工作成就，进而在“两科”讨

论恢复全国名词审定委员会定名时，力主用“审定”而不用“统一”。最后严老关切地警示我们防止自满，他说，委员会是一个权威机构，但“权威不是自封的，要通过我们的工作自然地体现出来”。严老深邃而关切的讲话赢得全场与会者的热烈掌声。

委员会副主任胡兆森宣读了方毅副总理的贺信，孙鸿烈副院长宣读中科院院长卢嘉锡院士的贺信。

在成立大会上做学术报告的有著名生物学家朱弘复院士的《审定统一科学名词是国家科学事业的基本建设》，中国文字改革委员会副主任、著名术语学家陈原教授作了《当代术语学在科学技术现代化过程中的作用和意义》，笔者作了《我国自然科学名词术语研究历史回顾和现状》，物理学、化学、天文学分委员会的专家学者代表也在大会上作了相关的专题报告，大会开得十分热烈而紧凑，学术气氛浓郁。著名数学家、中国科协常委、委员会副主任王寿仁教授在大会闭幕式上致闭幕词。值得提及的是卢嘉锡院长，特地从外地赶回京参加了闭幕式，并作重要讲话，其中提到增补港澳委员，保留台湾名额问题。最后他表态说，受国务院委托，让我们科学院牵头，我们一定要大力支持委员会的工作，同国家科委共同负起责任。逐步完成委员会的各项任务，在四化建设中发挥重要作用。

委员会一经成立，积极开展科技名词审定工作及学术交流，加强与国际术语机构的联系，并且通过记者招待会和新闻发布会的形式，及时将审定工作成果公布，在社会上引起反响。

1987年国务院发文明确指出：“全国自然科学名词审定委员会审定的自然科学名词具有权威性和约束力，全国各科研、教学、生产、经营、新闻出版等单位应遵照使用”。紧接着国家科委、中国科学院、国家教委、新闻出版署联合发出通知，要求认真贯彻国务院批示，通知如下：各新闻单位要通过各种传播媒介宣传名词统一的重要意义，并带头使用已公布的名词。各编辑出版单位今后出版的有关书、刊、文献、资料，要求使用公布的名词。特别是各种工具书，应把是否使用已公布的规范词，作为衡量该书质量的标准之一。凡已公布的各学科名词，今后编写出版的各类教材都应遵照使用。

无疑，这两份文件为我国科技名词规范和统一事业走上快速发展的轨道，提供了坚实的重要的保证。

全国科学技术名词审定委员会在科学的春天里诞生、成长起来。

（本文发表于《科技术语研究》，2005 年 3 月 30 日）

斯人远去　薪火相传
——深切缅怀钱三强主任

钱三强同志是我国著名的科学家，曾任中国科学院副院长和特邀顾问，他还是著名的社会活动家和许多学术机构、学术团体的倡导者和领导人。1984年8月经中国科学院院长会议决定，担任了全国自然科学名词审定委员会（现已改名为全国科学技术名词审定委员会）主任委员。他随即积极投入了委员会正式成立的筹备工作，就委员会的方针、任务、组织机构、学术权威性、人员编制和经费等问题组织讨论，起草了《关于全国自然科学名词审定委员会工作的请示报告》，并经国务院批准。1985年4月25日委员会正式成立了。

钱三强主持全国科学技术名词审定委员会会议

在钱老领导下，委员会从创立起，短短几年就打开了局面，开创了名词审定事业的新阶段，并取得了可喜的进展。为以后名词审定工作打下了良好的基础。不幸的是，钱老于1992年因病突然去世了，这对日趋发展的科技名词审定与统一工作是个莫大的损失。

从1985年到1992年，钱老先后担任了第一、第二届委员会主任委员。这7年间，在钱老领导下，委员会不断壮大，审定工作也有很大发展，到1992年，先后组建了包括理、工、农、医和部分交叉学科等43个学科名词审定委员会及一个外国科学家译名协调委员会，形成了一支近1500人的有权威、高水平的名词审定工作专家队伍。并在国务院的授权下，审定公布出版了21个学科的基本词，统一了一批混乱的名词。这批各学科名词的问世，繁荣了国内外学术交流，推动了科技术语的系统化和规范化，促进了我国科技的发展。委员会在钱老亲自主持下制订了《全国自然科学名词审定委员会组织条例》和《全国自然科学名词审定委员会审定工作条例》，推动着审定工作的开展。并在审定工作条例的基础上，结合当代术语学的理论和我国审定工作的实践，制订了《自然科学名词审定的原则及方法》，这为建立以汉字为特点的科技术语学，奠定了基础。

钱老对我国科技名词事业的重要贡献，体现在以下几个方面。

一、明确了名词审定与统一工作的重要意义

钱老在1985年委员会成立大会上提出自然科学名词审定与统一是发展科学技术的基础性工作。他引用了新中国成立初期的政务院学术名词统一工作委员会主任委员、中科院郭沫若院长提出的论断：学术名词的审定与统一工作“乃是一个独立自主国家在学术工作上所必须具备的条件，也是实现学术中国化的最起码的条件”。1990年他在第二届委员会大会上进一步明确指出：“统一科技名词是一个国家发展科学技术所必需的基础条件之一，也是一个国家科技发展的重要标志。统一科技名词对科学知识的传播，新学科的开拓，新理论的建立，国内外科技交流，学科与行业间的沟通，科技书刊和教材等出版物的编译

* 本文第二作者黄昭厚。

出版，科技情报信息传递等方面，都是不可缺少的。”“特别是计算机技术的推广使用，对统一科技名词提出了更紧迫的要求。”

二、不断加强委员会及队伍的建设

由国务院批准的国家科委和中科院报告中明确指出，“全国自然科学名词审定委员会是负责全国自然科学名词术语审定与统一的权威性机构”，因此钱老在1985年名词委成立大会上强调，“为了保证委员会的权威性，首先在委员会委员中有一批全国知名的，具有丰富经验的科学家，其次，在各学科名词审定委员会中有一大批热心于名词审定工作的科学工作者，负责本学科的名词术语审定工作。这样，在广泛征求意见的基础上，经过委员会审定的自然科学名词术语，既有权威性，又有代表性”。此后，1987年，当名词委公布第一本规范名词《天文学名词》时，国务院又批示经全国自然科学名词审定委员会“审定的自然科学名词具有权威性和约束力，全国各科研、教学、生产、经营、新闻出版等单位应遵照使用”。1990年国家科委、中国科学院、国家教委、国家新闻出版署为贯彻国务院的批示，又联合发文要求各新闻、出版、教材编写等单位，对全国科学技术名词审定委员会公布的名词要遵照使用。国务院的批示赋予了委员会的权威性，为此，两届委员会的组成都不断得到调整、充实、加强。

从第一届委员会的组成看，由中国科学院、国家科委、教育部、中国科协、国家标准局5个单位的领导等7人组成常委会，委员52人。各学科审定委员会应聘参加审定工作的专家学者近千人。1990年第二届委员会随着工作的开展，常委会又增加了国家新闻出版署和国家自然科学基金委员会的领导共10人组成，委员也增至72人。到1992年底，44个分委员会应聘参加审定工作的专家学者已达1 500名，已建立了一支有相当规模，有权威，高水平的名词审定工作的专家队伍。此外还有更多的专家学者提供了咨询或书面审查意见。委员中不仅有理、工、农、医等学科的专家，还有相关的社科专家。

三、有计划地逐步拓展名词审定工作

钱老在委员会成立大会的开幕词中就宣布："委员会的工作范围涉及广义的自然科学领域，包括数学、物理学、化学、天文学、地球科学、生物科学、技术科学、农业科学、医学等。"在首先开展基础科学各学科的名词审定工作同时，又提出密切联系国民经济建设中的重要学科开展工作。在他的倡导下，委员会初建时，除了成立了数、理、化、天、地、生等基础学科和农、医等学科名词审定委员会外，还成立了电子学、自动化和计算机等学科名词审定委员会。1990 年第二届委员会组成后，又集中相当的力量，相继建立起一批工程技术以及能源、交通等学科领域的名词审定委员会，诸如电工、化工、土木、建筑、石油、煤炭、冶金、水利、铁道、航海等。这充分显示出钱老重视与贯彻"科学技术服务于经济建设，经济建设依赖于科学技术"的方针。

钱老还十分重视交叉学科名词术语的审定。首届交叉学科学术讨论会后，国家领导人对软科学的战略意义及其决策性论证，作了精辟而系统的论述，引起我国学术界的极大关注，钱三强同志作为自然科学和社会科学联盟主席，对当前交叉科学在科学技术现代化建设中的作用，具有更深层次的理解，在《迎接交叉科学的新时代》一文中指出："自然科学和社会科学之间交叉地带，一贯是新兴学科的生长点。"因为自然科学和社会科学的研究对象，从本体论上来说，都是以探索物质、事物及其运动规律为基础，而在方法论上，既不同于纯自然科学，也不同于纯社会科学，而应建起自己独特的理论体系和思维方法。两大领域之间的交叉和融合，涌现出边缘科学、横断科学以及综合科学在内的新生学科群，像控制论、系统论、信息论、耗散结构理论、突变论以及协同学等，这些新学科群不仅具有深邃的自然科学内涵，在应用上对国家重大科学论题的决策起着论证作用，同时也显示出巨大的社会功能和强大的生命力。

鉴于此，钱老在几次会议上提出加强交叉学科术语的订名与审定，以资推动交叉科学的发展。在他的倡导下，1985 年 11 月 14 日，委员会专门召开交叉学科名词术语座谈会，邀请了国家科委国际科学促进会、中国未来学研究会，中国思维科学研究中心、中国科学与技术政策研究会、中国自然辩证法研究会、中国科学史学会、中国科学院、中国社会科学院有关单位及首都新闻界代表30人参加。会议一致认为：当代科学技术高速发展，自然科学与社会科学相互融合与渗透，正是杂交出现新思维、新概念、新理论、新学科的生长点，反映这些新理论学科的名词术语的审定协调与统一理应列入我会议事日程，因而随即组成交叉学科名词术语审定筹备组，1986年12月24日召开筹备会、各交叉学科已审定名词1 500条，后因条件所限，仅自然辩证法和自然科学史正式建立了分委员会开展了审定工作。

7年来，委员会的审定工作是根据钱老在两届委员会工作报告中提出的任务，及钱老亲自主持的年度常委会上提出的计划来进行的。1990年钱老在第二届委员会上就明确提出："自然科学名词的审定和统一工作是长期的、经常性的工作。凡已完成第一批审定任务的分委员会，应注意听取反馈意见，注意收集不断产生的新科学概念和新名词，提出命名意见，研究第一批审定中遗留的问题，逐步开展第二批审定工作。""第二批公布时，一般要求给出定义性注释。"他在主持1992年常委会上更进一步明确，学科安排应按先基础后应用，先单科后综合，先主科后副科进行审定的原则。

四、组织制定了名词审定的原则方法，指导审定工作

钱老在1985年委员会成立大会上根据当代术语学的发展，指出当代"术语学的研究正在蓬勃开展"，"这门科学的研究水平已经成为发达国家科学技术水平的重要标志"。并组织委员会请外国术语学家作报告，派人出国考察学习国际上以术语学的理论、原则指导科技术语工作的经验，出席国际术语研讨会，并组织翻译了有关术语学的著作。同时结合几年来审定工作的实践，于1987年组织制订，并于1990年修订了《自然科学名词审定的原则及方法》，较好地指导了审定工作。他在1990年第二届委员会大会报告中，详尽地介绍了这些原则。如按科学体系分学科进行名词审定，学科内按术语的概念系统，学科间交叉的词，按"副科服从主科"、"主科尊重副科"、"加强协调统一"的原则；以及按概念定名"一词一义"、"科学性"和"约定俗成"等原则。对外国科学家命名要遵照"名从主人，约定俗成，服从主科，尊重规范"的原则。还要注意贯彻"学术民主"和"协商统一"的原则等。

7年间，在委员会名词审定的原则指引下，统一了一批混乱的名词。如自动化名词委员会审定ergonomics一词时发现该词在24种词书中，就有23种中文译名，十分混乱。但该词涉及很多领域，我们召开专题会，按一词一义的原则，现统一定名为“工效学”，并取得中国人类工效学学会理事长钱学森院士的赞同。又如pressure一词有“压力”、“压强”两个中文译名，常被当作同义词混淆使用，现按概念分别定名。又如uncertainty relation原为“测不准关系”，实无“测”的含义，现定名为“不确定度关系”。地学中lagoon一词长期以来被称为“泻湖”，实为“潟湖”的误写和误称，这次地学界一致同意改正过来。又如医学中长期使用的“心肌梗塞”一词，虽已约定俗成，但按科学性的原则，肌肉只能坏死，经吴阶平院士的建议，定名为“心肌梗死”。还有probability一词在许多学科中称“几率”或“或然率”，现按副科服从主科的原则，统一按数学名词委员会的定名为“概率”。关于“计算机”与“电脑”的定名，根据科学性和系统性的原则，仍坚持定名为“计算机”，“电脑”只定为俗称。涉及与国标中常用术语的矛盾，我们根据钱老多次强调的要加强协调的精神，于1992年召开了一个20多个单位参加的协调会，就几个长期难统一的“质量”、“重量”、“重力”、“压力”、“压强”的定名混乱问题，“原子量”与“元素的相对原子质量”，“分子量”与“物质的相对分子质量”的同义词定名问题，展开热烈的讨论，绝大多数专家取得了共识。

五、加强港澳台及华语地区名词术语的交流，关心祖国统一大业

钱老在科技术语审定中，十分重视加强对港澳台、华语地区以及海外侨胞华裔学者的联系与交流，他常说：“汉字、汉语是世界上约四分之一人口的语言工具，是一个众多的群体，我们应该提到一个高度来认识。”根据1992年3月10日美国《洛杉矶时报》资料统计的世界15种主要语言使用情况，使用汉语的人口为9亿，使用英语的人口为4.5亿。早在1990年，著名学者钱伟长、知名人士袁晓园、安子介等就提出：21世纪是汉语发挥威力的时代。正像恩格斯在评论《资本论》之科学研究时所指：“一门科学提出的每一种新见解都

包含着这门科学术语的革命。”这就是说：新术语的提出，往往具有本学科或超学科的革命意义。“概率”、“耗散结构”、“协同学”、“人择原理”、“中性突变”等都显示出这个论断。汉语及其术语不仅代表了东方古老灿烂文化，而且是最悠久光辉历史的象征，更显示着中华民族跨入21世纪科学技术现代化的成就。这就不难理解当今全球学汉语热潮不断高涨的道理。据当时的资料统计，全世界非华裔人口中，正在学汉语的学生超过10万人，设有中文课程的国家共有60余个，其中巴黎第三大学中文系共有1 800名学生，是世界上最大的中文系，德国约有2 000～3 000名大学生申请学习中文，美国设有中文课的大学则有近500所。现已远不止此。钱老的嘱托蕴藏着多么深远的意义！

据目前不完全统计，大约有100个国家2 300所大学设有中文课程，随着中国经济迅速发展，世界汉语热不断升温，目前学习汉语人数达2 500万。据媒体报道：中国开始着手在世界各国设立汉语学院（100个）——“孔子学院”，以便推广汉语、普及汉语，目前已在韩国、美国等地开始建院活动。

1992年以张存浩为首的大陆7位著名科学家访问中国台湾，中国台湾“中研院”院长吴大猷访问大陆，开创了近40余年来两岸学术交流的新篇章。在参观、交流过程中，两岸学者都提及“学术对话”的术语媒介问题，像中国台湾《联合报》1992年6月11日报道说：“来访的7位大陆科学家分别与台湾的同行开展‘学术对话’。学者们表示，在科学上虽然两岸隔离40年，有些科学名词两岸不同，但科学还是他们最共通的语言。”报道华中一代表在介绍大陆所发展的“分子电子材料时表示，两岸电子学的中文译名有很大的不同，像台湾的‘积体电路’，在大陆叫作‘集成电路’，这是因为在两岸不交流的三四十年，正是电子学发展最快的时候，以致译名各行其是；相对地，那时物理学的变化较少，所以两岸的专业名词就比较接近。”

台湾“文建会”1992年7月2日通过推动研究两岸文字统一与加强文化资产保存发扬工作的五年计划，先着重两岸用语、译名、字形、音译等调查研究，再经由两岸文化交流而讨论彼此差异，寻求统一方案（台《联合报》）。

在钱老的倡导下，我们利用科学家之间的联系、互访和世界华人学术活动等机会开展宣传和交流。台湾科学家称赞大陆的名词审定工作是“了不起的工程，很细致，很认真”。1992年我们与台湾化学、农业科学、物理学、生物学等方面的学者或学会组织建立了多种形式的联系，双方开展名词方面学术交流、资料交换，以及探讨两岸名词协调统一工作。

由此可见，钱老生前对加强港澳台科技名词术语交流的倡导，不仅是推动海峡两岸文化学术交流，更重要的是已成为祖国统一大业的组成部分。这正反映了他作为著名科学家、社会活动家的远见卓识。

六、以严肃认真的态度、科学民主的作风指导名词审定与统一工作

钱三强同志一贯严格要求自己，坚持实事求是的科学态度，保持艰苦朴素的作风，在他主持的名词审定与统一工作中更是兢兢业业。他在成立大会上，传达了国务院关于全国自然科学名词审定委员会是负责全国自然科学名词术语审定与统一的权威性机构的批示的同时，他又强调指出："学术权威性不是自封的，它是要通过我们艰苦工作逐步被承认的，国务院的委托，正是对委员会工作的更高的要求，因此，我们的任务是艰巨的，任重道远。"

他以科学民主的作风发挥了主任、副主任领导核心作用，他虽然长期患病，但从未缺席过一次常委会，每次会议他都亲自主持讨论，作出具体部署与安排；他坚持坚定依靠广大科学家智慧的正确方向，充分调动广大科技人员及全体委员的积极作用，同时以他高尚的品德和社会威望，特别是他那种严肃、严格的态度和谦逊、朴实的作风，深得国家领导和政府的支持，也得到学术界的有力协作，仅仅三五年就使我国自然科学名词术语审定与统一工作开创了一个新的局面。

他经常告诫我们，科技术语是个复杂而又严肃的问题，既要坚持真理，恪守科学的内涵，又要尊重历史事实，就是"约定俗成"的原则，绝不能草率确定，更不能屈从于哪个学派，一定要组织本学科学者、专家共同讨论，反复协商而定。下面几个实例，显示出他恪守上述原则的典范作用。

（1）1987年在公布《天文学名词》时，关于天文界长期争议的"格林尼治"和"格林威治"两词，译名上既有确切和不确切一面，也有"约定俗成"的问题，经过反复讨论，责成天文学名词审定委员会书面论证，由天文学名词委员会作

出更改“格林威治”为“格林尼治”的决定，由钱老又委托著名天文学家王绶琯、龚树模等评审天文学名词委员会的决定和论证，最后钱老主持部分主任、副主任会议根据评审意见作出最后决定，正式改为“格林尼治天文台”，充分反映出钱老严肃认真的态度。同时还讨论了涉及很多学科中的load一词中文名“载荷”、“荷载”、“负荷”、“负载”长期不统一的情况，但多已约定俗成，一时很难统一。钱老表示先放一放。会后，他曾表示希望以后逐步向“载”字上靠。

（2）1989年在审定数学、物理学名词过程中，两个专业委员会对长期不统一的“矢量”与“向量”存在争议，在钱老亲自主持的专题讨论会上，认为“矢量”与“向量”这两个术语虽然科学概念基本相近，但两词在各自学科领域使用范畴和频率不一，他根据两词的归属，以及副科服从主科，主科尊重副科的原则，得到了两个专业委员会的理解，各自列入主科词外，另列入又称词，使长期争论不休的问题，得到较好的解决。

（3）钱老一贯重视科学家对科技术语定名的意见和建议，凡科学家们提出的意见，他都严肃认真地处理。如钱学森院士提出在宏观与微观之间的细观或介观的定名，根据该术语概念及科学内涵，宜定名为细观的建议，他责成委员会办公室认真处理，后经力学名词委员会采纳。他亲自致函钱学森同志表示谢意。

（4）钱老经常盛赞从事科技术语审定工作的学者、专家、教授们的艰苦劳动及无私的奉献精神，多次教导我们要特别尊重这些科学家们的辛勤劳动，并力争在可能范畴内，为他们创造较为优越的工作条件和生活待遇。

钱老对科技名词工作作出的开拓性贡献，永远值得我们追思。今天，在党和国家的关怀下，全国科技名词委与时俱进，使我国的科技名词规范事业呈现出勃勃生机。

“高山仰止， 景行行止， 虽不能至， 心向往之。”逢全国科技名词委成立20周年和新一届委员会即将诞生之际，用《诗经》里几句诗来表达我们对钱老的怀念之情。

（本文撰写过程中曾得黄昭厚同志的审定与充实。）

（本文发表于《科技术语研究》，2005年6月30日）

从“格致”到“科学”

——浅识中国传统文化的继承性

一、“科学”一词的溯源及其理念的讨论

“science”（科学）一词，源于拉丁文“scientia”“scientin”，系指知识、学问之意，相当于希腊文的“sophia”，乃“智慧”之意，叠词的“philosophia ”系为哲学，18 世纪后，在西方演变为广义的“科学 ”。法文为“science”，德文为“Wissenschaft”，俄文为“Наука”。

汉语“科学”一词，各家有着不同的溯源，一般认为是从日本引进。据岛尾永康考证，在明治维新初期（1860）由日本著名启蒙大师富泽谕吉创译；也有学者考证，1874 年启蒙思想家西周 （1829—1897）在《明六杂志》上把西方的“science”译为“科学”。

1896 年康有为在编《日本书目志》中，列有《科学入门》（普及舍译）和《科学原理》（本村译），首先在中国大地出现汉语“科学”一词。1896 年，梁启超在《西学书目表序例》中把西方书分为“政”“教”“学”，其“学”字，即指“西方科学”，这可能是他早期对西方科学理念的初步认识，也是他通过与中国传统的“格致”理念对比和厘定的结果。在当时，科学是什么？就连来华的洋人们也解释说：“通过实验，研究自然，获得知识”，而中国的格致，“物穷理，是格物；求至乎其极，是格致”，“万物之理，都是物”。按科学研究的范围、方法、目的，两者确有相似的内涵。西方科学与中国传统格致的理念上，既有相同之处，亦有不同特点，那就是说，也应认识到西方近代科学文化与中

国传统文化的不同特点和内容。众所周知，近代科学并不是从中国社会自身内部发展起来的，而传统格致在古代中国不像西方科学具有独特的社会地位，正像有人所说的，“格致是西学之本，是西方富强之本”。1896年，严复译《原富》时书中采用“科学”与“格致”并用，1898年译《天演论》时完全使用“科学”一词。

关于西方之“科学”，中国传统之“格致”，清代化学家徐寿于同治甲戌年11月28日在《申报》上有精辟的阐述：“中国之所谓格致，所以诚正治平也；外国之所谓格致，所以变化制造也。中国之格致，功近于虚，虚则伪；外国之格致，功征诸实，实则皆真也。”这就表明一批学者，已不是“中体西用”，“道本器末”了，而是做着求真务实的学问。

清代数学家华蘅芳（1833—1912）也有相同的认识，在一首诗中有所表达：“家有万卷书，寒暑不辍披，揣磨得精义，里间推经师。久事忽厌弃，雕虫非吾为”（《行素轩文存》）。梁启超在《格致之学沿革考略》中说：“虚理非不可贵，然必藉实验而后得其真，我国学术迟滞不进之由，未始不坐是矣。”

1898年废科举制，兴办西学，梁启超1902年在《地理与文明之关系》一文中，才明确使用“科学”一词，并说：“成一科之学者，谓之科学，如格致诸学也。”1911年梁启超在《学与术》一文中，阐述了科学的含义和理念，说：“科学者也，研索事物原因结果之关系为职志者也。”（《梁启超哲学思想文选》，北京大学出版社，1984年版）

孙中山对科学的理解是：“夫科学者，系统之学也，条理之学。凡真知特识，必从科学而来，舍科学而外之所谓知识者，多非真知识也。”从上所引表明，孙中山依据自身丰富的自然科学知识，在其朴素唯物主义思想指导下，形成了独特的科学观。

其实早在1903年清廷颁布现代学校条例时，格致从总体上就称之为各学科的集合，而科学则指单独的技术科学，其广义指自然科学，社会科学和人文科学。

二、“格致”一词的溯源及其理念

中国“格致”一词，来源于先秦（春秋战国时代）《礼·大学》，其含义是“致知在格物，物格而后知至”，乃是格物的总称。程子（颐）和朱子（熹）

在《四书集注》中说得很清楚，谓之“天下之物莫不有理，而吾心之明莫不有知……”。中国古代传统的“格致”理念，与西方的“science”概念有相同之处。当时的中国士大夫们，诸如华蘅芳、李善兰、严复、徐寿父子等，按传统概念（程子和朱子）定义做了系统阐述，一再表明：中国“格致”自古有之，有与西方的“science”相近的概念，即物穷理，是格物；求至乎其极，是格知；其物，至万物之理，都是物；总之，是系统知识的总和。而徐寿则曾指出：“中国之所谓格致，所以诚正治平也，外国之所谓格致，所以变化制造也……。”明清以来，来华的传教士们也都点头认可而加以称赞，其中有1580年来华的意大利传教士罗明坚（M.Ruggieri），1583年来华的利玛窦，1622年来华的德国传教士汤若望，1655年来华的南怀仁等等，这些人早期就认可“格致”与“science”有相同理念，并欣然使用“格致”一词。例如洋人主编的《空际格致》（1633年）、《空舆格致》（1643年）；又如，1866年美国丁韪良（Wiliam Alexander Parson Martin，1872—1890）把编译的数学物理化学知识命名为《格致入门》，傅兰雅、李善兰把牛顿的《自然哲学的数学原理》译为《数理格致》。还有“格致书屋”（Chinese Scientific Books，1868年）、1874年创立的影响深远的“格致书院”、名著《格致探源》（1876年）等。

就连傅兰雅主编、于1875年出版的《格致汇编》，尽管西文是“Chinese Scientific Magazine”，中文照样沿用“格致”，其他像西人在华创办的最早的知名刊物《遐迩贯珍》（1853年）、《六合丛谈》（1857年），以及《中西见闻录》（1872年），虽然都以传播科学为主要内容，但在文中都还是沿用中国传统的“格致”一词来代表他们的“science”理念，可见，传统的“格致”理念，在从“格致”到“科学”过渡时期，确有一定的权威性、通用性，使用时间较长。

三、中国科学社的建立宣扬和发展了科学理念

1914年几位留学美国的青年，一次在康奈尔大学校园内集会，讨论中提及当前中国处于民族危机时刻，认为西方之所以强于中国，科学发达是主要原因，当时中国最需要的是“科学救国”，一致同意创办一个以科学为名的刊物，

借以通过提倡科学来报效祖国，刊物明确以“联络同志，研究学术，以共图中国科学之发达”为宗旨，借以向国内传播科学思想，倡导科学精神，推广运用科学方法，以期达到科学救国的目的。经过积极筹备，《科学》刊物于1915年1月正式出版。发刊“例言”第一条这样说到，“文明之国，学必有会，会必有报，以发表其学术研究之进步与新理论之发明”；在发刊词中则着重阐述，“科学有造于物质，科学有造于人生，科学有造于知识”。同年10月25日成立了以任鸿隽为社长的中国科学社（the Science Society of China），这是中国第一个综合性民间科学团体，创始人还有胡明复、胡刚复、杨杏佛、赵元任、周仁、秉志。不久，他们积极参与了轰轰烈烈的“五四”新文化运动，倡导“赛”先生（science），对中国科学事业的开创、发展起到了重要推动作用。

值得特别提及的是，中国科学社半个世纪来，对科学术语及译名的统一，作出过独特的贡献，发挥了学社的优势，凝聚了一批高素质的科学家、教授，1915—1949年科学社会员达3766人，以学社刊物《科学》为园地，对科学术语和译名广泛进行讨论和公布，在科学社开展“科学名词论坛”，是一个良好的学术创举，为后辈学者树立了优良的传统。

四、第一次科学理念与功能（科学与玄学）的论战

1923年2月14日，清华大学教授张君劢（1887—1969）在清华大学为出国留学生讲演，题目是《人生观》，并在《清华周刊》发表，他认为：西方科学发展的结果是，出现了物质上丰富而道德上堕落的文明。科学追求外部物质世界而不能解决人类基本的精神生活问题，因此人生哲学不能决定于科学定律，而应决定于人的直觉、自由意志和内心修养；强调人生观的中心是自我，科学不能解决人生观问题。概括地说，有以下5点：（1）科学是客观的，人生观则是主观的；（2）科学可以分析方法入手，而人生观则是综合的；（3）科学为理论方法所支配，而人生观起于自觉；（4）科学为因果规律所支配，而人生观则为自由意志；（5）科学起于对象之相同现象，而人生观起于人格之单一性。总之，他强调人生观的中心是“自我”，与之相对者为“非我”，人生观起于直觉，科学为因果规律所支配，其结论是科学对人生观没有意义。

其挚友地质学家丁文江不同意张的观点并在《努力周报》上发表题为《玄学与科学——评张君劢的“人生观”》（1923年4月15日）的文章，文中就上述五个观点一一加以批驳，强调科学观对人生哲学是必需的，并不是无所作为的；否定其所谓科学是西方道德衰退的原因的观点。其结论：人生的、心理上的问题，也是科学研究对象……都逃不出科学的范畴……肯定心理现象，也是科学内容，同样遵循客观规律在运动着、发展着。

接着张君劢发表了《再论人生观与科学，并答丁在君》，再次阐述玄学观点，并着重批评丁文江等科学派的“科学万能论”。5月30日丁文江在《努力周刊》发表《玄学与科学——答张君劢》，相继，张君劢在中国大学演说，题为《科学的评价》，驳斥丁文江的科学支配人生观的论点。6月5日丁文江发表《玄学与科学的讨论的余兴》，严肃批判玄学的本体论。两派的学术论战已经白热化，激发了学界广泛关注与参与。

结　语

（1）从“格致”到“科学”是中国传统文化“格物致知”的一次突破，清代中期以来，大兴格致之学，对中国科学的启蒙、发展，乃至近代社会都有重要影响；

（2）西方科学的传入，及汉语词汇“科学”的运用，并取代“格致学”，认识到中西文化及科学在知识结构、科学认识、科学方法上各有不同的特点，一直是个值得科学界探讨的课题；

（3）中国科学社的成立及其《科学》月刊的问世，宣扬和发展了科学的理念，也标志着中国科学体制化的开端；

（4）“五四”新文化运动中，学者们倡导“赛”先生，拉开了发展科学的序幕，推动了中国科学的发展；“科学与人生观的论战”，科学派虽然有实用主义、实验主义以及马赫主义色彩，但对中国科学的发展确有积极作用，这是应该肯定的。

（本文发表于《中国科技术语》，2008年6月25日）

“震旦”一词的溯源及其在地质学中的应用

“震旦”一词源于佛经，东晋帛尸黎密多罗译《佛说灌（贯）顶经》第六卷中有佛语阿……阎浮界内有震旦国[1]的记述；又有蛟台蜃阁，俄交需旦之墟之说；唐释慧琳《一切经音义》七二玄应音杂阿昆昙心论：振旦，或许震量，……旧译云汉国[2]；唐王勃之《益州德阳县善寂寺碑》中说：……其教肇兴于西方，更流于震旦；明宋濂之《西天僧授善世禅师诰》云：……敢言，决不居我震旦青年之上。有的佛经上亦有译作“脂那”[3]。总之“震旦”（Chinisthana）为古代印度人称中国之谓，即以后之“支那”，其源亦为秦国之“秦”的对音。

汉语“震旦”一词既有代表中国之内涵，早期在文化教育界常有使用，诸如1903年清末教育家马相伯（1840—1939）及其天主教取稣会在上海徐家汇创办以“震旦”一词为名的独立学院，即称震旦学院，后改为震旦大学（Auroro University）[4]。1932年又另设“震旦”女子文理学院，甚至在国外也有使用，诸如1942年在巴黎创办有相当影响法国报纸《震旦报》（L’Aurore）是以“震旦”命名。

“震旦”一词在中国地质学界的使用更是源远流长，有其特殊科学含义，主要是反映在地层、构造方面，在古生物、矿物术语命名上，也不乏以“震旦”一词命名，诸如震旦纪（sinian period）、震旦期（sinisthana）、震旦运动（sinian movement）、震旦旋回（sinian cycle）、震旦角石（sinocerac）、震旦矿（sinicite）等。

本文依据历史史料，就“震旦”一词在中国地质发展中的演变，作初步的探讨。

（1）美国地质学家彭拜来（Pumppelly Raphael，1937—1923）[5] 于1862—1865年在华进行地质调查时，发现中国东部沿海各地山体结构、山脉走向皆呈北北东——南西西，把这一特征命名为震旦上升系统（sinian system of elevation），以表示华北及西伯利亚东部北东方向的褶皱，后统称“震旦”方向（sinian trend）[6]，从此，“震旦”一词进入地质学的含义之中，作为中国构造地质学的一个特定术语，颇有创意。

（2）德国探险家李希霍芬（Ricthofen Ferdinand von，1833—1905）[6] 在总结他1868—1872年在华考察工作时，于1877年把“震旦”一词引入中国地层系统，他认为凡在中国一切未变质之前寒武系及寒武系岩层，均划归震旦系（sinian system）[7]，由于这段元古代晚期地层最早在中国发现与研究，故以“震旦”命名，表示中国特有。纳入中国地质年代表为震旦纪（sinian period）。从文献记载，虽暂定为元古代晚期，大体从十九亿年开始到五亿七千万年结束，其岩相则主要是浅变质或不变质的沉积岩为主，属于新元古代的晚期。

（3）美国构造地质学家威理士（Willis.B，1857—1919）[8] 于1903—1909年在华进行地质考察时，将李希霍芬创立的震旦系改为下震旦系——寒武系及上震旦系——奥陶系两部分，他认为在中国北部两者是不可分界。把李希霍芬之前寒武、奥陶系屏除于震旦系之外，命名为寒武奥陶系[9]。

（4）中国地质事业创建人章鸿钊、丁文江、翁文灏率领地质研究所学员于1914—1916年在北京西山及其周围进行野外地质实习中，作了大量实际剖面测量与分析，在1916年出版的《地质研究所师弟修业记》[10] 中，系统地探讨了南口系并修正和补充了李希霍芬关于震旦系的划分，同时也提出了威理士上述方案两系合为一体的弊病，认为两系尚有一平行不整合，并以唐山临城等资料论证寒武系与奥陶系并非一体，而两系早为世界地质学家所惯用，于中国似未见疑义。《修业记》堪称是中国地质学家第一部地质考察报告。

（5）美国地质学家葛利普（Grabau，A.W.，1870—1946）[11] 于1920年受聘来华，任北京大学教授，并受托于地质调查所专题研究震旦系，1922年发表了专论《震旦系》（Sinian System），他主张应缩小李希霍芬主张的震旦系包括泰山群或五台群变质岩层以上的范围，认为其仅限于寒武纪以前之南口系，或滹沱系，并提出废弃威理士寒武奥陶一体性之说[12]。

（6）比利时地质学家马迪幼（Mathieu）1922—1923年担任开滦矿务局地质师时发表了《直录滦县震旦系地层》[13]，文中简明地阐述了震旦系划分的原则及内涵界限。

（7）中国地质学家高振西早在北京大学学习时，就对中国震旦系发生浓厚兴趣，1930年发表了《“震旦”一词在中国地质学上的意义之变迁》，毕业后，1931—1933年对河北蓟县震旦纪地层做过专题调查与研究工作，1934年发表了《中国北京震旦纪地层》[14]，以实际调查资料论述了划分震旦系的原则，比较系统地建立起中国北方震旦纪地层层序，建立起震旦系剖面，为三群十组，确定了蓟县岩石地层的基本格架。他的开拓性的工作，受到国内外学者的采纳和称赞。

（8）中国地质事业创建人李四光20世纪40年代建立了中国南方震旦系剖面。在创立地质力学构造体系时，把与震旦方向相当的构造，称之为华夏系（cathaysian system）、中华夏系（mesocathaysian system）及新华夏体系（neocathaysian system）[15]。

（9）章鸿钊1936年创立“震旦”运动（sinian movement）[16]，他认为中生代晚期至始新世后，中国东部地壳运动可分为五期，都与地震方向略近直角，他用地壳波动说和地壳均衡说来说明震旦运动的起源，他提出震旦运动是地下岩浆前后反复活动而引起的。同年，他还发表了《中国中生代初期之地壳运动与震旦运动之异点》、《中国中生代晚期以后地壳运动之动向之新认识》，对震旦方向、震旦运动作了独特的解释，1943年他还发表了《所谓震旦运动及对批评重加一省》。

（10）中国地层学家赵金科1936年发表了《震旦纪大地槽及其联合古陆中之位置》[17]，在汇集世界各地震旦纪地层资料的基础上，论证了大陆漂移说。

（11）中国地质学家马杏垣1960年提出震旦系顶、底界面所代表的时限（震旦阶段）作为一独立的构造旋回，命名为震旦旋回（sinian cycle）[18]；同年把豫西黄山沉降带中震旦纪末的地壳运动，命名为震旦褶皱（sinian folding）[18]，并创立震旦褶皱带（sinian fold belt）新概念[18]。

震旦系岩层大都不整合于五台系，或泰山系之上，在中国北方殊形发育，尤以河北南口，山西滹沱区域为最，后来在湖北宜昌亦有发现，地理分布较广，其主要岩性：下部为石英砂岩、页岩或板岩；上部为硅质灰岩。

兹将上述几位外国地质学家关于震旦系划分论点加以对比如下。

<table>
<tr><td rowspan="2">葛利普</td><td rowspan="2">奥陶纪</td><td>上部</td><td>中部</td><td>下部</td><td rowspan="2">震旦纪</td></tr>
<tr><td colspan="3">寒武纪</td></tr>
<tr><td>李希霍芬</td><td>煤系</td><td colspan="2">上震旦纪</td><td>中震旦纪</td><td>下震旦纪</td></tr>
<tr><td>维利士</td><td>上震旦纪</td><td colspan="2">中震旦纪</td><td>下震旦纪</td><td>后元古界</td></tr>
<tr><td rowspan="2">欧美</td><td rowspan="2">奥陶纪</td><td>上</td><td>中</td><td>下</td><td rowspan="2">后元古界</td></tr>
<tr><td colspan="3">寒武纪</td></tr>
</table>

震旦系的划分

这里还应说明的是威里士以山东张夏及新泰地区为据，强调不整合关系，当时另有一套划分系统。

（12）中国北方震旦系，以蓟县北部山区一条中上古界地层为标准剖面，俗称“蓟县剖面”，历经约十一亿年的沉积历史，以岩层齐全、山露连续、保存完好、顶底清晰、构造简单、古生物化石丰富、变质极浅、有上万米厚的特点，显示出得天独厚的本色。为国内外地质学家所公认[19]。

1984 年 10 月 18 日，经国务院批准，将蓟县剖面，包括长城系、蓟县系、青白口系的中、上元古界的地层剖面列为国家级地质自然保护区，填补了中国这类自然保护区的空白，成为国际地质学界探究古老地层的典型剖面[19]，为众人所向往。

（本文发表于《中国科技术语》，2009 年 12 月 25 日）

关于名词与术语是否同义词的讨论

《中国科技术语》编辑部给我看了最近掀起的“名词”与“术语”定义的讨论文章，我基本上倾向于郑述谱先生的论点，“名词”和“术语”还不能一概作为同义词（语）对待。特别是在以审定各学科专业术语为己任的名词审定委员会的园地上，更不能过早地做出这样的论断，最好是经过学术争论，再作定夺。

我不是学语言学专业的，更无近代术语学理论的基本训练，只是过去曾少许接触术语工作，参与过委员会筹备、建立及初期工作，迫于工作需要，在学习中脑海里还遗留些记忆和点滴体会，表述一点“门外汉”的看法，不当之处，敬请批评指正！

离休后，多从事于自己的专业，极少专门接触科技术语工作，但在任期间曾有一个愿望，那就是要创造条件，建立有中国特色的科技术语学及其学派，仅算是一个“梦想”，没等做点尝试，就离休走人了，留下一个小小的遗憾。

以此，想借题发挥，有机会阐述这埋藏在内心已久的遗憾，一个梦！

一、关于名词的概念和内涵——表示人与事物的名称的词

1. 名者

（1）荀子说：“名也者，所以期累实也”，认为名（词和概念）是对客观事物的真实性和本质的反映，是人们表达思想的工具；

（2）墨子提出：“以名举实”，对名的确切性要作出分析；墨子把名分为达名、类名、私名三大类；

（3）离骚中指“百物”，即指事物之名称。

2. 词者

词——语气结构中的基本单位，有意义和语法功能，有其自身研究对象、范畴和独立系。

（1）词义——语言中所表示的意义，人们生活中共同了解的所反映事物现象的概括关系；

（2）词法——包括词的结构变化和分类等，属语法学的范畴；

（3）词源学——研发各词的历史来源（语言学）；

（4）词汇学——研究词汇起源和发展历史的历史词汇学，研究某个时期的词汇系统的描述词汇学，研发语言词汇一般理论的普通词汇学，还有狭义词汇学、广义词汇学等等；

3. 名词者

即：表示人、事物、地点或抽象概念等名称的词。

（1）有专有名词（proper noun），一指某人、地方、机构等专用名称，如北京、全国科学技术名词审定委员会等；

（2）普通名词：指一般事物抽象概念——诸“书”等，可分为四大类：

① 个体名词（individul noun）表示某类人或东西中的本体；

② 集体名词（collective noun）表示某个体组成的集合体，如姓；

③ 物质名词（material noun）表示无法分为实物，如空气等；

④ 抽象名词（abstrial noun）表示动作、状态、品质、感情等如“工作”等。

以上列举可以说明“名词”有独立的概念，定义自成独立系统。

二、术语及术语学

1. 术语的概念和定义

（1）术语——术语的意义是特定专业领域中概念形成的词语指称；各门学科中的专业用语，每一术语的定义都有严格按概念规定的定义——反映事物和自然现象的本质的思维产物，即事物属性特征，一个术语只能表示一个定义概念，明确界定出事物的区别；

（2）术语的通行范围，一般仅限于学术专业人员，或通常用于书面或文字表达或专门学术活动之中。

2. 术语学的概念、定义演变和任务

术语学是研究术语概念演变、定义、分类的系统的学问，是一门界于自然科学与社会科学交叉边缘学科——现代术语学（terminology）。

现代术语学是建立在自然科学（包括技术科学）与现代语言学、语言学逻辑学、本体论等的理论基础上，专事研讨各学科术语的概念、概念分类、术语的命名原则、演变、规范化和标准化。

术语学虽然说是一门比较年轻的学科，随着当代科学技术的飞速发展，特别是人类进入信息时代，术语学已成为一门“博大精深”的学科，派生出一些新的分支学科，诸如生命语言学、数理语言学、宇宙语言学、模式概率学、符号逻辑学、语符学、模糊语言学等等，由于计算机的广泛应用、控制论、系统论的介入，又有程序语言学的涌现。

3. 当代中国科技术语的四大特征

中国科技术语自古以来，都是用来标识科学技术，以及生产、生活各种概念的符号集群，显示着古代科学家的创造性思维产物，具有明显的专业性、科学性、简明性和系统性，可以说，早已形成了独特的体系。

（1）专业性：表达各学科的特殊概念；

（2）科学性：表达事物特殊概念，定义严格；

（3）单一性：一个术语，仅表达一个事物概念；

（4）系统性：一门科学或技术中，每个术语地位，只能在本专业的整个概念系统之中。

4. 当代术语学有四大学派

（1）德国－维也纳学派：以强调概念、概念系统为主论，认为概念系统是具有多层结构逻辑体系构成的，定义是用来确定概念，其划定的概念是受内涵和外延的制约（与我国交往甚密）；

（2）莫斯科学派：强调术语学是一门应用科学，是应用语言学的一个分支，认为术语本身来自科技各领域中的概念名称，反映科技成果新概念（笔者曾于

1986年专程访问过）；

（3）加拿大一魁北克学派：是以综合各学派的理论与方法为特点（曾派术语高级代表团来我国访问）；

（4）布拉格学派：多侧重于语言学角度，是受布拉格结构主义语言学派论点的影响（80年代中，特约学派代表人物霍列茨基教授来华进行讲学与学术交流）；

【说明】关于当代术语学四大学派在笔者《文集》第一集已有专文论述，这里就不再赘述。

中国科技术语的结构，主要是按照汉语、汉字规律构成，体现出汉字表意性的特点，一词一字都能准确地反映出所指事物概念的分化原则，从形声意方面都能清晰地分辨出一事物与其他事物的不同和差异，表达出事物各自的特征和专属性。

汉字汉语是当今世界上唯一保存下来的象形表意性的文字，历史最悠久，是建立在标识性原理（logographic priciple）之上。汉字本身形象如画形意融和，可直观把握符号所标识的概念意义，可说是以形见意，能激发人的思维，更易激发人的情趣，产生创造性思维；加之有象可征，有意可循，易于形成人类认识过程的符号集群，给人提供完整的认识事物、辨别事物、认识世界与自然的建构模式。

汉字汉语不仅是我国悠久文明的瑰宝，也是东方灿烂文化的象征。

随着中国科学技术现代化的进程，以汉字汉语为特征的科技术语学，不久将来一定会形成一支具有中国特色的独立术语学派。借此机会来表达我蕴藏在内心中的愿望！

从以上简述，笔者认为名词和术语在语言文字功能上是有差别的，特别是在自然科学领域内。随着科学技术的迅猛发展，人们生产生活实践中的科技含量提高，更显示出名词和术语有转化趋势，一些术语，在得到广泛普及和广泛应用时，术语虽然还是术语，但在人们日常生活中就像通俗名词一样的广泛使用和流传，这在医疗方面最明显，诸如：X光，激光（拉瑟弱），核磁共振（nuclear magnetic resonance），穆斯堡尔（mossbauer）等等；这种转化，是一种人们共识性的替代用语（术语的普及化），严格的说名词和术语的内涵概念、定义没有改变，保持各自的特点。因此，个人认为当前阶段名词和术语还不能作为同义词来使用。

附录

吴凤鸣略传

简　历

吴凤鸣，男，汉族，1926年6月生于河北省宁河县芦台镇苏庄（现属天津市），中共党员，中国科学院离休干部。

1946—1948 年就读于东北国立长白师范学院三年级，1948 年 3 月解放后编入吉林大学社会科学系，后经学校保送加入东北民主联军总司令部附设哈尔滨外国语专门学校学习俄语。1950 年考入中国科学院，任编译局助理编辑，同年 11 月参加抗美援朝，任东北空军司令部俄文翻译，在工程部专家讲课作过轰炸学翻译等，先后在安东浪头机场和东丰机场阔日杜博空军师当翻译，后期参与了东风机场改建工程，处理苏军返国交接事宜等。由于战斗中的表现较好，吸收加入了中国共产主义青年团。

随着板门店《停战协定》的签订和苏联志愿空军的返国，俄文翻译人员过盛，奉调到沈阳司令部待命。1952 年初，根据中国科学院要求，决定复员，返回原单位。至此，便结束了在部队的战斗生活，两年多来，在部队的这个革命大熔炉里艰苦而紧张工作环境，确实锻炼了自己的意志，提高了工作能力，遗憾的是，时间过于短促。

1952 年秋，基于工作上的需要和局长杨钟健院士的推荐，经科学院保送，进入北京地质勘探学院大系普查专业进修，刚刚上课 1 ～ 2 个月，由国务院临时抽调到中苏友好月办公室，任翻译兼秘书，参与接待苏联友好文化、艺术代表团工作，结束后返校上课。

1955年秋，历时4年进修地质专业结业，回科学院，分配在科学出版社，历任助理编辑、编辑、编辑室秘书、副主任、主任，1982年评为编审。

1979年调全国科学名词审定委员会筹备办公室任主任，协助严济慈、钱三强副院长负责具体筹备工作，1984年任命为该委员会专职副主任（副局级），直到1989年离休。

社会活动和学术活动

20世纪50年代初，被吸收为中国地质学会会员，相继为中国岩石矿物地球化学学会会员、中国古生物学会会员、中国科普作家协会会员等；80年代初，参与创建中国地质学史研究会，历任干事、委员、顾问；参与创建全国地学哲学委员会，历任副组长、副主任、副理事长；多年担任中国科学史学会理事，中国自然辩证法研究会理事，全国科学技术名词审定委员会委员等。

自1980年被聘为中国科学院研究生院兼职教授，开设地质学发展史专业课，一直到1992年；在此期间，还受聘于南京大学、山东海洋学院、二机部地质研究所、中国科学院地球化学研究所研究生部等单位，分别讲授地质学史专业课；同时还是中国科学院地质研究所兼任研究员，中国科学院干部管理学院兼职教授等，都曾承担有研究课题和教学任务。

编著和译述

（1）编著和译述：1955—2004年共有15种著译书籍出版，主要有：《地质学》（俄译，1956），《苏联著名地质学家及其在地质科学上的贡献》（编译，1957），《苏联大地构造图说明书》（俄译，1963），《国际地质会议概况》（编译，1981），《近代地质学奠基人——莱伊尔》（编著，1982），《国际地质大会百年（1876—1996）史料》（编著，1996），《世界地质学史》（编著，1996），《吴凤鸣文集》（2004）等。

（2）译文和论文：1950—2005年共发表文章近200篇，主要有：《苏联考古学新发现》（译，1950），《根据发射性矿物来鉴定地层的绝对年龄》（译，1953），《西伯利亚地区南部地质构造》（译，1955），《地壳发展的若干一般性规律》（译，1955），《中国古生物志介绍》（编，1964），《加强科学史研究的几点建议》（著，1980年11月28日），《地质学史与自然辩证法》（著，1982），《亚里斯多德的辩证思维与地质理论》（编著，1982），《试论我国地质学30年的成就及发展历史》（编著，1983），《地质学史研究中的几个理论问题》（1983），《我国地质学理论中的哲学问题》（1983），《中国古生物地层研究早期史料》（1985），《明清两代西方几本地质译著的评述》（1985），《中国自然科学术语研究的历史回顾与现状》（1985），《介绍鲁迅的三篇地质学论著》（1986），《中国自然辩证法百科全书》（地质学、灾变论、渐进论、水成论、火成论、膨胀论、收缩论、板块构造说等9个条目，1987），《几个自然科学术语的溯源》（上、中、下，1989—1991），《试论当代地质学理论研究的特点与方法》（1990），《中国大百科全书》（地质卷）（莱伊尔、居维叶等6个条目，1991），《哥伦布及其新大陆发现500年》（1992），《中国现代科学家传记》（三卷，章鸿钊传，五卷，谢家荣传，1994），《我国科技翻译的历史回顾》（1994），《世界著名科学家传记》（地球科学居维叶传、莱伊尔传、葛利普传、奥勃鲁契夫传，1995），《资源环境与自然灾害对社会发展的制约性》（1996），《21世纪水资源是社会经济发展的制约因素》（1997），《石油地质学百年历史回顾与展望》（1999—2000），《地球科学的国际合作》（2000），《我国金属成矿理论研究的历史回顾》（2001），《我国地球科学地学哲学理论发展趋势之我见》（2002），《20世纪地质科学发展历史回顾及其发展趋势》（2002），《21世纪新能源——可燃冰》（2003），《浅析我国能源的认识论和方法论》（2004），《全国地学哲学委员会发展简史——为庆贺20周年而作》（2004），《黄汲清院士在中国地质学史研究上的建树和贡献——为纪念诞辰100周年而作》（2004），《中国早期地质学史研究的特点——为第10届国际中国科学史会议而作》（2004），《绽放在科学的春天里——全国科技名词审定委员会成立过程的回顾》（2005），《斯人离去 薪火相传——深切缅怀钱三强主任》（2005），《再论地学哲学一词的溯源演化及其新概念》（2005），《〈中国〉：一个德国人笔下的中国地质》

（2005），《近40年来构建人与自然和谐关系做了些什么？》（2005）等。

此外，还参与主编“地学哲学文库”，其中有：《地学与发展》（1996），《地学哲学与可持续发展》（1997），《地学哲学与西部大开发》（2002），《地球科学认识论方法论》，《地学哲学与全面建设小康社会》（2004）等；参与《中国自然辩证法名词》、《自然科学史名词》审定，并提供有关地学方面的术语初稿。

业　绩

出生于旧社会的贫困农民家庭，深受少年辍学之苦，1945年在东北光复后，是共产党给与重新就学的机会，考入大学，机会难得，由于自幼内心激发一股刻苦勤奋上进的精神和信念，坚持学习从优。一生中的“黄金时代”都奉献给“予人作嫁”的科技编辑事业，在组织的培养和教育下，通过自己的勤奋努力，学习和工作都取得了良好的成绩，较早被提拔和重用，并被吸收加入中国共产党。在从事地质学史、地学哲学专业学习和研究方面，也得到同行学界的认可，曾被载入一些名录和词典之中，诸如《中国科学院地球科学家名录》、《当代中国科学家与发明家大辞典》、《中华人物辞海·当代文化卷》以及《黑龙江大学学子风采录》等，1992年荣获国务院颁发的政府特殊津贴。

在80寿辰之际，全国地学哲学委员会、中国地质学史研究会以及全国科技名词审定委员会主编，出版了《吴凤鸣文集》（地质学史·地学哲学·科技术语学）（2005）。超星图书馆主编之“超星名师论坛”特邀制作DVD光碟三张，包括地质学史，地学哲学讲座共10讲；2008年中央台“探索与发现”栏目，特邀在《大秦岭》第八集中，讲述早期有类秦岭的逆掩断层构造等。

今逢85岁华诞，又蒙上述三个单位赞助并主编，《吴凤鸣文集》第二集。

吴凤鸣1950—2003年编译著述目录

一、著译图书

1955，巴甫洛夫院士及其在地质科学中的作用．科学出版社．

1955，论苏维埃地质科学的成就和任务．科学出版社．

1955，苏联十五年来地质勘探与研究工作成就（合译）．科学出版社．

1956，地质学（苏联大百科全书选择）．地质出版社．

1956，地球化学、生物地球化学（苏联大百科全书选择）．地质出版社．

1957，苏联地质科学研究机构（苏联大百科全书选择）．地质出版社．

1957，苏联及其邻区大地构造图说明书（合译）．科学出版社．

1957，苏联著名地质学家及其在地质科学上的贡献（编译）．科学出版社．

1959，苏联沉积岩石学会议（第二编）（合译）．科学出版社．

1981，国际地质会议概况（国际地质会议百年史）（编译）．地质出版社．

1982，近代地质学奠基人——莱伊尔（编）．商务印书馆．

1996，国际地质大会百年史料．科学出版社．

1996，世界地质学史．吉林教育出版社．

二、论　文

1950，苏联考古学新发现．《科学通报》1950年3月号．

1950，苏联科学集锦．《光明日报》1950 年 8 月 6 日．

1950，德意志科学院的组织机构．《光明日报》1950 年 10 月 27 日．

1950，捷克斯洛伐克米丘林农业工作者协会．《科学通报》1950 年第 7 期．

1951，苏维埃乔治亚科学．《科学通报》1951 年第 10 期．

1952，保加利亚科学院的组织、任务、计划和工作方法．《科学通报》1952 年第 8 期．

1953，苏联科学院 1952 年科学工作与推广科学研究成果基本总结（合译）．《科学通报》1953 年第 8 期．

1953，阿尔巴尼亚人民共和国科学和文化的发展．《科学通报》1953 年第 7 期．

1953，根据放射性矿物来鉴定地层的绝对年龄．《科学通报》1953 年第 5 期．

1953，别梁金院士．《科学通报》1953 年第 11 期．

1954，煤地质学创始人——鲁突庚（编译）．《煤地质学的理论问题》，科学出版社．

1954，关于古勃金院士的生平及科学活动（编译）．《古勃金院士与石油地质学》，科学出版社．

1954，苏联科学院关于岩浆岩石学第一次讨论会总结．《火成岩的起源与花岗岩问题》，科学出版社．

1955，苏联科学院 1954 年科学工作基本总结（合译）．《科学通报》1955 年第 8 期．

1955，西伯利亚地区南部地质构造．

1955，地壳发展的若干一般性规律（译）．《地壳发展的规律性与区域大地构造》，科学出版社．

1956，追悼奥勃鲁契夫院士．《科学通报》1956 年第 2 期．

1956，苏联著名地质学家奥勃鲁契夫院士．《科学通报》1956 年第 7 期．

1957，第 20 届国际地质会议（合译）．《地质论评》1957 年第 17 卷．

1957，西伯利亚地台南部地质构造（译）．《地壳发展的规律性与区域大地构造》，科学出版社.

1958，天山的新构造运动与塔什干附近地区的黄土成因.《全苏第四纪研究总结会议文集》，科学出版社.

1963，中国古生物志介绍（编）.《科学通报》1964年第9期.

1963，为祖国服务的大地资源（译）.《共产主义建设与科学》，科学出版社.

1963，匼河——旧石器时代初期文化遗地评介.《科学通报》1963年3月号.

1963，《华北狼鳍鱼化石》评介.《科学通报》1963年8月号.

1980，加强科学史研究的几点建议.《光明日报》1980年11月28日.

1981，追念杨钟健局长.发表在《大丈夫只能向前》一书，陕西人民出版社，1981年.

1981，从出版物看南京古生物研究所30年成就.中国科学院南京古生物研究所成立30周年纪念专刊.

1981，国际岩石圈计划介绍.《科学报》1981年1月15日.

1981，国际地质对比计划介绍.《冶金地质动态》1981年第4期.

1981，近三十年地壳上地幔（岩石圈）研究国际合作计划概述.《冶金地质动态》1981年第5期.

1981，近百年来关于矿床学讨论概况.《冶金地质动态》1981年第8期.

1982，亚里士多德的辩证思想与地质理论.《自然辩证法通信》1982年第8期.

1982，毕达哥拉斯的自然观与宇宙观.《自然辩证法通信》1982年第8期.

1982，章鸿钊及其在中国地质学发展中的贡献（合写）.《地球》杂志1982年第6期.

1982，地球化学发展史点滴.《地质报》1982年第269期.

1982，地质学史与自然辩证法讲稿（提纲）.河北省科协资料.

1982，试论我国地质学三十年的成就及发展历史（摘要）.纪念中国地质学会成立60周年年会学术论文摘要.

1982，近年来地球化学的成就及其发展方向．《冶金地质动态》1982年．

1982，国际地质会议对地球化学的讨论概况．《冶金地质动态》1982年．

1982，漫谈居维叶的谬误与功绩．《青年科学家》1982年第4期．

1983，关于李希霍芬来华考察的历史评述．《地理知识》1983年第1期．

1983，“地质”一词的由来与演变．《地球》杂志1983年第4期．

1983，国际地质会议关于矿物学、岩石学和沉积学讨论概述．《冶金地质动态》1983年第5期．

1983，国际地质会议关于大地构造学讨论概况．《冶金地质动态》1983年第3期．

1983，近百年来国际地质会议上地层学与古生物学的讨论概况．《地层学》杂志1983年第7卷第3期．

1983，我国地质学理论中的哲学问题．《地学哲学与科学管理》1983年第3期．

1983，地质学史研究中的几个理论问题（摘要）．摘要发表于《中国科学技术史学会通讯》2号，全文发表在《大自然探索》1985．4．

1983，灾变论研究的新趋势．《自然辩证法通信》1982年2月25日．

1983，近三十年来国际地质科学的发展．《地质学发展史》（第166—186页），地质出版社，1983年．

1984，国际地质学史研究概况．《科技史动态》．

1984，关于颜琅等及其地质矿产著作评述．《中国科技史料》1984年第4期．

1984，苏联地质学史研究．《国外地质》1984年第4期．

1985，中国古生物、地层研究早期史料．《地层学》杂志1985年第1期．

1985，我国第一所培养地质人才的学校——地质研究所．《地球》杂志1985年第4期．

1985，明清两代西方几本地质译著的评述．《自然辩证法研究》1985年第2期．

1985，中国自然科学术语研究的历史回顾与现状．《自然科学术语研究》1985．1．

1985，青海湖及其研究历史．《西宁地学史学术讨论会》论文．

1985，地球科学的新思维——地质运动的地质形态（摘要）．《中国岩矿地球化学会讯》1985．11．全文发表在《科学技术与辩证法》1990年第5期．

1985，一门新兴的交叉学科——术语学（历史与现状）．《自然科学术语研究》1985年第2期．

1985，休斯及其《地球的面貌》．《中国地质》1985年第10期．

1985，施蒂勒及其大地构造学理论．《中国地质》1985年第12期．

1985，自然辩证法百科全书．中国大百科全书出版社．

1986，加强交叉学科术语研究．《自然科学术语》1986年第1—2期．

1986，介绍鲁迅的三篇地质学论著．《地质论丛》（一），地质出版社，1986年．

1986，四十年他乡成故园，魂也依依（纪念美国地质学家葛利普教授逝世四十周年）．《中国科技报》1986．12．

1986，著名地震学家莫霍罗维奇及其莫霍面．《中国地质》1986年第2期．

1986，苏联著名地质学家卡尔宾斯基．《中国地质》1986年第4期．

1986，苏联著名地球化学家维尔纳茨基．《中国地质》1986年第6期．

1986，苏联石油地质学创建者古勃金院士．《中国地质》1986年第8期．

1986，著名矿床学家林格伦．《中国地质》1986年第10期．

1986，著名地球物理学家杰弗瑞斯及其名著《地球》．《中国地质》1986年第12期．

1986，地质学．P.60．中国大百科全书出版社．

1987，美国地质学家葛利普及其在中国的工作．《中国地质》1987年第2期．

1987，中国北京猿人鉴定者——步达生教授．《中国地质》1987 年第 4 期．

1987，美国构造地质学家维理士及其《在中国的研究》．《中国地质》1987 年第 6 期．

1987，华北地文期研究者——安特生博士．《中国地质》1987 年第 8 期．

1987，地质学家德日进在中国的工作．《中国地质》1987 年第 10 期．

1987，魏敦瑞及其对中国猿人的研究．《中国地质》1987 年第 12 期．

1987，水成论．P.510．中国大百科全书出版社．

1987，火成论．P.510．中国大百科全书出版社．

1987，冷缩说（地球的收缩与膨胀）．P.48．中国大百科全书出版社．

1987，膨胀说（地球的收缩与膨胀）．P.48．中国大百科全书出版仕．

1987，灾变论．P.700．中国大百科全书出版社．

1987，渐进论．P.700．中国大百科全书出版社．

1987，板块构造学说．P.4．中国大百科全书出版社．

1987，《地质学原理》．P.62．中国大百科全书出版社．

1987，The prosent state of research on scientific and technical terms in modern China.Termnet news 1a-1987.

1987 年，诗人歌德与地质学．《科技日报》1987 年 1 月 26 日．

1989，关于周易研究的几个问题．《周易与现代自然科学》，中国社会科学出版社，1989 年．

1989，An introduction to research in natural science and technology terminology in China.Termnet news 25-1989.

1989，关于地质学术语审定工作的历史回顾与现状．《自然科学术语研究》1989 年第 1 期，《中国科技翻译》转载．

1989，几个自然科学术语的溯源（上）（数学、物理学、化学、生物学）．《自然科学术语研究》1989 年．

1990，地质学家叶良辅（1894—1949）（合撰）．P.76—85．中国现代地质学家传，湖南科学出版社．

1990，试论当代地质学理论研究的特点与方法．《地质与智慧》，地质出版社，1990年.

1990，关于“震旦”一词的溯源.《自然科学术语研究》1990年.

1990，几个自然科学术语的溯源（中）（地质、地理学）.《自然科学术语研究》1990年.

1990，地球科学的新思维——物质运动的地质形态.《科学技术与辩证法》，1990年第5期.

1991，1840—1911年外国地质学家在中国的调查与研究；1911—1949年来华的外国地质学家.《中国科技史料》，第13卷，第2期，1992年；第11卷，第3期，1990年.

1991，中国大百科全书（地质卷）.中国大百科全书出版社.

1991，居维叶.P.324.中国大百科全书出版社.

1991，莱伊尔.P.366.中国大百科全书出版社.

1991，布丰.P.40.中国大百科全书出版社.

1991，莫奇逊.P.408.中国大百科全书出版社.

1991，史密特.P.497.中国大百科全书出版社.

1991，地质哲学研究概况.《地学与思维》，地质出版社，1992年.

1991，几个自然科学术语的溯源（下）（矿物学）.《自然科学术语研究》1991.年第1期.

1991，我国科技术语的继承性.《中国科技翻译》1991年第3期.

1991，我国科技术语的继承性及其翻译发展历史.《自然科学术语研究》1991.2（科技术语研讨会专辑）.

1991，谢家荣教授——我国石油地质学的开拓者.《石油知识》1991.1.

1992，《找矿哲学概论》——我国地质哲学研究工作的理论总结.《河北地质学院学报》，第16卷，第5期，1993年.

1992，我国科技翻译术语的历史回顾.《中国科技翻译》1992年第1期.

1992，赵仲池与他倡导的“精而准，系统化”出版方针.《科学书友》1992年第5期，科学出版社.

1992，哥伦布及其新大陆发现500年.《科学世界》1992年第6期.

1992，探索恐龙灭绝的奥秘．《科学世界》1992 年第 8 期．

1993，西安地学哲学学术讨论会的几个特点——代开幕词——试论地学思维形成发展的历史回顾．会议文集（1994）．

1993，钱三强主任在科技术语审定工作上的贡献．《自然科学术语研究》1993 年第 1 期．

1993，我国早期石油地质调查与研究史料拾遗．《石油科技论坛》1993 年第 1 期．

1993，漫话水资源．《科学世界》1993 年第 9 期．

1994，中国现代科学家传记．第 3 卷，科学出版社．

1994，章鸿钊传．P.308—317．第 3 卷，科学出版社．

1994，谢家荣传．P.395—403．第 5 卷，科学出版社．

1994，宝玉石漫话．一、宝玉石的一般知识．二、几种宝玉石简介．《科学世界》，1994．

1994，中国石油地质学理论 80 年概况．《石油地质研究》，石油工业出版社，1994 年，第 21—24 页．

1994，从地学哲学术语审定试论地学哲学基本理论概念建设．《地学与社会》，1994 年，地震出版社，第 86—90 页．

1994，我国科技翻译的历史回顾．《科技翻译论著集萃》，中国科学技术出版社，1994 年，第 2—13 页．

1994，科技术语翻译及其审定．《中国科技翻译》，1994 年，第 7 卷，第 2 期，第 35—41 页．

1994，中国地质事业的开拓者——章鸿钊．《中国科技史料》，第 15 卷，第 1 期，第 9—40 页．

1994，江城药王庙（特约）．《中国医药报》1994 年 8 月 18 日，第 6 版．

1994，对地学思维研究进展的评述．《地学的哲理》，西北大学出版社，1994 年，第 8—12 页．

1994，科技术语的审定与现代汉语热．《自然科学术语研究》，1994 年，第 1 期，第 13—19 页．

1995．居维叶传．世界著名科学家传记（地球科学）．I，P.22—38．科学出版社.

1995，莱伊尔传．世界著名科学家传记（地球科学）．Ⅱ，科学出版社.

1995，葛利普传．世界著名科学家传记（地球科学）．I，P.65—75．科学出版社.

1995，奥勃鲁契传．世界著名科学家传记（地球科学）．P.108—118．科学出版社.

1995，从世界各国的国花谈起（上）（特约）．《科学世界》，1995年，第1期，第34—38页.

1995，从世界各国的国花谈起（下）（特约）．《科学世界》，1995年，第2期，第22—24页.

1995，我赞成一国一花——牡丹（国色天香）．国花牵动国人心．第81—94页，中国花卉协会.

1995，水，水资源及其开源与节流（水，生命离不开水）.《中国矿业报》，1995．7.19.

1995，国际地质大会120年历史回顾．中国地质学史研究会第10届学术年会论文.

1995，“五四”运动时期的中国地质学家．《地质学史通讯》，总第10期，第48—49页.

1996，黄汲清在中国地质等史研究上的成就与贡献.《河北地质学院学报》，第19卷，第1期，1996年.

1996，资源环境与灾害对社会发展的制约性．1995年全国地学哲学学术讨论会暨四川地学哲学研究会首届学术年会学术报告，《地学与发展》，地震出版社，1996年.

1997，《地质调查所已故外国科学家小传》中布林、丁格兰、师丹斯基、安特生、步达生、赫勒、魏敦瑞.《前地质调查所（1916—1950）的历史回顾》，地质出版社，1997年.

1997，20世纪地质科学的历史回顾．《自然辩证法研究》，第11期，1997年.

1997，21世纪水资源是经济发展的制约因素.《地学哲学与可持续发展》，中国文史出版社，1997 年.

1997，近二十年来国际地质大会关于资源环境与社会协调发展的讨论概况.《地学哲学与可持续发展》，中国文史出版社，1997 年.

1998，我国水资源概况及其可持续发展.《地学•哲学•发展》，地震出版社，1998 年.

1998，20 世纪地质科学发展的历史回顾及其展望.《吉林地质》第 17 卷，第 1 期，1998 年.

1998，深切缅怀黄汲清先生.《黄汲清纪念文集》，地质出版社，1998 年.

2000，石油地质学百年历史回顾与展望.《石油科技论坛》，1999 年，第 4、5、6 期，2000 年，第 1 期.

2000，地球科学的国际合作.《科学新闻周刊》第 35 期，2000 年.

2000，我国地球科学哲学研究的成就与进展.《自然辩证法研究》，第 16 卷，第 10 期，2000 年.

2000，新文化运动时期的地学先驱.《中国矿业报》2000 年 6 月 3 日.

2001，西部大开发关于西北地区水资源的点滴认识.《中国矿业报》，2001 年，《地学哲学与西部大开发》，2002 年.

2001，我国金属成矿理论研究的历史回顾.《北京化工大学报》（社科版）第 33、35 期，2001 年.

2001，关于当代地球科学发展趋势的点滴认识（在 2001 年地质学史学术年会上的报告）. 发表在《吉林地质》，2001 年，第 4 期.

2002，我国地球科学地学哲学理论发展趋势之我见.《创新思维与地球科学前沿》，2002. 10.

2002，20 世纪地质科学发展历史回顾及其发展趋势.《地质学史论丛》第 4 号，2002. 10.

2003，21 世纪的新能源——可燃冰.《科学新闻周刊》，2003 年第 5 期.

2003，汉字汉语是科技术语翻译审定的基础.《汉字文化》，2003 年第 3 期.

吴凤鸣近期发表的部分著述（2003—2011 年）

著　　作

吴凤鸣文集（地质学史·地学哲学·科技术语学），大象出版社，2004.

大地构造学发展简史史料汇编，2011 年，石油工业出版社 .

吴凤鸣文集（第二集）（地质学史·地学哲学·科技术语学），2011 年，石油工业出版社 .

论　　文

1. 浅析我国能源的认识论和方法论（《地球科学认识论方法论》）.2004 年 11 月 . 中国大地出版社 .

2. 全国地学哲学委员会发展简史（《地学哲学与全面建设小康社会》）.2004 年 11 月 . 中国大地出版社 .

3. 黄汲清院士在中国地质学史研究上的建树和贡献——为纪念黄汲清院士诞辰 100 周年而作 .《地质论评》第 50 卷第 3 期 .2004 年 3 月 .

4. 中国早期地质学史研究的特点（《第 10 届国际中国科学史会议论文集》）2004 年 8 月 .

5. 科学出版社成立 50 周年历史点滴回顾 .《科学人》2004 年 2 月 .

为庆祝科学出版社成立 50 周年而作：

科学出版社名称的由来 .《科学人》2004 年 2 月 .

科学出版社成立时的方针和任务 .《科学人》.

科学出版社早期的几位业务领导班子 .《科学人》2004 年 3 月 .

科学出版社的创建者赵仲池 .《科学人》2004 年 .

科学出版社首任董事长——我国著名地质古生物学家杨钟健院士 .《科学人》2004 年 5 月 .

一套总结我国十年来科学成就的丛书——《十年来的中国科学》（1949—1959）.《科学人》2004 年 6 月 .

忆我社“五四”新文化运动的先进人物——参观“北京新文化运动纪念馆”感想 .《科学人》2005 年 4 月 .

记科学院18位“抗美援朝”战士——为纪念抗美援朝55周年而作.《科学人》2005 年 7 月 .

6. 绽放在科学的春天里——全国科技名词审定委员会

成立过程的回顾 .《科技术语研究》.2005 年 1 月 .

7. 斯人离去　薪火相传——深切缅怀钱三强主任 .《科技术语研究》.2005 年 2 月 .

8. 再论地学、地学哲学一词溯源演化及其新概念 .

全国地学哲学委员会第十届学术年会，2005 年 9 月 6—9 日 .

9.《中国》：一个德国人笔下的中国地质

——为纪念李希霍芬逝世 100 周年而作 .《地质勘探报》.2005 年 10 月 11 日 .

10. 近 40 年来构建人与自然和谐关系究竟做了些什么？ .

中国地质学史委员会第 20 届学术年会 .2005 年 10 月 .

11. 学习《国务院关于加强地质工作的决定》点滴体会 .《地学哲学通讯》.2006 年 2 月 .

12. 伟人眼中的地质学——简述恩格斯关于地质学的论断 .《地质勘探导报》.2006 年 2 月 6 日 .

13. 中国早期区域地质调查的历史简述 .《中国矿业报》.2007 年 2 月 1 日 .

14. 陈传康教授是一位“多维”地学家——为纪念陈传康先生逝世 10 周年而作 .《地学哲学通讯》.2007 年 4 月 .

15. 全国地学哲学委员会 20 年来对矿产资源研究成就的回顾 .《地学哲学

与国土资源保障和储备学术会议论文集》. 中国大地出版社 .2007.

16. 创业　开拓　贡献——我国早期区域地质调查历史回顾 .《中国矿业报》.2007 年 2 月 1 日 .

17. 一部西方译著《地学浅释》的魅力——在晚清“维新”、“变法”中的影响和作用 . 全国地学哲学委员学术年会 .《国土资源》. 2007 年 9 月 .

18. 从“格致”到“科学”一词的演变，浅释中国传统文化的继承性 .《中国科技术语》. 2008 年 3 月 .

19. 从地质学的“三多”“三少”再论中国大地构造学和中国成矿理论是地质科学发展的新亮点 . 全国地学哲学委员会第 11 届学术年会 .2007. 分别发表在辽宁《国土资源》上，题目是《博采众长　百家争鸣　中国大地构造学》，《创新与发展　中国地矿床学》.

20. 从几首地质诗浅论地学文化的博大精深 .《中国矿业报》.2007 年 11 月 1 日 .《国土资源》（题目为《中国古诗中地学思想》）2008 年收入《地学哲学与地学文化》文集中 .

21.“多维学者丁文江”——新文化运动中科学派的主将

——为纪念 120 周年诞辰而作 . 中国地质学史专业委员会学术年会 .2007.

《国土资源》2008 年 1 月（题目《一代宗师丁文江》）.

22. 重读李四光、翁文波在有关地震的论述 . 汶川地震座谈会上的发言 .《地学哲学通讯》.2008 年 3 月 .

23. 深切缅怀谢家荣先生——为纪念谢家荣先生 110 周年而作 .《丰功伟识　永垂千秋》. 地质出版社 .2009.

24. 中国区域地质矿产调查人物成果及其历史和影响 .《中国矿业报》.2009 年 4 月 28 日 .（定名为《历史上的闪光足迹》发表在《丰功伟识　永垂千秋》. 地质出版社 .2009.

25. 中国地学会——我国地球科学史上的一盏灯——

——为纪念中国地学会创建 100 周年而作 .

《地质勘探导报》.2009 年 12 月 25 日 .

26. 试论张文佑院士断块构造学发展观及其在地学哲学上的贡献

——深切缅怀张文佑院士诞辰百年祭 .

《纪念张文佑院士诞辰 100 年》. 科学出版社 .2009 年 12 月 .

27. 达尔文《进化论》与莱伊尔《地质学原理之关系》

——为纪念达尔文诞辰 200 周年而作 .《国土资源》.2009 年 10 月 .

28.“震旦”一词的溯源及其在地质学中的应用 .《科技术语研究》.2009 年 6 月 .

29. 潜心地理的先驱——记具有革命思想的地理学家、中国地学会会长张相文 .《中国矿业报》.2010 年 1 月 11 日 .

30. 近代地理学家——白雅雨 .《中国矿业报》.2010 年 3 月 1 日 .

31. 从近期找矿的突破再论《找矿哲学概论》魅力和潜力 .

在祝贺朱训教授 80 华诞暨学术研讨会上的发言 .2010 年 6 月 .

荣誉证书

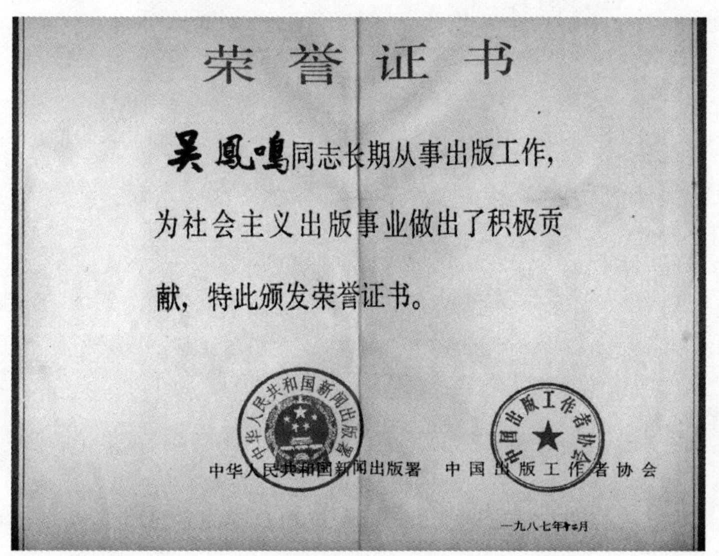

荣 誉 证 书

吴凤鸣同志长期从事出版工作，为社会主义出版事业做出了积极贡献，特此颁发荣誉证书。

中华人民共和国新闻出版署　中国出版工作者协会

一九八七年十二月

1987 年新闻出版总署和出版工作者协会颁发从事出版工作荣誉证书

证　书

吴凤鸣同志：

为了表彰您为发展我国新闻出版事业做出的突出贡献，特决定从一九九二年十月起发给政府特殊津贴并颁发证书。

国务院

政府特殊津贴第(92)491087号

一九九二年十月一日

1992 年国务院颁发政府特殊津贴证书

2009 年获中国科学院建院 60 周年纪念奖章

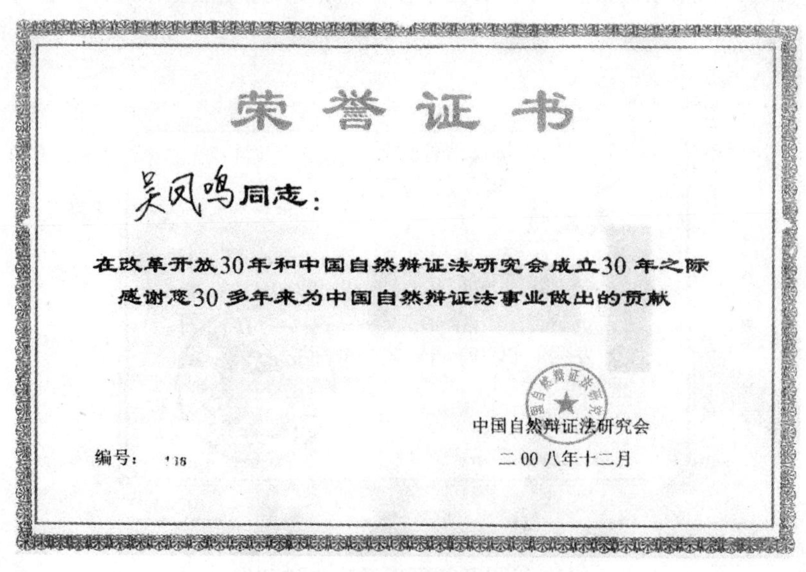

荣誉证书

吴凤鸣同志：

在改革开放30年和中国自然辩证法研究会成立30 年之际
感谢您30 多年来为中国自然辩证法事业做出的贡献

中国自然辩证法研究会
二 00 八年十二月

编号：[illegible]18

2008 年获从事自然辩证法工作 30 年荣誉证书

《中国大百科全书（第二版）》编纂出版

荣誉证书

吴凤鸣同志

您在编纂出版《中国大百科全书（第二版）》工作中作出重要贡献，特授予荣誉证书，以示表彰。

中央宣传部　新闻出版总署

二〇〇九年八月

2010年中央宣传部、新闻出版总署颁发的《中国大百科全书》（第二版）荣誉证书

聘　书

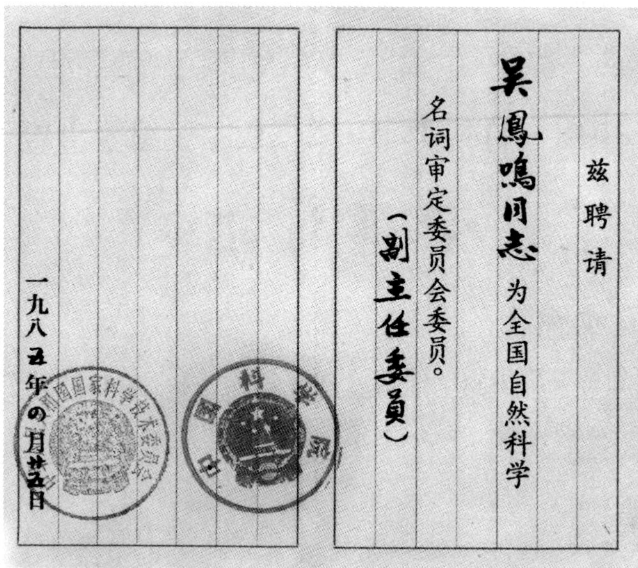
兹聘请

吴鳳鳴同志 为全国自然科学

名词审定委员会委员。

（副主任委员）

一九八五年[illegible]月廿五日

1958 年任命为全国自然科学名词审定委员会副主任委员

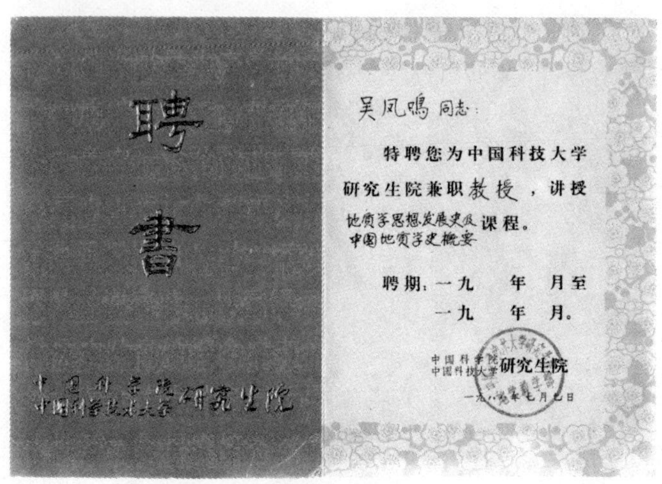
聘書

中国科学院
中国科学技术大学 研究生院

吴凤鸣 同志：

特聘您为中国科技大学研究生院兼职教授，讲授地质学思想发展史及中国地质学史概要课程。

聘期：一九　年　月至
一九　年　月。

中国科学院
中国科技大学 研究生院

一九八[illegible]年七月七日

中国科学院研究生院聘为兼职教授

中国科学院地质研究所文件

科学出版社办公室 收文 81-1字第128号 84年5月17日

(84)质研所字第032号

聘请科学出版社审编吴凤鸣为我所兼职研究员

科学出版社：

我所拟开设《地质学的过去、现在和未来》的研究，专题探讨地质科学发展的历史规律，当前世界地质学发展现状，并预测未来的发展趋势，为制订科学发展规划提供基础。你社编审吴凤鸣同志在这方面集累了丰富的资料，从事过这方向的教学和研究，取得了一定的成绩；我所缺乏这方面有经验的同志。因此，我所特聘请吴凤鸣同志为我所兼职研究员，共同从事此项课题的研究。

特此函请，望大力支援，如蒙同意，请将聘书转交吴凤鸣同志。

中国科学院地质研究所

一九八四年五月八日

1984年聘为中国科学院地质研究所兼职研究员

转吴凤鸣同志阅。宋 12/10

南京大学用笺

科学出版社总编室：

十月八日来函敬悉。关于邀请贵社吴凤鸣同志来我校讲授"地质学史"课程的具体时间，我们拟安排在12月10号至12月底。（讲授时间约三周，每周六小时）。如果你们认为合适，请转告吴凤鸣同志。吴凤鸣同志来宁时，请电告车次，以便我们前往车站迎接。特此函告。

敬礼！

南京大学地质学系
81.10.16.

1981年受到南京大学邀请开设地质学史专业课

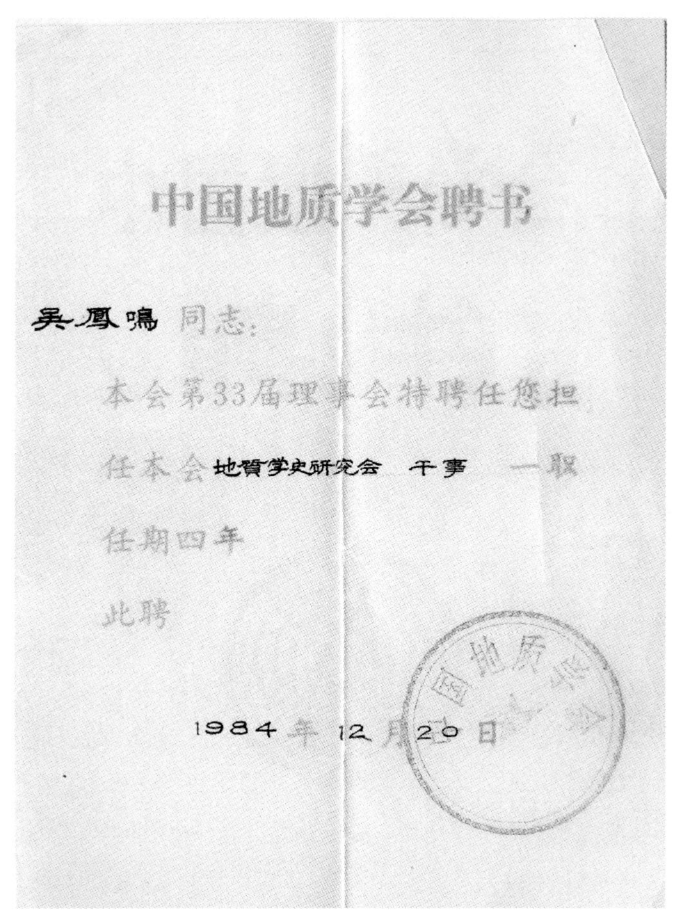

中国地质学会聘书

吴凤鸣 同志:

本会第33届理事会特聘任您担任本会地質学史研究会 干事 一职

任期四年

此聘

1984年12月20日

1984年受聘为中国地质学会地质学史研究会干事

学术活动

2006年全国地学哲学委员会、中国地质学史专业委员会、全国科学技术名词审定委员会联合举办祝贺吴凤鸣80华诞座谈会合影

1984 年参加国际术语（TC37）讨论会，于英国伦敦鸽子广场留念

1986 年参加国际术语年会于芬兰瓦萨市政厅与各国代表交流

1996 年参加第三十届国际地质大会留影

在全国地学哲学委员会第六届学术年会主席台上

1984 年中国地质学史干事会成员于桂林地质学史学术研讨会留影

第六届全国地学哲学委员会全体理事长副理事长合影

1983 年地质辩证法学术研讨会期间与石油部闵豫同志合影（福州）

1996 年第三十届国际地质大会上与涂光炽院士合影

全国地学哲学委员会学术年会上，应邀与孙枢院士、中国自然辩证法研究会秘书长王玉平博士合影

2003 年中国地质学史研究会第 16 届学术年会应邀与刘东升院士及其夫人胡长康教授合影

2010 年中国地质学史专业委员会 22 届学术年会上与会长翟裕生院士合影

2004 年庆贺科学出版社成立 50 周年大会上应邀与著名地理学家吴传钧院士、著名地球遥感学家陈述彭院士合影留念

全国地学哲学委员会学术年会期间与中国自然辩证法研究会理事长朱训教授、副理事长石宝珩教授合影留念

与全国科学技术名词审定委员会现任专职副主任刘青（编审）、原专职副主任潘书祥（编审）合影

1987年应中国科学院贵阳地球化学所邀请为研究生讲授地质学史专业课结业时全体合影

生活掠影

1946年大学入学注册时照片

1950年11月参加“抗美援朝”加入东北空军时照片，
也是结婚照

在澳大利亚悉尼大学草坪上

在澳大利亚南威尔士大学图书馆前

在澳大利亚南威尔士大学地质地理学系前

与夫人白石钻石婚留念（1950—2010）

其乐融融的一家